PRECON

프리콘: 시작부터 완벽에 다가서는 일

PRECON

프리콘 : 시작부터 완벽에 다가서는 일

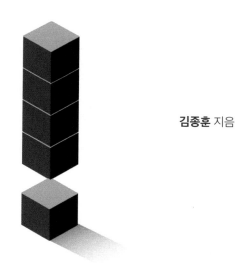

김종훈 지음

"성공하는 프로젝트에는 다섯 가지가 있다"

MID

참다운 창업가, 공부하는 리더의 경영 철학

권오현(삼성전자 상근 고문, 前 종합기술원 회장, 『초격차』 저자)

김종훈 회장과 함께 경영에 관해서 대화를 할 기회가 자주 있었습니다. 서로 일하는 분야가 달라 구체적인 운영 방법에는 차이가 있겠지만 경영 철학은 비슷했습니다. '임직원이 행복해야 회사도 성장한다' '독서를 통해 실력을 키운다' '남을 배려하는 봉사 활동으로 사회에 기여한다' 등 기본을 강조하시는 데에도 공감했습니다. 진정한 리더만이 조직을 지속 성장시키고 이에 필요한 인재를 육성하며 바람직한 조직 문화를 구축한다는 사실도 공유했습니다.

뿌리 깊은 나무가 바람에 쓰러지지 않듯이 리더가 훌륭하면 아무리 어려운 상황이라도 극복할 수 있습니다. 최근 사회 현상과 기술 변화 속도는 너무 빨라 불확실성이 확대되면서 경영 환경은 점점 어려워지고 있습니다. 앞으로 코로나19 사태처럼 한 번도 겪어보지 못했던 일들을 종종 맞닥뜨리게 되고, 온갖 복잡다단한 상황에 처해질 것입니다. 이러한 급격한 변화에 신속히 대응하여 생존하려면 리더(경영자)는 항상 공부하고 생각해야 합니다. 좋은 리더는 조직 구성원에게 비전을 제시하며 올바른 방향으로 이끌 뿐만 아니라, 수행하는 산업을 선도하는 도전 정신을 가져야 합니다. 김종훈 회장은 국내에 없었던 건설사업관리PM 사업을 개척하고 도전하는 참다운 창업가의 자세를, 바쁜 일정에도 박사 과정을 마치는 공부하는 리더의 모습을 보여주었습니다. 참다운 경영자의 전형입니다.

국내 건설 산업 선진화에 앞장서온 김종훈 회장의 생각과 경험, 현장에서 부딪혔던 문제점과 고민들을 정리한 책을 읽으면서 건설업을 조금 이해할 수 있게 되었습니다. 어떤 발전을 해왔고 어떤 문제에 당면해 있는지, 국내 사업 환경과 글로벌 스탠더드는 무엇이 같고 다른지, 알지 못했고 접할 기회가 별로 없었는데, 이 책을 통하여 호기심을 충족하는 좋은 계기가 되었습니다. 책의 핵심 키워드로서 설계도상에서 건물을 미리 지어보는 '프리콘'의 개념은 매우 탁월하다고 생각됩니다. 수천억, 수조 원에 이르는 건축물을 미리 지어보면서 공사 금액을 절감하고, 공사 기간을 단축할 수 있으며 미래에 발생할 수 있는 리스크를 줄일 수 있다면 그 중요성은 아무리 강조해도 지나치지 않을 것입니다. '프리콘'은 제가 늘 강조해서 말하곤 했던 '시프트 프론트(레프트)'와도 일맥상통하다고 느꼈습니다. 문제를 해결하기 위해서는 문제의 출발점부터 돌아보고 근본 원인을 찾아야 하며, 평상시에는 선행 준비로 성과를 극대화해야 한다는 것입니다. 업무를 수행할 때 기본적이고 당연한 명제지만 간과하기 쉽습니다. 초기에 또는 제때 작은 문제에 제대로 대응하지 못한 탓에 문제를 키우는 경우를 자주 보게 됩니다. '프리콘'과 같은 개념을 다른 분야에도 적용해 사회 전체의 실패를 줄이는 일은 모든 리더들이 추구해야 하는 방향이라 믿습니다.

이 책은 특정 업종에 한정된 책이라고 느낄 수도 있습니다. 건설업을 하는 사람들이 읽고 참고할 책이지, 평생 건물 하나 지을 일이 없는 사람에게는 별 관련이 없는 이야기가 아닌가 하고 말입니다. 그렇지만 저는 여러 대목에서 제가 몸담았던 경영 현장에서 경험하고 고민했던 시각들과 비슷한 점을 느꼈습니다. 다른 분야 조직의 리더들이 한 번쯤 읽고 생각해볼 거리들이 여럿 있다고 보았습니다. 회사의 성장은 사무실, 연구시설, 공장을 짓는 과정과 궤를 같이하기 때문입니다. 책에서는 여러 차례 발주자 역할의 중요성을 강조하고 있습니다. 발주자가 해야 할 일, 해서는 안 되는 일은, 제대로 된 성과물을 얻기 위해 리더가 해야 할 일과 하지 말아야 할 일을 다른 언어로 알려주고 있습니다. 참여자들 간, 혹은 조직 간에 서로 다른 이해관계가 걸려 있을 때 이를 조정해서 역할을 분명히 하고 서로 간의 원활한 커뮤니케이션을 가능하게 만드는 건 어느 조직에서나 필수적일 겁니다. 또한 건물은 완공하면 그것으로 모든 일이 끝난다고 생각하지만 사후 관리를 포함하는 전체 생애 주기를 보고 건설에 임해야 하며, 주변 사회에 미치는 영향을 함께 고려해야 한다는 점도 깊이 새겨볼 만합니다. 결국 발주자는 프로젝트의 시작과 끝을 책임지고 중요한 의사결정을 내리는 리더이며, 조직을 이끄는 리더들은 조직의 발주자가 아닐까 합니다. 모든 것을 내가 할 수 있다고 오판하지 말고, 적당한 시점에 적임자에게 권한을 위임하는 것도 발주자나 리더에게 꼭 필요한 덕목이라고 생각합니다.

저는 행간에 담겨 있는 저자의 업에 대한 애정과 업의 발전에 대한 간절한 기원을 읽었습니다. 이것은 리더가 해야 할 또 하나의 중요한 역할이라고 봅니다. 국내 산업이 글로벌 기준을 충족하려면 타성에서 벗어나 변화를 도모하는 한 차원 더 높은 도전과 혁신이 필요합니다. 인식의 전환과 과감한 시도만이 변신을 이룰 수 있을 것입니다. 후배들을 위해, 업의 발전을 위해 출간의 지난함을 무릅쓴 김종훈 회장의 헌신과 노력에 치하를 보냅니다. 관련자들의 인식의 전환과 공감대를 형성하는 좋은 출발점이 되길 바랍니다. 급변하는 글로벌 환경에서 국내 건설 산업의 변신transformation을 기대해 봅니다. 이기는 습관, 1등을 할 수 있다는 자신감으로 우리 건설 산업이 세계적인 수준으로 나아가는 성취의 역사를 써 나가길 기원합니다. 아울러 이 책을 읽는 모든 현재와 미래의 리더들이 각자의 업에서 미래의 변신을 치열하게 도모하길 바랍니다.

마지막으로, 혹시라도 앞으로 제가 건물을 짓는 일이 생길지 모르니 부록에 담긴 체크리스트를 챙겨두어야겠습니다. 각 항목들을 빠짐없이 지속적으로 점검한다면, 저 또한 성공한 건축주가 되어 있지 않을까 상상해 봅니다.

50년 경험을 사회의 소중한 자산으로 삼다

이희범(서울대학교 총동창회장, 前 산업자원부 장관)

세계적인 프로젝트 매니지먼트 기업으로 성장하고 있는 한미글로벌 김종훈 회장이 『프리콘 – 시작부터 완벽에 다가서는 일』이란 책을 출간합니다. 회사를 경영하는 기업인이 저술 활동을 병행하는 것은 보통 어려운 일이 아니나, 김종훈 회장은 『우리는 천국으로 출근한다』 『완벽을 향한 열정』 『일류 발주자가 일등 건설산업 만든다』 등 저서를 낸 데 이어 이번에는 자신의 경험을 담은 건설의 성공 지침서를 또 출간한다니 경이로운 일이 아닐 수 없습니다.

김종훈 회장은 건설 산업의 선두 주자로서 여러 면에서 새로운 기록을 가지고 있습니다. 그는 1996년 세계적 PM/CM 기업인 파슨스와 합작으로 한미글로벌을 설립하면서 국내 건설 산업에 처음으로 선진 건설관리 기법인 CM 제도를 도입한 시장개척자입니다. 그는 상암동 월드컵 주경기장 등 수많은 건설 과정에서 CM을 도입하여 'CM 전도사' 역할을 수행하였습니다. 김종훈 회장은 당시 세계 최고층 빌딩이던 말레이시아 페트로나스 트윈 타워 현장 책임자로서 역량을 유감없이 발휘하여 대한민국의 국위를 세계에 떨쳤을 뿐 아니라 초고층빌딩 전문가란 타이틀을 얻었습니다. 그는 짧은 기간에 한미글로벌을 세계적인 기업으로 발전시키면서 경영혁신의 전문가란 칭호도 함께 얻었습니다.

서울 공대를 졸업한 후 이순(耳順)의 나이에 모교에 다시 입학하여 학사 학위를 받은 지 44년 만에 박사 학위를 받은 것도 그의 근면성과 학구열을 웅변으로 설명하고 있습니다. 한미글로벌의 경영 이념인 정직, 안전, 고객, 탁월, 공헌처럼 그는 사회복지법인 '따뜻한 동행'을 설립하여 장애인들을 위한 공간 복지를 지원하고 있으며, 건설산업비전포럼, CEO지식나눔, 가족친화포럼 등 수많은 사회공헌 활동을 하고 있습니다. '자랑스런 서울공대 동문상,' '대한민국 100대 CEO,' '최고 전략경영상' 등 수많은 수상이 그의 활동을 증명하고 있습니다.

'프리콘에서 성패는 이미 결정된다'는 주장에 동감했습니다. 모든 일이 철저한 준비 단계를 거치지 않으면 결코 성공할 수 없다고 확신합니다. 날로 복잡화, 고도화, 파편화되는 사업 환경에서 초기 단계부터 디테일하게 준비해서 전체적인 방향을 잡고, 공사비, 공사 기간, 품질, 안전 등 세세한 부분까지 검토하고 대비해야 한다는 주장은 어쩌면 당연한 것인지 모릅니다. 하지만 우리 사회에서 그 중요성이 간과되어왔다는 사실은 아픈 지적입니다.

기업을 운영해 본 사람이 현실적인 문제를 제대로 진단할 수 있다는 것이 저의 평소 생각입니다. 그런 의미에서 저자가 국내 건설업이 지닌 문제점을 짚은 진단들은 모두가 주목해야 할 지점입니다. 내가 겪은 시행착오를 뒤에 오는 사람이 똑같이 되풀이하지 않게 하겠다는 저자의 바람이 많은 독자들에게도 잘 전달될 수 있기를 바랍니다.

제게 가장 관심이 갔던 내용은 책의 마지막 부분입니다. 저자의 시각에서 업의 미래를 이야기하지만, 이는 비단 특정 업종에 국한된 이야기는 아니라고 봅니다. 부단히 기술이 발전하는 환경에서 각 산업이 어떻게 변화하고 혁신해야 하는가는 모든 사회 구성원이 다 함께 고민해 볼 주제입니다. 친환경과 지속 가능성 또한 놓치지 않고 지속적으로 살펴야 할 문제입니다. 사회 전반에 걸쳐 혁신과 변화, 패러다임 전환이 요구되는 시기입니다.

예나 지금이나 자기 전공 분야의 전문성을 쌓는 것은 물론 중요하지만, 지금 우리가 당면한 4차 산업혁명시대에는 자기 분야에만 치우쳐서는 성공하기 어렵습니다. 오히려 모든 분야에서 융합하려는 마인드가 중요합니다. 그런 의미에서 한 분야에서 50년 가까이 경험을 쌓은 분의 이야기는 사회의 매우 소중한 자산이라 생각합니다.

이런 이야기에 귀를 기울이고 탐구하는 일은, 해당 분야에 직접 관련된 사람들에게뿐 아니라 다양한 분야에서 미래를 준비하는 학생들과 젊은이들에게도 필요하고 중요한 일입니다. 더 많은 리더들이 이 책을 읽고 배움과 통찰을 얻을 수 있기를 기대합니다.

프리콘이 핵심이다

건설은 보기에는 쉬워 보일지 몰라도 복잡하고 어렵다. 성공한 프로젝트도 많지만 실패한 프로젝트도 넘쳐난다. 프로젝트가 복잡 다양해지고 설계와 시공이 분리되는 현상이 보편화되고, 프로젝트의 각 단계에서 참여자 간에 유기적인 상호 협력이 어려워졌다. 설계는 설계업체가 잘하고 시공은 시공업체가 잘하면 된다는 발주자의 의식은 각 단계에서의 조율을 더욱 어렵게 만든다. 프로젝트의 변화와 복잡성에 비해 발주자의 의사 결정 능력이 따라가지 못하는 것이 현실이다. 업체 간 수준도 크게 차이 나고 숙련된 기능 인력이 부족하지만, 건설 생산 행위는 여전히 시스템보다는 사람에 의해 좌우되고 있다. 좋은 회사, 좋은 인력을 만나기가 쉽지 않으니 프로젝트 성공은 더욱더 힘들다. 오죽하면 "집 한 채를 지으면 10년을 감수한다"라는 말이 나올까.

프로젝트의 성공을 갈망하는 독자에게 프리콘을 이해하고 적용해보기를 제안한다. 프리콘은 시공 전에 시공 과정을 시뮬레이션해보는 일로, 건물을 설계도상에서 미리 지어보는 일이라고도 할 수 있다. 프리콘은 건설 프로젝트 초기 기획 단계와 설계 단계에서 원가와 공기, 품질, 안전에 관한 사항을 검증하고 관리함으로써, 프로젝트 목표의 달성 가능성을 높이고 시공 과정의 변경 가능성이나 오류 발생을 미리 차단하려는 노력이다.

시공 과정이 하드웨어라면 프리콘 단계는 소프트웨어라 할 수 있다. 즉 프리콘을 제대로 한다는 건 건설의 소프트웨어를 잘 구축한다는 뜻이다. 대개는 건설 사업에서 소프트웨어 구축의 필요성이나 중요성을 잘 인식하지 못하고 있고, 소프트웨어 구축 비용에 인색하다. 저가 발주가 건설 사업을 잘하는 것이라는 함정에 빠져서 프로젝트 성공에서 점점 멀어진다. 건설 사업은 시공보다 프리콘이 핵심이라는 인식 전환이 무엇보다 절실하다.

건설 프로젝트를 추진하려는 발주자가 참고할 만한 자료나 책자가 거의 없다는 점도 프로젝트 성공을 어렵게 만든다. 간단한 전자 제품에도 매뉴얼이 필수적인데, 수천억 원, 수조 원의 자금이 투입되는 건설 프로젝트를 진행하면서 아무런 지침서도 없이 막연한 운에 기대어 관행처럼 일을 추진한다면 큰 문제가 아닐 수 없다.

이런 문제를 풀어보고, 건설 프로젝트를 준비하는 모든 발주자의 성공을 바라는 마음으로 이 책을 썼다. 프로젝트 과정의 주요 핵심을 읽기 쉽게 정리하려 노력했기 때문에 경영자도 이해할 수 있을 것이다. 아울러 관련 업계에 종사하거나 관련 학과에 재학 중인 학생들에게도 도움이 되리라 믿는다. 경영자라면 자기 사업 분야에서 건설이나 건설 공간의 중요성을 이해하는 좋은 계기가 될 것이다.

Part1에서는 건설(건축)이 우리에게 왜 중요한지, 그리고 우리 건설 산업의 선진화를 가로막는 문제는 어떤 것들이 있는지 진단해 본다. 또 프로젝트의 성공을 어떻게 정의할 수 있으며, 성공하는 프로젝트와 실패하는 프로젝트는 어떤 차이가 있는지 살펴봄으로써, 성공 공식을 도출한다. 건설 프로젝트의 고객은 누구인지, 그리고 성공을 가늠하고 측정하는 방법에 대해서도 살펴본다.

Part2에서는 Part1에서 제시한 성공 방식 다섯 가지를 더 구체화하여 항목별로 자세히 짚어본다. 건설 프로젝트를 성공적으로 이끌고자 하는 발주자들에게 일차적으로 도움이 되길 바라지만, 프로젝트 매니지먼트라는 개념 자체가 전 산업에 모두 해당되므로 건설이 아닌 다른 산업에서 일하는 프로젝트 관리자들에게도 시사하는 바가 있으리라 믿는다.

Part3에서는 건설 산업 선진화를 향한 여러 방법들을 살펴보고 혁신적인 기간 단축, 예산 절감에 대해서도 알아본다. 틈날 때마다 주변에 설파해왔던 엠파이어스테이트 빌딩의 사례를 별도의 장으로 빼서 정리하였다. 준공 후 90년이 넘었지만 여전히 뉴욕의 랜드마크로 자리매김하고 있는 엠파이어스테이트 빌딩의 사례를 되새겨본다면, 어떤 프로젝트에서든 불가능하다는 말보다는 우리는 할 수 있다는 믿음을 얻을 수 있을 것이다. 마지막 '미래 전망과 혁신적 변화'에서는 현재 추진되고 있는 변화와 미래의 건설이 나아갈 방향을 생각해 보았다.

독자들에게 좀 더 생생한 정보와 경험을 전하기 위해서 두 가지 부록을 추가하였다. 〈부록A〉에서는 우리 회사가 그간 진행했던 수없이 많은 프로젝트 중 일부를 골라 짧게나마 경험을 기술하여 직접적인 사례를 참고할 수 있게 하였다. 〈부록B〉에는 '성공적인 프로젝트를 위한 평가서'를 첨부하고 설명했다. 박사 학위 논문을 쓰며 만들었던 내용을 토대로 하여, 이번 기회에 내용을 더 보완하였다. 발주자로서의 역할을 맡게 된 독자들이나 구체적이고 실질적인 정보를 얻고자 하는 독자들에게 참고가 될 수 있기를 바란다.

또 세계 여러 나라를 다니면서 직접 답사했던 유명 건축물을 주제로 월간지 『Money』 등에 기고했던 글을 재요약하여 '건축 이야기'라는 이름을 붙여 담았다. 혹여 이 책을 어렵게 느낄지도 모를 독자들이 중간중간 잠시 쉬어가며 건축물이 그 자리에 있게 되기까지의 과정에 대한 흥미를 높일 수 있기를 기대한다.

설계와 시공, 해외 프로젝트, 입찰과 우리 회사에서 직접 관여한 2,252개(2020년 3월 기준)를 포함하여 약 2,500여 개 프로젝트에 직간접적으로 관여한 나의 경험이 이 책의 바탕이 되었다. 직접 설계도 하고 시공도 했으며, 나중에는 프로젝트 매니지먼트^{PM/CM}에 집중하게 되었다. 매번 프로젝트가 완료될 때마다 품었던 '어떻게 하면 보다 낫게 프로젝트를 성공으로 이끌 수 있을까'에 대한 갈망이 이 책에 녹아 있다. 부디 그런 갈망이 이 책을 통하여 여러 독자들에게 전달되어, 우리 사회 전체의 실패를 줄이고 한 단계 발전하는 데 마중물로 쓰이길 바란다.

이 책은 나의 50년 경험과 지식을 총정리한 유산이라 할 수 있다. 아무쪼록 이 책을 통하여 앞으로 성공하는 프로젝트들이 더 많이 탄생하고, 우리 건설 산업 경쟁력이 향상되고 건설 문화가 선진화되기를 간절히 희망한다.

2020년 5월
김종훈

PRECON
CONTENTS

추천사 | 참다운 창업가, 공부하는 리더의 경영 철학　　　　　　　004

추천사 | 50년 경험을 사회의 소중한 자산으로 삼다　　　　　　　008

프롤로그 | 프리콘이 핵심이다　　　　　　　011

Part1 | 성공하는 프로젝트, 실패하는 프로젝트　　　　　　　021

1장 | 인간의 삶을 지배하는 공간　　　　　　　023
건축은 시대의 거울 | 사람은 공간을 만들고 공간은 사람을 지배한다 | 사람이 만들어
낸 공간의 힘 | 프로젝트 초기에 불확실성을 대비한다 | 초기에 비용 절감이 중요하다
| **건축이야기―런던 테이트모던 미술관**

2장 | 우리나라에서 건설하기는 고행길인가　　　　　　　042
건설 프로젝트는 성공하기 어렵다? | 건설 선진화의 걸림돌 | 낮은 설계 품질 | 왜곡
된 시장 구조 | 최저가의 함정 | 설계사의 낮은 위상 | 규제 홍수의 역효과 | **건축이야
기―뉴욕 구겐하임 미술관**

3장 | 프로젝트 성패의 갈림길　　　　　　　072
프로젝트의 성공이란 | 성공하는 프로젝트의 좋은 습관 | 관리적인 성공+사업적인
성공 | 측정할 수 없으면 관리할 수 없다 | 실패한 프로젝트에서 배운다 | 성공 프로젝
트에는 다섯 가지가 있다 | **건축이야기―베를린 유대인 박물관**

4장 | 고객에게 성공이란 무엇인가　　　　　　　　　　　**095**

고객마다 다양한 욕구가 존재한다 | 프로젝트 성공은 고객 만족부터 | 프리콘은 고객

만족으로 이어진다 | 고객 충성도 지표 NPS | 고객 만족 경영 | **건축이야기—나오시마**

예술 섬 프로젝트

Part2 | 성공 프로젝트에는 다섯 가지가 있다　　　　　**113**

5장 | 하나. 발주자—프로젝트 성공의 바로미터　　　　　　**115**

프로젝트에서 발주자의 역할 | 명품 발주자가 명품 건설을 만든다 | 발주자가 해야 할

일 | 발주자가 해서는 안 되는 일 | 발주자 조직 구성이 중요하다 | 일류 발주자가 되

려면 | 선진국의 발주자 혁신 운동 | **건축이야기—빌바오 구겐하임 미술관**

6장 | 둘. 프리콘—성패를 결정짓는 리허설　　　　　　　　**144**

사공이 많으면 배가 산으로 간다 | 초기 기획 단계는 왜 중요한가 | 프리콘 활동에 대

한 인식 전환 | 프리콘 유형의 이해 | 프리콘의 단계별 활동 | 시공 전 리허설이 성패

를 결정짓는다 | 발주자 주도 프리콘, 시공사 주도 프리콘 | **건축이야기—마리나 베이 샌즈**

7장 | 셋. 좋은 설계—하드웨어를 움직이는 소프트웨어　　　**168**

설계는 하드웨어를 움직이는 소프트웨어다 | 설계자 선정은 가격보다 품질이 우선 |

영국의 굿 디자인 운동 | 왜 설계는 관리되어야 할까 | 단계별 설계 관리 | 디자인 매

니지먼트는 프리콘의 핵심 | **건축이야기—르 코르뷔지에의 위니테 다비타시옹**

PRECON
CONTENTS

8장 | 넷. 팀워크-결국 핵심은 사람과 협력문화   195
프로젝트에는 다양한 사람이 참여한다 | 사람이 핵심이다 | 좋은 회사를 선정하려면
| 조직 구성이 성공을 좌우한다 | 위대한 팀워크가 필요하다 | 공동 운명체라는 인식
으로 협력하라 | **건축이야기—렌조 피아노의 더 샤드**

9장 | 다섯. 프로젝트 관리-성공을 위한 필수도구   212
마스터 빌더와 기능의 분화 | 발주자, 설계자, 시공자, 애증의 삼각관계 | 프로젝트 관
리 기법의 발전 | CM과 PM은 어떻게 다른가 | 프로젝트 관리 업무 | 계약 관리로 분
쟁을 줄인다 | 파트너링과 IPD | **건축이야기—9·11 메모리얼 파크**

Part3 | 프로젝트 혁신과 건설의 미래   239

10장 | 비용 30%, 기간 50% 단축은 불가능하지 않다   241
획기적인 공사 기간 단축 | 공사 기간은 나라마다 크게 다르다 | 국내 프로젝트는 왜
오래 걸릴까 | 사업 기간 단축 3요소 | 사업 기간을 단축하려면 | 공사비를 절감하려
면 | 유통 구조가 중요하다 | **건축이야기—요른 웃손의 시드니 오페라하우스**

11장 | 기적 같은 프로젝트 사례로 배운다   273
90년 동안 깨지지 않은 경이적인 기록 | 팀 디자인과 시공사의 관리 능력 | 명확한 발
주자 요구 사항 | 패스트트랙 기법과 공업화 설계 | 린 건설과 대물량 시공 | 특별한
로지스틱스 | 프리콘 활동

12장 | 미래 전망과 혁신적 변화   **291**
4차 건설산업혁명 | 스마트한 프로젝트를 만드는 새로운 기술 | 새로운 대안이 되는
상호 협력적 계약 방식 | 커뮤니케이션 도구를 활용한 사전 리허설 | 공장 생산형 건
설 방식으로의 전환 | 지속 가능성과 친환경 건축물 | **건축이야기―훈데르트바서 하우스**

에필로그 | **"경험을 유산으로 남긴다"**   **317**

부록A | **HG프리콘 성공 사례**   **321**
부록B | **성공적인 프로젝트를 위한 평가서**   **345**

주석   **364**
색인   **371**

Part **1**

[성공하는 프로젝트
실패하는 프로젝트]

PRECON

1장

인간의 삶을
지배하는 공간

건축은 시대의 거울

"건축은 시대의 거울이다"라는 경구가 있다. 건축물에는 동시대의 생활 습관이나 사회적 규범, 철학, 예술, 역사 등이 고스란히 담겨 있다는 뜻이다. 다시 말해, 위대한 건축물을 탄생시키기 위해서는 훌륭한 발주자와 기술자 외에도 그 시대를 살았던 수많은 사람들의 동참이나 지지, 그리고 걸작품을 만들겠다는 시대정신이 필요했다.

전 세계를 다니며 답사했던 유명 건축물들의 탄생 배경과 건축물이 지니는 상징성들을 두루 살펴보면, 위대한 건축물이 탄생되기까지는 훌륭한 발주자와 뛰어난 기술자(건축가), 그리고 기술자를 우대하고 존경하는 사회적 풍토가 바탕에 깔려 있었다. 예를 들어, 핀란드의 세계적인 건축가이자 가구 및 산업 디자이너였던 알바르 알토$^{Alvar\ Aalto}$는 지금도 핀란드의 국부로 존경 받고 있다. 안토니 가우디$^{Antoni\ Gaudi}$ 건축 중 최고의 걸작으로 손꼽히는 사그라다 파밀리아$^{La\ Sagrada\ Familia}$(성가족성당)는 가우디가 31세였던 1883년 착공되어 가우디가 죽은 지 100주년이 되는 시점인 2026년 완공을 목표로 하고 있다. 사그라다 파밀리아 성당은 가우디라는 천재 건축가의 걸작을 완성하기 위해 후대 건축가에 의해 그대로 복원되기도 하고 때론 재해석되어 왔으며, 수많은 사람들의 동참과 시대적 지지, 염원과 희망을 담아 오늘날까지도 지어지고 있다. 위대한 건축물이 탄생하기 위해서는 시대를 공유하는 사람들의 시대정신이 무엇보다 중요함을 보여주는 대표적인 사례이다.

건축물에는 그 시대를 살았던 사람들의 철학과 시대상이 고스란히 반영된다. 웅장함에 압도되는 로마 건축물을 마주하면, 우리는 로마 제국의 번영과 영광을 떠올리게 된다. 건축이 삶을 담는 그릇이며, 역사의 기록이기 때문이다. 건축물이 갖는 시대적, 역사적 사명은 국내에서도 그 사례를 찾아볼 수 있다. 유네스코 문화재로도 등재된 경주의 불국사는 우리나라를 대표하는 사찰이자 우리 선조들의 삶, 사상과 의지를 잘 반영하는 건축물이다. 특히 기둥처럼 골격을 이루는 석재를 중심으로 다양한 크기의 자연석을 이용해 자유롭게 쌓은 불국사 석축은 자연과 조화를 이루고자 하는 당대의 생활상을 엿보게 해준다. 불국사 삼층석탑(석가탑)에는 신의 비율로도 불리는 황금 비율의 원리가 적용되어 우리 민족의 정제된 아름다움과 안정감을 느낄 수 있다. 특히 석가탑의 폭과 높이의 비율, 기단부와 각 층, 상륜부의 황금구형 등에서는 당시 우리 선조들의 정밀한 과학 기술 수준을 가늠할 수 있다. 다보탑은 복잡하고 화려한 석탑으로서 아름다움의 극치를 구현하고 있어 불국사의 대표적인 유물로서 자리 잡고 있다. 뿐만 아니라 사직단, 종묘와 같은 조선 시대 건축물에는 조선 왕조의 통치 이념인 유교적 정치 이념이 깃들어져 있고, 경복궁에서는 조선 왕조의 이상과 위엄을 느낄 수 있다. 요약하자면, 건축은 그 시대의 산물이고 시대상을 반영하고 있다. 건축은 발주자의 수준을 넘어서기 힘들다는 말이 상식처럼 받아들여지고, 발주자의 중요성이 점점 더 강조되고 있다.

1990년대 중반 영국에서 건설 혁신 노력을 시작할 때 혁신의 대상으로 가장 중요하게 생각한 주체가 발주자였고, 발주자들이 모여 워크숍을 할 때 내걸었던 구호는 "잘못된 프로젝트 결과는 우리 발주자의 거울이다"였다. 우리 사회에 시사하는 바가 대단히 크다 하겠다.

사람은 공간을 만들고 공간은 사람을 지배한다

'건설'은 오늘날 우리가 누리고 있는 모든 공간과 시설물을 생산하는 창조적 활동을 가리킨다. 건설의 사전적 의미는 '건축'과 '토목'을 총칭하여 인간이 살아가는 데 필요한 공간과 인프라, 시설물 등을 만드는 생산적 활동을 뜻한다. 건축·토목뿐만 아니라 태양광, 풍력 같은 신재생 에너지 시설, 공장, 발전소, 화공 플랜트와 같은 산업 시설과 리모델링, 집 수리 등 인테리어 공사까지도 포함한다.[1] 어떤 일을 좋은 방향으로 이끌어 간다는 뜻으로 '건설적(建設的)'이라는 표현을 사용하기도 하는데, 이처럼 건설이라는 말에는 창조적, 생산적, 긍정적 가치를 창출한다는 의미가 담겨 있다.

2019년 기준 세계 건설 시장의 규모는 약 11.3조 달러 정도로, 세계에서 가장 큰 산업 중 하나다. 우리나라는 국내총생산(GDP) 대비 건설투자 비중이 과거에는 20%를 상회했고 현재에도 약 15% 수준으로 국가 경제에서 차지하는 비중이 매우 큰 산업이다.[2] GDP 대비 건설 투자가 차지하는 규모는 개발도상국가일수록 더욱 큰데, 도로, 교량 등의 인프라 시설과 주택 건설, 도시 건설에 대한 수요가 높을 뿐만 아니라 건설투자를 통해 얻을 수 있는 고용 효과 및 지역 경제 활성화 효과가 크기 때문이다.

로마의 역사는 건설에서 시작하여 건설에서 끝난다고 할 만큼 수많은 건축물, 구조물, 도로 건설의 역사였다. 아울러 중세의 절대 군주들도 대규모 건설 사업을 통해 세를 과시하고 통치 기반의 수단으로 건축물을 활용하였다. 건설 활동이 수행해 온 시대적, 역사적 사례의 궤적에 비춰볼 때, 건설은 인류 문명과 국가의 흥망성쇠와 늘 함께했다.

인류는 건설 활동을 통해 많은 도전을 이겨냈고 그 도전의 결과 더욱 강해질 수 있었다. 4,500년 전에 건설된 이집트의 피라미드와 세계에서 가장 긴 인공 구조물로 알려진 약 6,350km에 달하는 중국의 만리장성은 당시의 건설 기술뿐만 아니라 그 시대의 절대 권력이 얼마나 막강했는지 가늠하게 해준다. 이같이 엄청난 규모의 건축물을 건설하는 데 얼마나 많은 인력과 시간이 투입되었는지는 여전히 많은 이들의 궁금증을 불러일으킨다.

건설은 시대적, 역사적 공간을 창출하며 문명 발전을 선도해왔다. '모든 길은 로마로 통한다(All roads lead to Rome)'는 말에서 우리는 과거 로마제국의 국가 통치 철학과 도로 건설 기술의 발전 정도를 엿볼 수 있다. 로마제국은 영토 확장을 위해 군대와 물자를 빠르게 수송할 수 있는 도로를 건설하는 데 많은 노력을 기울였다. 이는 로마제국의 번성과 영광에 바로 건설 기술이 있었음을 짐작케 하는 부분이다. 이처럼 인류가 문명을 이루기 시작한 이후부터 오늘날까지도 건설은 문명의 발전을 주도하고 산업화를 선도한 주역이라고 할 수 있다.

역사적으로 여러 위인들이 건설이 갖는 힘과 건설을 통해 창조되는 공간의 힘에 대해 주목했고, 민심을 얻고 어려움을 극복하기 위한 방법으로 건설을 활용하기도 했다. 뉴딜 정책을 통해 미국을 대공황에서 벗어나게 한 프랭클린 루스벨트Franklin D. Roosevelt 대통령은 '아무것도 없는 땅에 인간의 상상력을 현실로 만들어내는 건설인'들을 마술가 집단에 비유했고, 윈스턴 처칠Winston Churchill은 '사람은 공간을 만들고 공간은 사람을 지배한다'는 유명한 말을 남겨 공간이 갖는 힘을 강조하기도 했다.

스페인 빌바오 구겐하임 미술관은 건설을 통해 창조된 건축물과 공간이 갖는 영향력을 보여주는 좋은 사례이다. 쇠락해 가던 스페인의 작은 도시 빌바오에 지어진 구겐하임 미술관은 도시에 생명력을 불어넣고, 지역의 랜드마크로 우뚝 서며 도시 분위기를 완전히 바꾸어 놓았다. 구겐하임 미술관이 개관한 이후 미술관을 보기 위해 전 세계에서 관람객이 몰려들었고, 이후 미술관 주변에 대형 호텔, 공연장 등이 들어서면서 빌바오는 국제적 문화 단지로 성장하였다. 이는 미술관이라는 문화 공간이 일으킨 하나의 '기적'으로 평가받고 있으며, 학자들은 이를 '빌바오 효과'라 부르고 있다. 이처럼 건설은 공간을 창조하고, 세상을 바꾸는 마술 같은 능력을 가지고 있다.

사람이 만들어낸 공간의 힘

건설 활동은 그 자체로도 의미가 있지만 건설을 통해 창조된 공간이 주는 능력은 인간의 삶을 지배하게 된다. 넓고 밝은 공간에서 생활하는 사람은 어둡고 좁은 공간에서 생활하는 사람보다 긍정적인 성향을 보일 확률이 높다. 이같이 건축물과 인간의 성향 간의 연관성을 연구하는 학문 분야를 건축심리학으로 구분하기도 한다. 1960년대부터 건축심리학은 인간과 인공적 환경 간의 상호 관계에 대해 연구하기 시작했다. 그중에서도 공간심리학은 공간이 인간에게 어떠한 영향을 주는지, 어떻게 하면 사람들이 가장 편안함을 느끼는 공간을 구성할 수 있는지 연구해왔다. 백화점에 가면 생각지도 않은 소비를 하게 되는 이유는, 바깥 풍경을 바라볼 수 있는 창문이 없고 벽면의 시계를 없앤 백화점 공간이 갖는 특수성에 영향을 받기 때문이라고 한다. 한눈팔지 않고, 그저 시간가는 줄도 모른 채 오로지 쇼핑에만 몰두하게 만드는 공간의 힘에 의해 무의식적으로 충동구매가 발생하게 된다.

건설 활동을 통해 창조된 공간이 인간의 지각, 감정, 행동에 영향을 미치며, 나아가 생활 방식을 바꿀 수도 있다는 사실은 이미 많은 연구를 통해 입증되고 있다. 1984년에 발표된 울리히R.Ulrich의 논문에서는 병원 건축과 임상 결과가 밀접하게 연결되어 있다는 것을 증명하였다.[3] 조망이 좋은 병실의 환자들이 그렇지 않은 병실에 입원한 환자들보다 평균 16시간 빨리 회복한다는 연구 결과를 발표한 것이다. 그후로도 병원 시설이 원내 감염률, 낙상 건수, 환자 회복 속도, 환자 만족도 등에 상관관계가 있음을 보여주는 많은 후속 연구들이 진행되었다.[4] 2002년 영국 건축 공간 환경 위원회CABE *에서는, 좋은 디자인을 갖춘 병원에서 의사, 간호사 등 근무자의 업무 만족도가 향상되는 것은 물론 환자의 회복율 또한 높아진다는 연구 결과를 발표하였다.[5]

오늘날 현대인들은 하루 중 대부분의 시간을 실내에서 보내고 있다. 그중에서도 가장 익숙하고 친밀한 공간인 집에 거주한다. 건축가 훈데르트바서Hundertwasser는 우리를 보호해주고 살아가는 공간을 제공해주는 집을 '제3의 피부'라고 표현하기도 했다. 이렇듯 건축물은 인간의 삶을 보호하고 안정을 취할 수 있는 공간을 제공하는 역할을 담당한다. 건설 활동은 인간의 삶과는 떼어낼 수 없으며, 인간의 생각과 행동에 직간접적으로 영향을 미친다고 할 수 있다.

프로젝트 초기에 불확실성을 대비한다

프로젝트project는 주어진 기한 내에 목표한 바를 달성하기 위한 생산 활동을 의미한다. 프로젝트 매니지먼트 분야의 전문 단체인 미국의 프로

---

* 영국 건축 및 건축 환경위원회CABE, Commission for Architecture and the Built Environment는 1999년에 설립된 영국 정부의 비정부 공공 기관으로, 영국의 건축과 도시 디자인, 공공 공간에 대해 정부에 자문 역할을 하는 기구이다. 2011년에 디자인위원회Design Council로 합병되었다.

젝트 매니지먼트 협회PMI, Project Management Institute에서는 프로젝트를 다음과 같이 정의하고 있다.[6]

"프로젝트는 시작과 끝이 정해져 있고, 동시에 업무의 범위와 자원이 정의되는 한시적인 작업이다. 프로젝트는 일반적인 일상 업무routine operation와는 구별되며, 단일 목표를 달성하도록 설계된 특정한 작업들의 집합이라는 점에서 고유성을 갖는다. 따라서 프로젝트 팀으로 구성된 구성원들은 과거에 서로 협력하지 않았던 사람들이 참여하기도 하며, 때로는 여러 조직, 여러 지역에서 온 각기 다른 구성원들을 포함하기도 한다. 비즈니스 프로세스 개선을 위한 소프트웨어 개발, 건물 또는 교량 건설, 자연 재해 발생 후 구호 노력, 신규 시장 진출을 위한 비즈니스 모델 확장 등이 모두 프로젝트의 유형이라고 할 수 있다."

PMI에서 정의하고 있는 프로젝트 유형에 언급된 것처럼, 건물을 짓는 건설 활동도 프로젝트이고 자동차 회사의 신차 개발 활동 역시 프로젝트의 한 형태이다. 다른 예로는 광고회사에서 광고를 기획하고 집행하여 고객의 제품이나 브랜드 파워를 향상시켜주는 광고 활동도 프로젝트라고 할 수 있다. 회사의 생산 활동과 개인의 일도 프로젝트로 둘러싸여 있다고 해도 과언이 아니다. 우리 회사와 합작 사업의 파트너였던 미국의 파슨스Parsons에서는 사무실에 앉아서 하고 있는 모든 행정·기획 업무도 프로젝트라 불렀고, 이 회사의 회장은 "우리 모두는 프로젝트 매니저PM가 되어야 한다"고 입버릇처럼 말하곤 했다.

프로젝트의 성공과 실패에 대해 저술했던 일본의 이토 켄타로는 프로젝트는 시작과 끝이 정해져 있고 고유성이라는 특징이 있음을 강조했다.[7] 프로젝트가 갖는 고유성은 조직이 지금까지 시도해보지 못한 요소가 프로젝트에 포함된다는 의미로, 완전히 동일한 일을 반복하는 루틴 워크routine work와는 다른 개념이다. 그렇기 때문에 프로젝트를 제대로 컨트롤하지 못한다면 그 프로젝트는 실패할 수밖에 없다.

우리는 종종 프로젝트project와 프로그램program을 혼동하기도 한다. 이 것은 '프로젝트'의 규모가 커지면 그것이 '프로그램'이라고 인식하기 때문이다. 그러나 프로젝트의 규모와 상관없이, 프로그램은 단일 프로젝트가 여러 개 합쳐진 형태를 말한다. 즉 프로젝트가 여러 개 모여서 프로그램 레벨이 되는 것이다. 따라서 프로젝트는 하나의 목표를 달성하기 위해 노력하는 과정인 데 비해, 프로그램은 여러 프로젝트들이 각각의 목표를 잘 달성할 수 있도록 지원하며, 프로젝트 간에 발생하는 중복이나 의존 관계를 관리하여 궁극적으로 전체 프로젝트가 원활히 진행될 수 있도록 한다. 예를 들어, 자동차 회사에서 딜러샵을 여러 곳에 짓거나 유통업체에서 유사한 형태의 매장을 계속해서 짓는 것은 프로그램이다. 공항을 짓는 것도 대표적인 프로그램인데, 공항 건설은 수백 개의 프로젝트로 구성되어 있기 때문이다.

프로젝트를 시작하는 초기 단계에는 고객의 요구, 활용 가능한 데이터가 모두 불확실한 상태이다. 따라서 프로젝트에 참여하는 주체들은 이와 같은 불확실한 상태의 요소들을 확실하고 명확한 상태로 만들기 위해 다양한 활동들을 수행한다. 그런 활동들을 통해 초기 단계에는 모호하고 명확하지 않았던 프로젝트의 방향과 업무들이 시간이 지나면서 보다 명확해지고, 당초 목표했던 방향을 향해 나아갈 수 있게 된다. 이런 과정에서 매니지먼트^{management}의 중요성은 매우 크다. 프로젝트 매니지먼트^{project management}는 지식, 도구, 기술 등을 프로젝트 활동에 활용하여 프로젝트의 목표를 충족시키기 위한 활동이라 할 수 있다.

프로젝트 관리자들의 매뉴얼로 일컬어지는 『PMBOK^{Project Management Body of Knowledge}』8에서는 프로젝트 관리의 단계를 착수^{initiating} – 계획^{planning} – 실행^{executing} – 모니터링 및 제어^{monitoring and controlling} – 마무리^{closing}의 5단계로 구분하고 있다. 또한 프로젝트 관리의 영역을 다음과 같이 총 10가지로 구분하고 있다.

- 통합^{integration}
- 범위^{scope}
- 시간^{time}
- 비용^{cost}
- 품질^{quality}
- 발주^{procurement}
- 인적 자원^{human resource}
- 커뮤니케이션^{communication}
- 리스크 관리^{risk management}
- 이해관계자 관리^{stakeholder management}

위의 10가지 프로젝트 관리 영역은 모든 유형의 프로젝트에 적용된다. 건물을 짓든, 새로운 자동차를 개발하든, 신규 소프트웨어를 개발하든 공통적으로 적용될 수 있는 관리 요소들이며, 이 책에서 제안하는 건설 프로젝트 성공 방정식도 이러한 프로젝트 매니지먼트 영역들과 밀접히 연관되어 있다.

프로젝트 업무의 내용이나 업무를 수행하는 방식에 있어 이전에 시도해보지 않았던 고유한 활동이 가진 초기 단계의 불확실성을 해소하고 미래에 발생한 일들을 예측하기 위해서는 실질적이고 달성 가능한 계획을 세우는 것이 무엇보다 중요하다. 피터 드러커Peter Drucker는 "미래를 예측하는 가장 좋은 방법은 직접 미래를 창조하는 것The best way to predict the future is to create it."이라고 했다. 즉 미래에 발생할 불확실성을 해소하는 가장 현명한 방법은 직접 행동함으로써 미래에 발생할 상황에 대한 주도권을 확보하는 것이다. 이를 위해서는 적절한 실행 계획을 수립하여 프로젝트의 성공 가능성을 극대화하고, 미래에 발생할 리스크에 대응하며, 소요되는 자원들을 효율적으로 배분할 수 있어야 한다.

건설 프로젝트도 초기 단계에 적절한 관리를 취함으로써 미래에 발생할 리스크에 선제적으로 대응할 필요가 있다. 그런데 유한한 기간 동안 수행되는 프로젝트의 특성에 비춰볼 때 건설 프로젝트는 상대적으로 오랜 기간 수행된다는 점이 특징이다. 아울러 프로젝트는 시작과 끝이 있는 한시적인 작업이며 오더메이드Order Made이다. 또한 단계별로 다양한 전문성을 가진 이해관계자가 프로젝트에 참여하며, 이해관계자가 프로젝트에 참여하는 시점도 각기 다르다. 우리나라에서 일반적인 건설 프로젝트의 수행 방식을 보면, 설계자는 설계 단계에 참여한 후 시공 단계에는 프로젝트에 거의 관여하지 않고, 시공자는 설계 단계에는 거의 관여하지 않고 있다가 시공 단계부터 프로젝트에 참여한다. 이렇듯 설계와 시공의 단절이 보편화된 현상이 심각한 지경에 이르고 있다. 프로젝트의 성공을 위해서는 어느 시점에 어느 이해관계자가 프로젝트에 참여하여 어떠한 역할과 책임을 다해야 하는지가 사전에 명확히 정의되어야 한다. 즉 초기 기획 단계에서 모든 요소들을 잘 세팅해 두는 것이 무엇보다 중요하다.

초기에 비용 절감이 중요하다

건설 프로젝트는 일반적으로 기획, 설계, 발주, 시공, 유지 관리의 5단계로 나눈다. 기획 단계Concept Stage는 건설 프로젝트가 시작되는 단계로 프로젝트 수행을 위한 사업 대상지를 결정하고, 프로젝트 자금 조달 계획 및 기술적, 경제적 타당성 분석 등의 업무를 수행한다. 건설 프로젝트의 생애 주기를 통틀어, 유지 관리Maintenance와 운영Operation 단계가 가장 오랜 기간을 차지한다. 따라서 건설을 계획할 때 프로젝트 생애 주기 비용LCC, Life Cycle Cost 관점에서 설계를 하는 것이 건설 선진국의 일반적인 경향이다.

프리콘pre-construction은 건설 프로젝트 생애 주기 5단계 중 시공 이전

---

*   프로젝트 매니지먼트 협회인 PMI에서는 발주 단계를 프로젝트 실행 단계로 분류하고 있다. 본서는 미국 CM협회인 CMAA 기준으로 프리콘 단계로 분류한다.

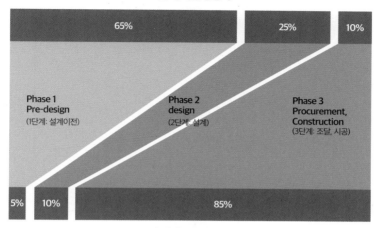

비용에 대한 영향력

| 65% | 25% | 10% |

Phase 1
Pre-design
(1단계: 설계이전)

Phase 2
design
(2단계: 설계)

Phase 3
Procurement,
Construction
(3단계: 조달, 시공)

| 5% | 10% | 85% |

각 단계별 투입비용

그림 1. 건설 프로젝트 단계별 비용 효과[9]

단계인 기획, 설계, 발주의 3단계를 총칭한다.* 이 단계에서는 프로젝트 목표 수립, 설계 도면 작성, 발주 관련 업무를 수행하며 시공을 준비하는 사전 활동을 한다. 특히 원가, 일정, 품질에 관련된 제반 사항을 시공 전에 사전 검증하여 프로젝트가 계획에 따라 수행될 수 있도록 하는 사전 활동을 종합하여 프리콘이라 한다.

건설 프로젝트에서 초기 단계의 활동은 비용 측면에서 그 효과가 매우 크다. 그림 1에서 볼 수 있듯이 설계 이전 단계와 설계 단계의 활동이 전체 프로젝트 비용에 90%(65%+25%) 영향을 미친다. 즉 초기 단계에는 프로젝트를 성공적으로 수행할 수 있는 기회나 영향력이 매우 크지만, 시간이 지나 프로젝트가 시공 단계로 접어들면 기회가 급격히 감소한다. 반면에 변경 비용은 시간이 지날수록 급증한다.[10] (그림 2 참조) 비용 영향

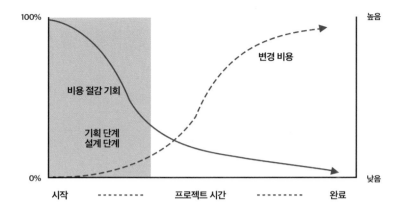

그림 2. 비용 영향 곡선

곡선Cost Influence Curve은 기회 곡선Opportunity Curve이라고도 하는데, 프로젝트 초기에 비용 절감 기회가 많다는 사실을 보여주는 아주 단순한 곡선이다. 이와 반대로 시간이 지날수록 계획이나 설계를 변경하고자 할 경우 감당해야 하는 비용이 기하급수적으로 증가함을 보여준다.

이와 같은 자료들은 건설 프로젝트에서 프리콘의 중요성과 프리콘 활동이 갖는 파급력을 뒷받침하는 것으로서, 국내에서도 프로젝트 성공의 바로미터인 프리콘 활동에 대한 인식의 변화가 필요함을 시사한다. 프리콘에 대한 정확하고 올바른 인식을 바탕으로 프리콘 단계에서의 활동이 제대로 수행될 경우, 프로젝트 성과가 향상되고 결과적으로 고객 만족을 실현하는 선순환 생태계 구축이 가능해질 것이다.

1장을 요약하면

건축은 시대의 거울이다. 역사적으로 인류는 건설 활동을 통해 도전을 이겨내고 강인해졌으며, 건축물에는 시대상과 철학이 담겨 있다. 건설은 문명의 발전을 주도하고 산업화를 선도한 주역이며, 현재 세계에서 가장 큰 산업 중 하나이다.

사람은 공간을 만들고 공간은 사람을 만든다. 건설 활동은 우리가 생활하는 공간을 창조하며, 이 공간은 사람의 지각, 감정, 행동, 생활 방식에 지대한 영향을 미친다.

프로젝트는 주어진 기한 내에 목표를 달성하기 위한 생산 활동이다. 프로젝트의 고유성 때문에 초기 단계의 불확실성은 불가피하다. 따라서 적절한 실행 계획을 수립해야 하고, 발생할지 모르는 리스크에 선제적으로 대응하고 자원을 효율적으로 배분하는 관리가 매우 중요하다.

프리콘은 건설 프로젝트에서 원가, 일정, 품질에 관련된 제반 사항을 시공 전에 사전 검증하여 프로젝트를 계획대로 진행되게 하는 사전 활동이다. 적절한 프리콘 활동은 비용 절감 효과가 매우 크며, 프리콘은 전체 프로젝트 성공의 바로미터이다. 이에 대한 국내 건설업계의 인식을 전환하면, 건설업계의 선순환 생태계 구축이 가능해질 것이다.

런던 테이트모던 미술관
Tate Modern Gallery in London

런던 템스강 남쪽 지역에 거의 버려져 있다시피했던 뱅크사이드 화력발전소를 재건축한 테이트모던 미술관은 21세기 영국의 화려한 부활을 알린 '밀레니엄 프로젝트'의 백미로 꼽힌다. 2000년 개장한 이래 연간 약 400만 명의 관람객을 불러모으며 런던에 생기를 불어넣고 있다.

영국 정부는 1995년 발표한 밀레니엄 프로젝트의 일환으로 템스강 남쪽, 뱅크사이드 화력발전소가 폐쇄된 후 20년 이상 방치돼 있던 자리에 현대미술관을 짓기로 결정했다. 1994년 열린 테이트모던 미술관 국제 현상 공모전에는 전 세계에서 내로라하는 건축가 148개 팀이 참가했다. 대다수 건축가들은 흉물이 된 발전소를 헐고 이 자리에 새 건물을 지을 것을 제안했다. 하지만 유일하게 발전소 건물을 리모델링하자는 안을 낸 스위스 출신의 건축가 두 사람, 헤르조그Herzog와 드 므롱de Meuron이 당선의 영예를 안았다. 옛것을 함부로 부수지 않고 잘 보존하는 걸 중히 여기는 영국인들의 국민성을 잘 파악한 현명한 선택이었다.

1950년생으로 어린 시절부터 절친한 친구였던 두 건축가는 공모전에 당선됐을 당시만 해도 크게 알려지지 않았지만, 테이트모던 미술관을 설계함으로써 일약 세계적인 건축가 반열에 오르며, 2001년에는 '건축계의 노벨상'이라 불리는 프리츠커상을 거머쥐기도 했다.

테이트모던 미술관은 어떻게 세계적인 명소가 되었을까. 기존 건축물을 최대한 활용하면서도 그것을 새로운 감각과 조화시켜 시대에 맞는 미술관으로 변신을 꾀한 것이 주효했다. 붉은 외벽에 99m 높이의 굴뚝까지 발전소의 겉모습이 그대로 남아 있지만, 내부로 들어가면 전혀 다른 공간이 나온다. 발전소의 터빈을 돌리던 터빈홀은 드라마틱한 전시 공간으로 재해석됐다. 발전소의 천장을 걷어낸 자리에는 유리 지붕을 얹었는데, 낮에는 반투명한 유리를 통해 자연 채광이 들어온다.

미술관은 서쪽에서 템스강을 따라 걸어온 보행자들이 내부로 자연스럽게 들어오도록 별도의 주 출입구를 만들어 강변 산책로와 연결하고 있다. 내부 공간이면서 외부 공간처럼 느껴지는 터빈홀에서는 관람객이나 견학 온 어린이들이 도시락을 먹고 휴식을 취하거나, 산책 나온 시민

왼쪽. 원래 화력발전소의 터빈홀. 오른쪽과 같이 개조되었다.
오른쪽. 2006년 터빈홀에 전시된 카르스텐 휠러의 설치 미술품, '초대형 미끄럼틀'.

들이 담소를 나누고 책을 보는 광경을 흔하게 볼 수 있다. 전시물로 빼곡히 채워진 기존 미술관과 비교해보면 이 공간의 가치를 충분히 짐작할 수 있다.

이 터빈홀에서는 해마다 '현대 커미션Hyundai Commission'이라는 이름이 붙은 전시회가 진행된다. 현대자동차가 테이트모던 미술관과 2015년부터 2025년까지 장기 후원 계약을 맺고, 매년 전 세계에서 가장 혁신적인 작가 1명을 선정해 새로운 작품을 선보일 수 있는 기회를 제공하고 있기 때문이다.

테이트모던 미술관은 우리에게 '부수지 않아도 새로워질 수 있다'는 교훈을 던진다. 화력발전소를 미술관으로 리모델링하는 데 한화로 약

2,700억 원의 예산이 들어갔다고 한다. 신축하는 것과 비교해 결코 적지 않은 액수지만 역사와 전통을 그대로 보존하고 그 위에서 새로운 비전을 그리려는 영국 정부와 국민의 의지와 염원이 녹아들어 있다는 점에 의미가 있다. 영국을 비롯한 유럽 대다수 국가들은 오래된 건축물을 쉽게 허물고 다시 짓지 않으며, 국민들도 그 점에 자긍심을 느낀다.

아파트건 공공 시설이건 낡은 건축물은 무조건 부수고 새롭게 짓는 우리 나라의 재건축 풍토도 바뀌어야 하지 않을까. 건축에 대한 우리나라 사람들의 철학이 달라져서, 제대로 지어 보존하고 후세에 남기려는 시대 정신이 필요하다 하겠다.

2장

우리나라에서 건설하기는 고행길인가

건설 프로젝트는 성공하기 어렵다?

건설 프로젝트에 참여하는 발주자, 설계자, 시공자 등 모든 참여 주체들은 프로젝트 성공이라는 공동의 목표 하에 모든 노력을 경주한다. 하지만 모든 프로젝트가 성공하는 것은 아니며, 오히려 대다수의 프로젝트는 당초 계획한 목표를 달성하지 못한 채 예산이나 일정이 초과되어 불만족스럽게 끝나거나 참여 주체 간의 갈등을 불러오기도 한다. 무엇이 건설 프로젝트의 목표 달성을 어렵게 하는 것일까?

가장 먼저, 건설 프로젝트가 갖는 고유한 특성에서 비롯되는 문제를 꼽을 수 있다. 건설은 수주 산업으로서, 발주자의 니즈에 맞춰 매번 고유한 프로젝트가 만들어진다는 점에서 시장에서 손쉽게 구매할 수 있는 기성 제품과 구분된다. 지구상에 완벽히 똑같은 건설 프로젝트는 하나도 존재하지 않는다. 설사 동일한 재료와 동일한 도면을 갖고 시공을 한다 해도 대지의 상황, 기후 조건, 작업 인력에 따라 프로젝트의 특성과 성과는 달라질 수밖에 없다. 이것을 건설의 다변성(多變性)이라고 나는 규정한다. 이같은 건설의 특수성 때문에 동일한 제품을 반복적으로 대량 생산하는 제조업에 비해 작업의 효율성을 높이기 어려우며, 반복 작업을 통해 얻을 수 있는 학습 효과 또한 낮을 수밖에 없다. 과정 상에서 수많은 변수가 존재하는 것이 건설이기 때문에, 타 산업에 비해 더욱더 시스템이 필요하고 매니지먼트가 필요한 산업인데도, 사람들은 이를 잘 모르고 있다. 모르는 정도가 아니라 건설이 쉽다고들 착각한다.

건설 프로젝트가 지니는 이런 다변성은 건설 프로젝트의 성공을 어렵게 만드는 요인이다. 공장에서 동일한 제품을 대량으로 찍어내는 제조업에서는 제품의 품질과 작업 시간 및 투입 노동력을 제어하는 최적화가 아주 정밀한 수준까지 가능하지만, 공장이 아닌 현장 작업이 대부분을 차지하는 건설 프로젝트에서는 품질과 공사 기간, 투입 인력에 대한 제어가 쉽지 않은 일이다. 때문에 모든 프로젝트에서 동일한 품질을 유지한다는 것은 거의 불가능하다고 할 수 있다. 철저한 매니지먼트가 필요하다는 사실을 간과하고 건설이 쉽다고들 생각하고 접근하기 때문에 건설 프로젝트의 성공을 담보하기가 어려운 것이다. 프로젝트의 성패는 어떤 사람들이 관여해서 어떻게 프로젝트를 수행하느냐와 현장의 불확실한 요소들을 얼마나 잘 관리하고 제어하느냐에 따라 결정된다.

따라서 건설 프로젝트에 있어 매니지먼트 영역은 대단히 중요하다.

건설 프로젝트의 실패는 단순한 사업의 실패 이상으로 엄청난 사회적, 경제적 손실을 낳을 뿐 아니라 대중에게 미치는 파급력 또한 매우 크기 때문이다. 삼풍백화점 사고와 성수대교 사고도 건설 관리의 실패, 유지 관리의 실패에서 그 원인을 찾을 수 있다.

건설 프로젝트에 참여하는 주체들을 유형별로 살펴보면 건설 프로젝트가 갖는 복잡성을 짐작할 수 있다. 건설의 생산 과정에 참여하는 대표적 이해 당사자인 발주자, 설계자, 시공자뿐만 아니라 사업의 관리를 담당하는 프로젝트 관리자PM 또는 건설 사업 관리자CM와 전문 건설 기술자, 디벨로퍼developer, 유지 관리 기술자 등 수많은 전문가들이 건설의 성공적인 수행을 위해 프로젝트에 참여한다. 요즘은 금융 기관, 투자 회사, ICT 업체, 정부 기관, 공공 기업체, 제조업체들이 민간 프로젝트 또는 공공 프로젝트에 건설 주체로 참여하기도 한다. 그들은 따로 또 같이 프로젝트의 일원으로서 사업에 참여하지만, 각자의 이해관계가 상충하게 되면 원만한 사업 진행이 이루어지기 어렵다.

건설에서는 각기 다른 지식과 경험을 갖고 있는 이해관계자들이 사업을 같이 수행하다 보니 커뮤니케이션에 있어 어려움을 겪는 일이 빈번히 발생한다. 발주자가 프로젝트 초기에 구상한 목적물에 대한 그림이 설계자가 이해하고 도면으로 표현한 내용과 다를 수 있고, 그 도면을 해석하고 구현한 시공자의 시공 목적물이 제대로 시공되지 않는 경우도 비일비재하다. 프로젝트를 이해하고 받아들이는 각자의 지식과 경험 수준이 다르기 때문이고 커뮤니케이션이 불완전하기 때문이다. 아울러 그런 이유로 프로젝트 초기에는 미래에 발생할 수 있는 모든 가능한 상황에 대해 예측하기가 힘들다. 건설 생산 활동은 언제 새로운 변수가 나타날지 모르는 불확실하고 불완전한 상태라는 조건하에서, 완전하고 구체화된 목적물을 만들어가기 위해 끊임없이 질서를 만들어 가는 과정이다. 프로젝트 진행 과정에서 발생하는 예상치 못한 문제를 극복하고 건설 프로젝트를 성공시키는 일은 그만큼 어려운 일이다.

건설 프로젝트에 참여하는 각 주체들이 추구하는 성공의 지향점이 각기 다르다는 점 또한 건설의 성공을 어렵게 하는 요인이다. 발주자, 설계자, 시공사, 전문 건설업체는 모두 한배를 탄 운명공동체이지만, 각자가 그리는 성공의 척도는 이해관계에 따라 달라질 수 있다. 발주자 입장에서의 성공은 예산을 초과하지 않는 범위에서 예정 공사 기간을 준수하여 좋은 품질로 프로젝트를 완료하는 것이다. 설계자, 시공사, 전문 건설업체의 표면적인 성공은 발주자의 성공과 크게 다르지 않다. 그러나 모든 비즈니스가 그러하듯 이윤을 남기지 못하는 사업은 비즈니스 관점에서 성공이라고 할 수 없으며, 따라서 설계자, 시공사, 전문 건설업체에게 보다 중요한 성공의 척도는 각 회사가 해당 프로젝트에서 얼마나 이윤을 남겼는지 여부다. 발주자는 보다 적은 금액으로 고품질의 결과물을 얻고자 하고, 시공업체 등 프로젝트 관여자들은 보다 많은 이윤을 남기고자 하기 때문에 필연적으로 이해관계가 상충하게 되며, 당초 목표한 성과를 달성하는 데 난항을 겪는 일이 비일비재하다.

외국의 많은 건설 전문가에게서 "건설이 파편화되고 있고 퇴보하고 있다"라는 주장을 흔히 듣는다. 건설이 파편화된다는 건 사회가 발전함에 따라 건설 행위가 수많은 개체에 의해 분할되고, 분할된 요소들의 총합화가 이루어지지 않는다는 뜻이다. 내가 책임자로 관여했던 - 그리고 당시 세계 최고 높이 빌딩이었던 - 말레이시아 쿠알라룸프르의 KLCC빌딩*의 경우 설계자만 약 50여 개 업체로 분할 발주되었다. 통상 하나의 빌딩을 지을 때 설계업체는 하나일 거라고 생각하는데, 수많은 전문가 집단의 분할된 업무가 총합을 이루어 하나의 디자인이 완성되는 것이다.

앞서 들었던 여러 가지 이유로, 건설 프로젝트는 성공하기 힘든 취약점을 구조적으로 내재하고 있다. 건설이 누구나 할 수 있는 쉬운 일이 아니라 전문성을 갖춘 사람들이 진행하더라도 어려운 일이라는 인식의 전환이 절실히 필요하다.

건설 선진화의 걸림돌

국내 건설의 글로벌 스탠더드 필요성이 한동안 널리 회자되던 시기가 있었다. 사실 글로벌 스탠더드는 국가나 산업 분야를 막론하고 우리가 나아가야 할 지향점이다. 그러나 오늘날 국내 건설 산업의 좌표는 이와는 상당한 거리가 있는 듯하다. 예를 들어 규제의 문제가 있는데, 300여 개가 넘는 건설 법령으로 인한 규제 사슬과 전근대적인 코리안 스탠더드가 그대로 있는 한, 성공적인 건설 프로젝트를 논하는 것 자체가 쉽지 않은 일이다.

국내 건설이 갖는 법적, 제도적 문제뿐만 아니라 법과 제도를 운영하

---

*   페트로나스 타워, 통상 쌍둥이 빌딩으로 알려짐

는 주체들의 불공정 행태도 시급히 해결해야 할 과제이다. 급격한 산업화로 인해 충분한 역량을 갖추기도 전에 성장해버린 우리 경제는, 몸집은 커졌지만 업무 처리 방식과 시스템적 사고는 여전히 후진적인 면이 남아 있다. 건설 프로젝트를 수행하기 위한 인허가 과정에서는 불투명한 관행이 사라지지 않고 있으며, 인허가 처리의 잦은 지연은 필연적으로 건설 사업 전체 과정을 지연시키고 있다. 거래의 불투명성과 부패는 우리 사회 전반에 여전히 만연해 있고, 그중에서도 건설 부문은 더욱 심각한 실정이다. 인허가 처리를 비롯한 건설 프로젝트 추진 과정에서 발생하는 여러 문제들을 해결하고자 정부 차원에서 정보 공개를 추진하고 있으나, 여전히 근본적인 해결책이 되지 못하고 있는 것 같다. 건설 프로젝트의 복잡한 입찰, 발주 제도와 변수가 많은 인허가 조건, 그리고 이를 시행하는 주체들의 불공정한 행태도 건설 프로젝트 성공의 걸림돌이다.

　오래전 상공회의소 회장이 "우리나라는 골프장 하나 만드는 데 도장이 780개나 필요한 나라"라고 꼬집었던 말이 언론에 크게 보도되었고[11] 한동안 시중에 회자되었다. 당시 담당 부서 장관이었던 지인이 장관을 그만두고 몇 년 지나서 그때 있었던 이야기를 내게 들려주었다. 자신도 도장 780개의 진위가 무척 궁금해져서 직원에게 조사를 시켰더니, 실제로 필요한 도장 숫자가 780개를 넘어가더라며, 웃지 못할 규제 현실을 실감했다고 했다. 이런 일화에서도 알 수 있듯이, 건설은 대표적인 규제 산업 중 하나이다. 무수한 규제의 벽을 넘기 위해서 허가권자와 이해 당사자 사이에 불건전한 관행이 판을 치고 있다. 이런 문제는 건설 프로젝트를 둘러싼 불필요한 사회적 비용을 발생시킬 뿐만 아니라 건설 산업의 구조 자체를 왜곡시키는 요인으로 작용한다. 뿐만 아니라 건설 선진화와 사회 선진화에도 크나큰 걸림돌이 되고 있다.

국내에서는 아직도 다수의 건설 프로젝트에 체계적인 프로젝트 매니지먼트 기술과 시스템이 적용되지 못하고 있다. 프로젝트 매니지먼트에 대한 인식 또한 매우 부족하여 전문 건설 사업 관리자PM/CM를 통해 프로젝트의 가치가 더해질 수 있다는 인식이 건설 선진국에 비해 매우 뒤떨어져 있다. '공공 건설 사업 효율화'와 같은 이름이 붙은, 공공 사업에 대한 정부 대책을 살펴보면 예산 낭비, 사업 기간 초과, 품질 저하에 대한 원론적인 수준의 원인 분석과 대안을 제시할 뿐, 정권이 바뀌면 몇 년 지나서 또다시 비슷한 내용의 '선진화 종합 대책'을 작성하곤 한다. 민간 공사의 경우 정확한 통계 자료조차 없어 프로젝트 부실에 대한 파악이 제대로 이루어지지 못하고 있지만, 공공 사업 못지않게 여러 문제가 존재한다. 그에 따른 결과로 건축이나 도시의 경쟁력이 떨어지고 건설의 품격은 선진국에 비해 확연히 낮아진다.

몇 가지 관점을 들어, 우리나라 건설 환경을 좀 더 자세히 분석해보자.

낮은 설계 품질

우리나라에서 프로젝트 매니지먼트 같은 프로젝트 관리 방안에 대한 인식은 공공이나 민간을 가리지 않고 여전히 낮은 수준이다. 국내 발주자의 일반적인 인식은 설계는 설계 회사에서 하고 시공은 시공 회사에서 도면대로 시공하면 된다는 수준에 그친다. 어쩌면 당연한 이야기처럼 들린다. 하지만 당초 발주자가 세웠던 원가 목표, 공기 목표, 품질 목표를 달성할 수 있는 완성도 높은 도면을 설계 회사에서 적기에 공급하지 못하는 데에서부터 근본적인 문제가 시작된다. 이러한 현상이 관행처럼 만연해 있고 당연하게 받아들여지기까지 한다.

건설 프로젝트에서 설계 도면을 작성하는 행위는 고도의 전문적인 영역이고 잘못된 설계 도면에 의해 건물이나 시설물이 지어질 경우 심각한 폐해를 초래할 수 있다. 삼풍백화점 붕괴 사고는 설계자의 잘못이 초래한 엄청난 결과를 단적으로 보여주었다. 이렇듯 부실한 설계 도면이 공공 안전에 미치는 영향은 대단히 심각하다. 우리 나라에서 불건전한 설계 행태가 성행하게 된 근저에는, 설계(디자인)적 가치를 중시하지 않는 문화적 배경, 질보다는 양적 측면에 치우치는 사회적 제도와 산업적 배경, 여기에 더하여 수주 위주의 운영을 하면서 설계 품질을 높이려는 노력에 소극적인 설계 회사들이 자리하고 있다. 또한 설계자에게 법적 책임을 묻는 제도적인 틀이 미비한 데에서도 그 원인을 찾을 수 있다. 이러한 관행은 설계비 수가가 선진국에 비해 매우 낮고, 그나마 낮은 설계 수가도 저가 경쟁과 덤핑 수주로 제 살 깎아먹기가 보편화되어 있다는 점에서 비롯한다. 게다가 예술로 취급되어야 할 건축 설계나 엔지니어링 업무조차도 수주 과정에서 일부 부패의 사슬에서 벗어나지 못하고 있어, 올바른 경쟁을 무력화시키는 사례가 발생하고 있다.

국내 설계 회사에서는 계획 설계Schematic Design가 어느 정도 마무리되는 단계에서, 각 공정별로 나누어 설계 하청을 주는 사례가 다반사다. 이에 반해 미국 등 건설 선진국의 설계 회사는 설비, 전기, 구조 설계 등 엔지니어링 분야는 외주를 주기도 하지만(대형 설계 회사는 이마저도 자체 설계를 하는 곳이 꽤 있다.) 건축 설계는 거의 100% 자체 설계를 한다. 하청으로는 설계 품질을 보증할 수 없기 때문이기도 하고, 미국에서는 민간이든 공공이든 건물이 완공된 상태에서 사고가 발생했을 때에 설계 결함이 발견되면 여지없이 설계 회사에 중대한 법적 책임을 묻기 때문이기도 하다. 심지어 건물 외부 계단에서 넘어져 다친 경우에도 설계상의 오류가 있다고 판단되면 설계 회사를 대상으로 소송을 제기한다.

잘못된 설계나 시공에는 법적 책임도 부과되지만 보험 시스템에서도 악화와 양화를 구분하여 보험 요율을 차별 적용하는 자체 정화 시스템이 작동한다. 그럼에도 불구하고 미국 CM협회CMAA, Construction Management Association of America에서 조사한 바에 따르면,[12] 미국 발주자의 92%가 설계사의 도면이 시공에 적합하지 않다고 답변하였다. 미국에서조차 이같은 통계가 나오는 것은, 대부분의 설계사가 시공 방식이나 디테일을 충분히 이해하지 못하고 원가에 대한 지식이나 감각이 부족하기 때문에 나타나는 현상이다.

이에 반해 국내에서는 설계 잘못에 대해 법적 책임을 묻거나 설계사를 대상으로 소송을 제기하는 사례가 극히 드물다. 그런 탓에 설계 도면 생산이 대부분 영업이나 손익에 맞춰 이루어지고, 설계도 작성 과정에서 프로 정신Professionalism을 찾아보기 힘든 경우가 허다하다. 설계 진행시 설계 도면이 제대로 검토되지 않을 뿐 아니라 건축, 구조, 설비, 전기 도면 간 코디네이션이 제대로 이루어지지 않고, 원가나 시공성이 검증되지 않은 미완의 도면들이 건설 현장에 공급되는 실정이다. 앞뒤가 서로 맞지 않고 완성도가 떨어지는 설계 도면이 시공을 위한 도면으로 공급되고 있는 것이다. 이러한 현상을 외국 전문가들은 직무 유기Negligence라고 표현하곤 한다.

시방서 작성은 설계사의 중요한 업무이고 매우 전문적인 영역인데도, 국내 설계업체에는 이를 전문적으로 작성하는 기술자가 없다. 그 결과 품질도 많이 떨어지고 시방서 자체를 별로 중요하지 않게 취급한다. 하지만 외국에서는 설계, 시공, 원가, 자재, 장비, 공법에 통달한 전문가가 시방서를 작성한다. 그래서 내용이 매우 디테일하고 구체적이며, 특정 제품을 언급하며, 언급된 제품과 동등의 제품or equal을 쓰도록 명기한다. 그래서 해외 프로젝트에서는 계약서의 우선순위를 규정할 때 통상 시방서가 도면보다 우선한다. 하지만 국내에서는 시방서에 언급되는 제품이 자재나 장비 납품업체의 로비 대상이 되기도 하고 부패가 개입되는 계기를 제공하기도 한다. 이러한 이유로 일부 발주자는 설계자에게 구체적인 자재 선정을 하지 못하도록 하기도 하는데, 이는 결과적으로 디자인의 일관성과 완성도를 제어하게 되며 결국 성공적인 결과 도출을 막는 원인이 된다.

건설사는 시방서나 도면이 불완전하거나 불충분하다는 이유를 들면서, 도면대로 시공하는 대신에 융통성을 발휘하거나 편한 방식을 적용해서 시공하기도 한다. 그 결과 설계사와 시공사가 서로에게 책임을 전가하면서, 프로젝트를 부실하게 만들고 경쟁력을 떨어뜨리는 악순환이 반복되고 있다. 한국의 글로벌 기업 발주자나 글로벌 건설 기업들조차 도면 없이 조각 도면으로 시공하는 것을 패스트트랙* 방식이라 여기며, 공기 단축을 목표로 밤낮없이 돌관 작업**을 일삼는다. 그 결과 설계 변경에 따른 재작업과 과다 또는 과소 설계에 따른 막대한 시행착오 비용이 발생하곤 한다. 시스템이 제대로 갖춰지지 않은 상태에서 프리콘 활동이 제대로 되지도 않고, 적합한 프로젝트 관리가 이루어지지 않기 때문이다.

미국에서는 주요 건물이나 시설물에 피어 리뷰peer review 제도가 적용되어 제3자 검증을 의무화하고 있으며, 상호 간의 책임과 역할을 엄격히 관리한다. 국내에서도 이를 본떠 이와 유사한 설계 검토 제도를 도입하였으나, 아직까지는 유명무실한 상태다. 또한 대부분의 프로젝트가 설계와 시공이 분리되어 있고, 시공자가 설계 단계에 참여하는 IPD(협력적 프로젝트 수행 계약)***나 파트너링**** 등의 선진 방식은 거의 이루어지지 않고 있다. 이러한 선진 방식 도입 시 프리콘 활동을 가능하게 하여 설계 품질 향상에 크게 기여할 수 있다.

국내의 설계 품질이나 경쟁력 수준을 종합적으로 평가하자면, 선진 수준에 비해 턱없이 낮을 수밖에 없다. 관련 제도와 발주자 및 관련 업계

---

* 패스트트랙fast track은 설계와 시공이 동시에 진행되는, 고도의 설계 능력과 매니지먼트 능력이 필요한 기법이다. 전체 건물에 대해 개념 설계concept design, 계획 설계schematic design를 완료한 후 공사 순서에 맞춰 설계를 완료한다. 예를 들면, 토공사를 할 때 지하 골조 공사에 대한 나머지 설계를 완료하고, 지하층 골조 공사를 할 때 지상 골조 공사에 대한 설계를 완료하는 방식이다.

** 돌관 작업(突貫作業)은 지연된 공기를 만회하거나 공기를 단축해야 할 필요가 있을 경우 당초 작성한 공정표보다 인력, 자재, 장비 및 작업 시간을 초과 투입하여 기간을 단축하는 방식이다. 공기 단축은 가능하지만 공사비가 증가하는 단점이 있다.

*** IPDIntegrated Project Delivery란 발주자, 설계자, 시공자, 컨설턴트가 하나의 팀으로 구성되어 사업 구조 및 업무를 하나의 프로세스로 통합하여 프로젝트를 수행하며, 모든 참여자가 책임 및 성과를 공동으로 나누는 발주 방식을 의미한다.(AIAThe American Institute of Architects, 「IPD: A Guide」, 2007) 좀 더 자세한 내용은 9장 "파트너링과 IPD" 참조.

**** 파트너링Partnering이란 영국에서 주로 운용되고 있는 발주 방식으로, 미국에서 통용되는 IPD 방식과 거의 유사하며, 각 프로젝트 참여자들의 협업, 파트너 정신을 강조한다. 좀 더 자세한 내용은 9장 '파트너링과 IPD' 참조.

의 인식 수준이 뒷받침되지 않는 상태에서 저가 수주 경쟁의 결과로 빚어진 낮은 설계 품질이 우리 건설 산업의 경쟁력을 낮추는 데 결정적인 시발점이 되고 있다.

왜곡된 시장 구도

우리 건설 산업은 산업화 과정에서 국가 건설의 주축을 담당했던 기간 산업이었으며, 수많은 공장, 주택, 도로, 댐, 항만 등 국토 건설과 도시 건설을 주도했다. 또한 1970년대 초부터 해외 진출을 시작하여 중동의 오일 머니를 다량으로 벌어들였고, 이를 조선, 자동차, 석유화학 등에 재투자함으로써 후발 산업들을 일으켰으며, 이들이 세계적인 산업으로 발전하는 데 결정적인 견인차 역할을 하였다.

1970년대부터 1980년대 중반까지 건설업은 '황금알을 낳는 거위' 또는 '스타Star 산업'이라 불리며 주목받았다. 크고 작은 회사들이 건설업에 뛰어들었고, 건설사를 배후에 둔 기업들이 대형화, 사업 다각화에 성공하면서 재벌이 되었다. 이러한 과정에서 시공 위주의 건설 회사들이 대형화, 글로벌화되었다.

그러는 동안 설계 회사나 엔지니어링 회사는 상대적으로 국내에 안주했고, 건설 회사와 함께 해외에 동반 진출했지만 하청 등 수동적인 역할만 맡다 보니 자체적으로 글로벌 경쟁력을 갖추지 못했다. 규모 면에서도 건설 회사는 세계적으로 성장했는데 반해, 설계업체들은 몇몇 업체를 제외하면 글로벌 시장에서 규모나 경험 면에서 일천했다.

그 결과 국내 건설 산업에서 주도적인 역할은 시공 중심의 건설 회사가 맡게 되었고, 건설 회사가 주도하는 시장 구조가 점차 고착화되었다. 정부의 건설 산업 정책이나 발주 정책도 대부분 건설 시공 관련 정책이 주류를 이루었다.

그러나 대형화된 건설 회사는 비록 해외에서 시공 능력만큼은 인정받았지만, 외국 글로벌 업체들과는 달리 엔지니어링, 설계 배경의 시공 업체 즉, E·C^Engineering Constructor 업체로 재탄생하는 데에는 실패하였다. 상대적으로 하드웨어적인 성장은 했을지 몰라도, 소프트웨어적인 성장은 그에 못 미친 것이다. 그에 따라 외국의 선진 소프트웨어 업체인 PM, 설계, 엔지니어링 업체가 만들어 놓은 프로젝트에서 이들 선진 업체의 지시나 감독하에 하드웨어적인 시공 위주로만 성장하게 되었다.

국내에서도 아파트 경기 호조와 정부 공사에 힘입어 물량 위주의 경영을 하다 보니, 건설의 본원적 경쟁력인 신기술 개발, 원가 절감, 공기 혁신 등 기술적인 향상과 질적 향상 노력은 소홀해졌다. 그러다 보니 건설 산업 전반의 경쟁력이 취약해졌고 치열한 글로벌 경쟁에서 뒤처지게 되었다. 글로벌 경쟁력 향상을 향한 적극적인 도전에 소홀했던 탓에, 최근 10여 년간 해외에서 엄청난 물량의 수주를 했는데도 불구하고, 글로벌 시장에서 너 나 할 것 없이 대규모 적자와 대형 부실을 반복적으로 초래하였다. 심지어는 단일 프로젝트에서 10억 달러(약 1조 2000억 원) 이상 적자가 나는 프로젝트도 여러 건 발생하였다.

아울러 글로벌 스탠더드에 미치지 못하는 국내 조달 제도와 폐쇄적인 시장 구조 때문에 외국 선진 건설 기업이 활동하기 어려운 갈라파고스 같은 건설 시장이 형성되었다. 미국이나 서구권은 물론이고 동남아시아 국가들에서도 나라마다 정도 차이는 있어도 외국 건설 기업이 진출하여 서로 활발한 경쟁이 벌어지고 있는데, 우리나라만 유독 외국 건설 기업의 활동 사례를 찾아보기 힘들다. 가장 큰 이유는, 건설 시공업체를 보호하는 각종 제도와 불건전한 상태계가 존재하기 때문이다.

타 선도 산업과는 달리 국내에서 치열한 경쟁 환경이 제대로 형성되지 못한 채, 건설 기업들은 하드웨어 중심으로 일하고 있으며, 소프트웨어 역할을 감당할 설계, 엔지니어링 업체들은 시공업체에 종속되는 관계로 전락하고 있다.

건설 시공 기업들은 국내 저가 위주의 발주 환경에서 생존하기 위하여 선(先) 수주 후(後) 설계 변경이라는 비정상적인 손익 만회 작업에 관행처럼 몰두한다. 이런 과정이 되풀이되다 보니, 불투명하고 불건전한 사례들이 건설 기업들의 이미지 추락과 신뢰 상실을 초래하고 있다. 나는 오래전부터 한국 건설 산업의 위기를 주장해왔고, 그 위기의 중심에 있는 '신뢰의 위기'를 지적했다. NGO뿐만 아니라 국민들의 시각, 소비자의 시각이 건설 기업들을 불신의 집단으로 바라보기 때문이다. 통렬한 자기 반성과 비판이 선행되어야 하는 이유이다.

최저가의 함정

세계 어디를 가더라도 누구든 일반적으로 싼 것을 선호한다. 싼 것이 모두 나쁜 것도 아니다. 제품 종류에 따라 가성비가 최우선이 될 수 있으며, 그리 중요하지 않은 물건은 가격을 기준으로 싼 것을 골라 사도 괜찮다. 저가 브랜드, 저가 상품 판매 업소가 성행하는 건 당연한 일이다. 하지만 건설은 다른 관점에서 접근해야 한다. 건설의 결과물은 한 번 지어지면 최소 50년, 100년 이상을 바라본다. 건설에서는 싼 게 비지떡인 경우가 정말 많다.

서울지방법원의 조정위원으로 봉사했던 내 경험에 비추어 보면, 건설 관련 소송 사건이 의료 소송 사건 못지않게 압도적으로 많은 건수를 차지했다. 조정(調停)이란 민사 재판이 진행되고 있는 당사자들, 즉 원고와 피고를 대리인인 변호사와 함께 불러서 상호 양보를 하게 하고, 타협을 유도하여 재판 절차를 끝내는 아주 바람직한 제도이다. 이러한 조정 사건을 20여 년 담당하면서 발견한 것은 건설 분쟁에 일정한 패턴이 있다는 점이었다. 가장 흔한 사건 유형이 싼 가격을 제시하는 건설업체에게 공사를 맡겼다가 낭패를 당하는 경우였다. 계약 후 시공업체는 저가를 만회하고자 시공 중 설계 변경 등 각종 이유를 들어 공사비를 올리고 발주자는 잘 모르니 끌려갈 수밖에 없다. 추가로 여러 번 돈을 올렸으면 시공업체가 공사 기간을 준수하고 품질을 유지해줘야 마땅한데 그러지 못하니 발주자는 돈을 안 주겠다고 하고, 건설업체는 돈을 내놓으라는 소송이 대표적인 패턴이었다. 이와 반대로 의도적으로 돈을 안 주는 등 갑의 횡포를 일삼는 악덕 발주자도 간혹 있었다.

국내의 건설 발주자들은 프로젝트의 규모와 상관없이 싼 것을 좋아하는 경우가 많다. 싼 게 비지떡이라 결과적으로는 공사비가 더 들어가고 공사 기간도 늘어나고 품질은 떨어질 수 있다는 점을 잘 모른다. 막연히 잘 되리라고 믿거나 잘만 관리하면 될 거라고 생각한다. 이에 비해 미국이나 영국 등은 이러한 저가 발주가 갖고 있는 문제점을 미리 간파하여 어떻게 상생을 하면서 프로젝트의 가치를 확보할지에 대한 연구와 실증 프로젝트를 오래 전부터 해왔다. 이같은 생각에 부응하는 대표적 방식으로, 최고 가치 방식VFM, Value For Money의 발주가 있다. 이 방식의 대표적인 철학은 상생win-win이고 발주자와 프로젝트 관여자인 설계업체, 시공업체와 PM업체 등이 힘을 합쳐 프로젝트의 최고 가치를 실현시켜 프로젝트를 성공시키려는 철학이다. 그래서 그들은 싸다는 이유만으로 업체를 선정하지 않는다.

최고 가치 방식을 시행하는 대표적인 국가가 영국이다. 벌써 20여 년 전부터 최저가 선정 금지 방침을 정부 조달 방식의 핵심으로 지정하고 감사원이 나서서 정부 발주자가 최저가 발주를 못하도록 감시하고 있다. 그들이 갖고 있는 수많은 프로젝트 데이터를 통해서 나온 경험은 입찰가를 기준으로 싼 업체를 선정하면 결국 예산이 더 든다는 사실을 입증한다. 영국의 대표적인 건설 혁신 기관인 CEConstructing Excellence는, 최저가 방식이 결국 당초 예산을 초과하여 훨씬 더 많은 비용을 쓰게 만든다는 사실을 입증하였다. 오히려 최고 가치 방식이 최저가 방식에서 추가되는 금액을 감안하면 예산 절감에 효과적이라는 사실을 데이터 기반으로 입증하였다.(그림 3) 공사비 절감이라는 개념도 당초 예산을 기준으로 삼지 말고 각 프로젝트의 집행 평균치를 기준으로 하여 예산을 초과하여 추가된 금액에 대해 절감한 금액도 절감 금액으로 산정해야 한다고 주장한다.

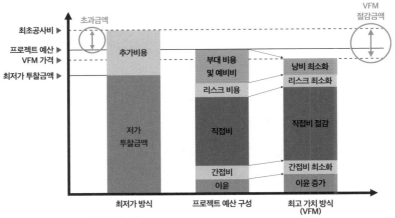

그림 3. 최저가 방식과 최고 가치 방식VFM

주요 건설 선진국이나 글로벌 기업에서는 설계나 PM/CM 용역을 가격 기준으로 선정하지 않는 것을 철칙으로 삼고 있다. 이들이 발주자에게 매우 중요한 역할을 하는 컨설턴트이기 때문이다. 국내에서는 예사롭게, 오히려 많은 경우에 이런 중요한 컨설턴트를 가격 위주로 선정하고 있다. 왜 건설 선진국 글로벌 기업은 PM/CM 용역을 가격 연동하여 선정하거나 프로젝트마다 건건이 선정하지 않고 5년, 10년 동안의 장기적인 파트너 관계로 승격시켜 계약 관계를 맺을까? 이들 발주자들은 싼 것의 병폐를 알고 있으며, 좋은 회사, 좋은 팀, 좋은 사람이 좋은 성과를 낸다는 지극히 간단한 원리를 꿰뚫어 보고 있기 때문이다. 하지만 우리나라의 많은 경영자, 책임자들은 눈앞의 숫자에만 급급하여 용역업체를 최저가 기준으로 선정하고 있다.

또한 이들이 저지르는 인식상의 큰 실수는 동등한 조건의 비교 방식인 애플 투 애플$^{Apple\ to\ apple}$ 비교가 아니라는 점을 깨닫지 못하는 것이다. 회사에 따라서는 인건비 차이가 매우 크고 인력의 질도 크게 차이 날 수 있다. 어떻게 휴대폰을 구매하면서, 삼성이나 애플의 고급 휴대폰을 중국의 저가 휴대폰과 나란히 가격만을 비교해서 사는가. 경영 컨설팅 업체를 선정하거나 법률 사무소를 선정하는 경우라면, 가격이 싸다는 이유만으로 선정하지는 않을 것이다. 그러나 건설에서는 시공이든 용역이든 가격이 싼 업체에 대한 선호도가 높다. 이같은 배경에는 싼 곳을 선정하면 뒤탈이 없고 제일 편하다는 면피 의식도 한 축을 담당한다. 이런 현상이 성행하는 데에는 공급자 측면에도 수많은 문제점이 있지만, 이를 바꾸기 위해서는 싼 게 비지떡이란 점을 깨우치는 한국의 발주자, 국민들의 인식 전환이 필요하다. 영국, 미국 등 건설 선진국이 그동안 쌓아놓은 경험을 바탕으로 삼아, 최저가의 유혹에 대해 깨닫고 올바른 발주 문화를 정착해야 한다. 우리나라에서 성공하는 프로젝트보다 실패하는 프로젝트가 많은 이유는 이같은 최저가의 함정에서 원인을 찾을 수 있다. 저가 업체 선정은 결국 좋은 팀 선정을 포기하는 것이나 마찬가지라는 점을 명심해야 한다.

설계사의 낮은 위상

국내 건설 산업은 최고 가치$^{best\ value}$를 창출하고 상생하는 선순환 생태계를 만들지 못하고, 악순환 생태계 사슬에서 벗어나지 못하고 있다. 그 원인은 매우 복합적인데, 공공 발주자를 비롯한 발주자가 제대로 역할을 못하고 있으며, 발주 제도가 글로벌 스탠더드와는 거리가 먼 코리안 스탠더드로 운영되고 있기 때문이다. 또한 건설의 소프트웨어인 설계 엔지니어링과 프로젝트 매니지먼트에 대한 가치를 인정하지 않고, 시공 위주의 생태계로 건설 산업이 운영되고 있기 때문이라고도 진단할 수 있다.

공급자들의 문제뿐만 아니라 불합리한 제도와 관행을 만들고 이를 개선하지 않고 있는 정부의 책임과 공공 발주자가 갖고 있는 문제점도 우리 건설 생태계를 불건전하게 만드는 데 큰 책임이 있다.

건설사 위주로 시장이 형성되다 보니, 개발 제안 사업이나 설계 시공 일괄 입찰Design Build 등에서 설계사가 시공사의 하청업체 수준으로 전락하는 현상이 종종 발생하면서 설계 엔지니어링 산업의 발전에 걸림돌이 되고 있다. 대형 건설 회사들은 정부에게 공사 발주시 최저가의 부당성을 주장하지만, 정작 자기들이 아파트 설계업체를 선정할 때에는 일부 대형 업체의 경우 입찰을 통하여 무조건 최저가를 제시한 설계업체를 선정하는 사례도 흔히 목격된다. 이러한 하청 구조의 먹이 사슬이 작동하면서, 설계 배경의 감리업체나 PM/CM 업체가 대형 건설업체를 제대로 감독하거나 리드할 가능성이 원천적으로 어렵게 된다. 또한 대부분의 프로젝트에서 설계와 시공이 완전히 분리되어 있어서, 설계사와 시공사가 상호 보완할 수 있는 장점을 살리지 못하고 단절 현상이 심화되고 있다. 다시 말해, 국내 조달 방식과 관행은 글로벌 스탠더드와는 동떨어진 방식이고 질적 수준도 매우 낮아 국내에서 하던 방식대로 해외에서 그대로 프로젝트를 진행하다가는 낭패를 볼 수밖에 없다. 국내 건설의 경쟁력이 떨어진 원인은 우리나라의 낮은 설계 품질과 낮은 설계사의 위상 등 잘못된 관행에서 찾을 수 있고, 프로젝트 실패의 원인은 설계사의 설계 수준과 역할 상실에서 찾을 수 있다.

이에 비해 영미권과 EU의 건설 선진국에서 설계업체의 위상은 대단히 높으며, 역사적인 건축물이나 세계적인 명성을 떨치는 걸작을 남긴 건축가는 널리 이름이 알려지고 건축물 앞에 그들의 동상을 세워 기리고 있지만, 시공사 이름은 대개 기억하지 못한다. 핀란드의 세계적인 건축가 알바르 알토는 현재 통용되고 있는 핀란드 화폐에 초상이 새겨져 있고, 세계적인 거장인 르 코르뷔지에^{Le Corbusier}는 스위스 화폐에 초상이 새겨져 있다. 건축가나 엔지니어들이 높은 수준으로 존경받고 있는 것이다. 영국에서는 설계자의 권한이 너무 강하여 설계자의 역할을 조금 축소해야 하지 않을까 하는 논의가 대두되고 있으며, 종합 건설 회사^{General Contractor}는 점점 역할이 축소되면서 이익을 내지 못하고 있어서 건설 회사 무용론까지 등장하고 있다.

우리 설계업체는 공급자와 수요자 양쪽 모두에 문제가 있으며, 한편으로는 우리 사회가 설계, 디자인에 대한 가치를 제대로 부여하지 않는 분위기도 큰 문제다. 설계자를 잘 대우해주고 설계자를 선정할 때에는 저가 위주로 선정하지 말고 최종 건축물이 가져올 가치 위주로 선정해야 하며, 설계자들은 건설 프로젝트에서 글로벌 스탠더드에 부합하는 프로 정신을 발휘해야 한다. 설계자는 고객은 물론이고 전 국민으로부터 사랑받는 기술인이 될 수 있도록 자기 반성과 혁신에 지속적으로 매진해야 한다.

규제 홍수의 역효과

건설산업연구원 원장인 이상호 박사는 그의 책 『건설 산업의 새로운 미래』에서 우리나라 건설 산업 현상을 다음과 같이 규명하고 있다.

"우리 건설 산업도 기술과 상품 측면에서는 4차 산업혁명을 맞이했다. 하지만 산업 구조와 문화, 법·제도와 규제는 여전히 글로벌 스탠더드와 무관한 '갈라파고스 섬' 같은 상태다. 개발 연대의, 산업화 초창기의 '분업과 전문화' 패러다임에 기반한 칸막이식 규제와 파편화된 계약제도가 지배하고 있다. 혁신적인 스타트업도 찾아보기 어렵고, 명실상부한 글로벌 종합업체도 없다. 생산성은 선진국의 3분의 1에 지나지 않는다."[13]

"건설 산업의 근간인 법과 제도는 산업화 초창기 때와 별로 달라진 게 없고, 글로벌 스탠더드와도 거리가 멀다. 건설 생산성이 오랫동안 정체되었지만 국가적, 산업적 차원에서 생산성 혁신을 추진한 적도 없다. 건설 산업은 오랫동안 담합과 덤핑의 굴레를 벗어나지 못했다. 건설 인력과 문화는 새로운 변화를 수용하지 못하고 있다."[14]

나는 그동안 건설 산업의 선진화에 관한 각종 연구와 세미나를 주도해왔고, 우리 건설 산업의 글로벌화와 혁신에 관한 책 발간 사업을 해왔다. 그중 대표적인 책을 언급하면 다음과 같다.

2003년 『미국 건설산업 왜 강한가?』 김예상/한미파슨스
2003년 『영국 건설산업의 혁신전략과 성공사례』 김한수/한미파슨스

2003년『한국 건설산업 대해부』이상호/한미파슨스

2005년『미국의 설계 경쟁력 어디에서 오나?』김예상/한미파슨스

2006년『코리안 스탠다드에서 글로벌 스탠다드로』이상호/한미파슨스

2006년『삼풍사고 10년 교훈과 과제』홍성태, 안홍섭, 박홍신/한미파슨스

2006년『발주자가 변하지 않고는 건설산업의 미래는 없다』김한수/
한미파슨스

2007년『일류 발주자가 일등 건설산업 만든다』이상호/한미파슨스

2007년『일본 건설산업의 생존전략』일본건설산업구조연구회/한미
파슨스

2012년『Sustainable Buildings and Infrastructure, Paths to the Future』
Annie R Pearce, Yong Han Ahn, Hanmiglobal Co, Ltd.

2013년『35명의 전문가에게 건설의 길을 묻다』김정호/건설산업비전
포럼, 한미글로벌 기획

2014년『발주자가 반드시 알아야 할 턴키제도의 진실』존슈펠버거/
김용우/한승헌/진경호/한미글로벌

2016년『건설 새 판을 짜자』김정호/건설산업비전포럼, 한미글로벌 기획

나는 예전에 대통령이 참석하는 청와대 회의에 몇 번 참석한 일이 있
는데, 2009년 12월 23일 청와대에서 법무부, 권익위, 법제처, 검찰, 업무
보고와 토론회 자리에서 내가 발언했던 내용의 일부를 이 지면을 빌어
여러 독자에게 소개하고자 한다. 이 자리에는 당시 대통령, 국무총리, 대
통령 비서실장 및 관련 수석, 관련 장관 등 정부 핵심 간부 및 초청 인사
약 200여 명이 참석하였고, 하루 종일 회의가 진행되었다.

우리나라 법질서 무엇이 문제인가?

지난 4,50년간 한국인의 성과는 지대합니다.
산업화, 민주화, 언론 자유를 동시에 달성한 나라이며, 원조를 받는 나라에서 주는 나라로 변한 유일한 나라입니다.

그러나 현재 우리나라는 국가 품격을 떨어뜨리는 대표적인 한국병을 가지고 있습니다.
이는 첫째, 정치 시스템과 정치 행태의 후진성입니다.
둘째, 불법·폭력 집회, 불법·폭력 노사 분규입니다.
셋째, 부정·부패·투명성 부족 문제입니다.
이러한 것들이 선진국 진입의 가장 큰 걸림돌로 작용하고 있습니다.

이러한 한국병의 원인을 살펴보면
첫째, 압축 성장의 산업화 과정에서 수단과 방법을 가리지 않는 목표지상주의와 물질만능주의 만연 현상을 들 수 있고
둘째, 정치권을 비롯한 사회 지도층의 솔선수범 부족과 탈법, 범법, 편법의 일반화 현상과
셋째, 고위직이나 지도층에 대한 온정주의적 처벌문화를 들 수 있습니다.
넷째, 수많은 규제사슬과 지키지도 않고 지킬 수도 없는 법의 홍수와 법 지상주의적 행정 체계도 한국병이 유발된 원인이라 할 수 있습니다.

건설 산업에 부정·부패가 많은 것은 많은 규제와 법의 홍수 현상과 밀접한 상관관계가 있습니다.
건설 부패의 심각성은 행위자가 기업·공공 조직뿐만 아니라 일부이기는 하지만 교수 및 심사위원 집단까지도 광범위하게 관여되고 있다는 데 있습니다.
이러한 결과, 법을 지키는 게 오히려 손해 보는 '무법주의' 문화를 형성하고 있고 악화가 양화를 구축하는 것은 물론이고 법이 오히려 부패와 탈법을 야기하는 문제점을 초래하고 있습니다.

이는 과거 산업시대의 패러다임으로는 4만불, 5만불 시대로 더 발전이 힘들고 선진화된 새로운 질서가 필요함을 말해주고 있습니다. 그동안 형성되었던 사회적 자본Social Capital의 후진성이 선진국으로 나아가는 데 장애가 되고 있습니다.
따라서 법·제도·관행·의식·시스템을 새로운 미래에 맞게 대대적으로 개혁하고 정비하는 일이 중요한 일로 등장하고 있습니다.
국가의 품격·문화·디자인·매력을 중시하고 하드웨어보다는 소프트웨어를 우선시하여 국가 백년대계를 위한 Social Capital을 재구축해야 합니다.[15](발언 전문은 주 15 참고)

우리나라가 규제 천국이란 증거 중 한 가지를 들면, 2017년 2월 기준 규제개혁위원회의 규제정보포털[16]에 등록된 국토교통부 소관 규제가 총 1만 742건이라 한다.[17]

또한 국토교통부 소관 법령에 의한 34개의 업종과 산업통상자원부, 환경부 등의 관련 부처 법령까지 합치면 건설 관련 업종 수는 108개에 달한다.[18] 건설 하도급 관련 규제 법령에서 건설 산업 규제 법령은 헤아릴 수 없을 정도로 많아서 건설 전문가나 발주자조차도 소관 법령 외에는 잘 알 수 없을 정도다.

건설의 불건전성 측면에서 살펴보면, 건설업체만 불법 담합이나 비리를 저지르는 것이 아니고, 공공 기관 종사자들과 공무원들이 공공연하게 부정과 부패를 자행하고 있다. 일례로 2017년 하반기에 국무조정실 정부 합동 부패예방감시단은 10년간에 걸친 전국 지자체 및 9개 공기업의 건설 기술자 5,275명의 경력증명서를 전수 점검했다. 지자체 퇴직자 1,070명(허위 비율 34%), 공기업 퇴직자 623명(29%) 등 총 1,693명(32%)의 경력증명서가 허위였고, 이 중 20명의 허위 경력증명서는 지자체, 공기업의 직인까지 위조해 발급받은 것이었다.[20]

이제는 전술한 것처럼 골프장을 짓는 데에만 780개 이상의 도장이 필요하다는 사실을 독자들도 이해할 수 있을 것이다. 아울러 국내 건설 규제의 심각성, 파편화된 칸막이 구조, 건설 생산성, 부패 먹이 사슬 구조, 갈라파고스 현상 등도 이해할 수 있을 것이다. 오죽하면 우리 회사에서 2006년도에 발간한 도서에 『발주자가 변하지 않고는 건설산업의 미래는 없다』라는 도발적인 제목을 사용했겠는가?

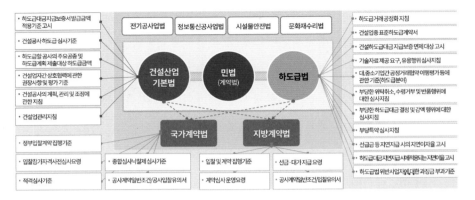

그림 4. 건설 하도급 관련 규제 법령[19]

이같은 환경에서 건설을 정직하게 하고 프로젝트를 성공시킨다는 것은 공급자나 발주자로서는 너무나 힘들고 어쩌면 불가능한 일이라고 할 수도 있을 것이다. 하지만 나는 끊임없이 정부의 책임뿐만 아니라 업계의 책임도 함께 지적해왔는데, 업계의 자기반성이 항상 먼저여야 한다고 믿고, 또 그렇게 주장해왔다. 이에 관한 대표적인 발언 사례로, 2013년 발간된 『35명의 전문가에게 건설의 길을 묻다』에 수록되어 있는 "건설 산업은 죽어야 다시 산다"[21]라는 권두언과 2016년 발간된 『건설, 새 판을 짜자』의 권두언[22]을 참고하면 좀 더 깊이 있는 이해가 가능하리라 믿는다.

2장을 요약하면

건설은 매번 다른 사람이 모여 다른 환경에서 프로젝트가 만들어진다는 점에서 다변성을 띠며, 진행 과정에서 수많은 변수가 발생한다. 또 발주자, 설계자, 시공자, PM/CM 등 각기 다른 지식과 경험을 갖춘 주체들의 이해 관계가 얽혀 커뮤니케이션이 복잡하다. 이런 조건에서 원만한 사업이 되려면 매니지먼트가 매우 중요하다.

국내에서 건설에 적용되는 무수한 규제의 벽을 넘기 위해 허가권자와 이해 당사자 사이에 벌어지는 불건전한 관행이, 건설 프로젝트를 둘러싼 불필요한 사회적 비용을 발생시키며 건설 산업의 구조 자체를 왜곡한다. 다수의 건설 프로젝트에 체계적인 프로젝트 관리 기술과 시스템이 적용되지 못하고 있다.

설계의 잘못은 치명적인 결과를 초래할 수 있는데도, 국내 건설 환경은 완성도 높은 설계 도면이나 설계 오류에 따른 책임을 요구하지 않는다. 이에 따라 프로젝트가 부실해지면서 건설 경쟁력이 저하되는 악순환을 낳는다.

설계 엔지니어링 산업이 발전하려면 설계사와 시공사가 상호 보완할 수 있는 장점을 살려야 한다. 설계사의 위상이 낮고 설계 품질이 떨어지는 국내 환경에서는 건설 산업의 경쟁력이 떨어질 수밖에 없다. 사회적으로는 건설 선진국처럼 설계 디자인에 대한 가치를 제대로 부여하고 선정 기준도 최종 건축물이 가져올 가치 위주로 선정해야 한다.

시공 중심의 건설 회사가 대형화, 글로벌화되면서도 하드웨어적인 시공에만 치중하고 건설의 본원적 경쟁력 향상 노력은 소홀히 하다 보니 건설 산업 전반의 글로벌 경쟁력이 취약해졌다. 한국 건설 산업의 위기에는 불신의 대상으로 전락한 건설 기업들의 통렬한 자기 반성이 필요하다.

최저가 입찰 방식의 발주는 결과적으로 공사비 증가, 공사 기간 지연, 품질 저하 등의 문제점을 가져올 수 있다. 이를 간파한 건설 선진국에서는 최고 가치 방식(VFM)을 시행하며, 이 방식이 예산 절감에 더욱 효과적이라는 사실을 입증하였다. 눈앞의 숫자에 급급하기보다는 장기적인 파트너십에 기반한 상생으로 최고의 성과를 내는 것이 중요하다는 인식 전환이 중요하다.

국내 건설 산업이 새로운 변화를 수용해야 하는 상황에서, 건설 산업의 선진화를 위한 혁신을 불러일으키고자 각종 연구와 세미나를 주도하고 건설의 글로벌화와 혁신에 관한 책을 발간하는 등 노력을 기울여왔다. 건설을 정직하게 하고 프로젝트를 성공시키는 것이 더 이상 불가능한 꿈이 아닐 수 있도록, 정부와 업계의 인식 전환과 자기 성찰이 필요한 때이다.

뉴욕 구겐하임 미술관
Solomon R. Guggenheim Museum

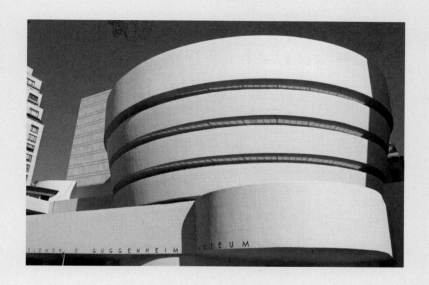

"이 세상에 존재하지 않는 특별한 미술관을 지어주시오." 1943년 6월, 솔로몬 R. 구겐하임은 자신이 수집한 그림들을 전시할 공간의 건축을 세계적인 건축가 프랭크 로이드 라이트^{Frank Lloyd Wright}에게 의뢰한다. 당시는 미국에서 한창 미술관이 신설되거나 증축되던 때였고, 이들 거의 대다수가 네모난 상자 모양이었다. 라이트는 여기에서 벗어나 자신이 주창한 유기적 건축 원리를 적용한 달팽이 모양의 미술관을 짓는다. 이 파격적인 외형의 건물이 20세기 가장 위대한 건축물 가운데 하나로 손꼽히

미술관 내부의 독특한 나선형 원통 구조를 잘 활용한 전시 '아트트랩(ART | TRAP, 2010)'. 한국 건축가 조민석의 작품이다.

는 뉴욕 구겐하임 미술관으로, 이 미술관의 개관은 이전에 없던 새로운 개념의 미술관이 탄생하는 순간이었다.

　미술관의 동선은 먼저 엘리베이터를 타고 꼭대기인 6층으로 올라가서 나선형 통로를 따라 차츰 아래로 내려오면서 미술품을 관람한다. 별도의 층 구분이 없어 방문객들은 동선이 교차되는 일 없이 경사로를 따라 위에서 아래로 전 층을 원활하게 이동할 수 있고, 중앙의 개방된 아트리움을 통해 몇 개 층을 한꺼번에 감상할 수도 있다. 막혀 있는 공간에서 벽면에 걸린 한 작품씩만 보는 것과는 스케일부터 완전히 다르다. 이동하는 경사로ramp가 단순한 통로로서만이 아니라 그 자체로 미술품을 전시하는 기능을 한다.

　6개 층이 개방된 중앙의 대공간은 하늘을 향해 열린 것 같은 착각을 불러일으키며, 아트리움을 통해 자연 채광을 받아들인 밝은 내부는 방문객들의 마음을 편안하게 한다.

이렇듯 '안팎으로' 독특한 미술관에는 사람들의 발길이 끊이지 않는다. 오죽하면 이 미술관에서 가장 값어치가 나가는 것은 '미술품'이 아니라 '미술관'이라는 말이 나왔을까.

그러나 미술관을 지을 당시에는 설계가 너무나 파격적이었기에 건립 과정에서 여러 가지 어려움을 겪어야 했다. 구겐하임 미술관은 건립 전부터 시 당국은 물론이고 주민들이나 아티스트들의 거센 반대에 부딪혔다. 바닥에 3도 정도의 경사가 있으니 안정감이 없어 관람이 불편할 것이라는 점과 전시벽 상부에서 들어오는 역광이 작품 감상에 방해가 될 거라는 이유를 들어서였다. 21명의 아티스트들은 연판장을 돌리면서 "우리는 이 미술관이 완공되더라도 거기에 전시를 하지 않겠다"고 선언했다. 준공 직후 『뉴욕타임스』는 '크고 하얀 아이스크림이 탄생했다'는 제목의 기사로 구겐하임 박물관을 조롱하기도 했다. 이 과정에서 라이트는 시 당국자와 건립 관계자들과 무려 16년간 투쟁을 벌여야 했다.

무수한 역경을 딛고, 구겐하임 미술관은 1959년 완공되자마자 뉴욕의 랜드마크로 우뚝 섰으며, 일약 세계적인 건축물로 자리매김한다. 남들이 가보지 않은 길을 걸었던 건축 거장의 위대함을 전 세계인들이 깨닫는 데에는 그리 오랜 시간이 걸리지 않았고, 구겐하임 미술관은 1990년 8월에 뉴욕시 공식 랜드마크로 지정됐다. 1992년에는 증축 건물이 완료되었고, 지금도 한 해에 120만 명이 이곳을 방문한다.

3장

프로젝트 성패의 갈림길

프로젝트의 성공이란

프로젝트의 성공이란 과연 무엇일까? 우리가 흔히 말하는 건설 프로젝트에서의 '성공'은 어떠한 상태로 정의내릴 수 있을까? 건설 프로젝트의 성공을 명확히 정의할 수 없다면, 성공적인 프로젝트 수행 또한 불가능하다. 애초 계획에서 책정했던 예산을 훌쩍 넘겨서야 공사를 마무리할 수 있었던 상업용 건물이 도시 내 랜드마크가 되어 결과적으로는 엄청난 관광 수익을 올리게 되었다면, 이 프로젝트는 실패했다고 말할 수 있을까? 이와는 반대로, 건설 공사 수행 과정에서 공사 기간과 공사 비용을 혁신적으로 절감하여 성공적으로 마무리된 건축물이 임대가 되지 않는 바람에 사용자가 없는 빈 건물이 되었다면, 이 프로젝트는 성공했다고 평가할 수 있을까?

이 책을 읽는 독자들에게 건설 프로젝트에 있어서 성공이 무엇이라고 생각하느냐고 묻는다면 "목표한 공사 기간을 준수하는 것", "우수한 품질을 유지하면서 예산을 초과하지 않는 것", "사용자의 만족을 얻는 것" 등의 대답을 할 것이다. 모두 맞는 대답이다. 프로젝트에 참여한 발주자, 설계자, 엔지니어, 시공자 등이 기대를 충족하여 만족도가 높은 것을 건설 프로젝트의 성공으로 볼 수도 있으며, 비용, 공사 기간, 품질, 안전 등 건설 프로젝트의 관리에 있어 당초 기대했던 것보다 높은 수준의 결과물을 얻는 것을 성공으로 정의할 수도 있다. 건설 프로젝트 성공에 대한 정의는 바라보는 시각에 따라 다소 차이가 있을 수 있지만, 성공을 정의하는 데 있어 공통되게 가장 중요한 것은 기대 수준에 대한 충족이다.

그렇다면 프로젝트의 성공을 규정하는, 기대 수준의 충족을 판단하는 기준은 무엇일까? 건설 프로젝트 성공의 판단 기준과 관련해서는 이미 수많은 연구가 수행되었다. 일반적으로는 공사비, 공사 기간, 품질 등의 프로젝트 성과Performance 목표 달성 여부로 프로젝트의 성공과 실패 여부를 가늠하는 경우가 많다. 미국 건설산업연구원CII, Construction Industry Institute 에서는 지난 20여 년 동안 『벤치마킹 리포트Benchmarking and Metrics Report』23 를 발간하고 있는데, 이 보고서에서 말하는 성공은 발주자 관점에서 최종적으로 예산을 초과하지 않고 예정된 공사 기간을 준수하여 프로젝트를 완료하는 것으로 본다. 일반적으로 공사비, 공사 기간, 품질과 관련된 프로젝트 성과를 성공의 지표로 판단하는 경우가 많다.

공사비, 공사 기간과 관련된 프로젝트 성과는 정량적으로 측정 가능한 객관적 지표이지만, 품질 또는 만족도는 평가자의 주관에 따라 영향을 받을 수 있으며 정량적인 측정도 쉽지 않은 주관적 지표이다. 따라서 참여 주체에 따라 판단 기준이 달라질 수 있으며, 주체별로 프로젝트를 통해 달성하고자 하는 최종 목표를 반드시 고려해야 한다. 예를 들어 프로젝트 관리자PM/CM, 설계자, 시공자 등과 같이 프로젝트 수행 및 관리 프로세스에 참여하는 주체들은 주어진 공기와 공사비 내에서 적정 품질로 프로젝트를 완료하는 것이 목표이기 때문에 이와 같은 성과 목표를 달성하지 못할 경우 실패한 프로젝트로 판단한다. 반면에 사용자는 이러한 성과 목표들을 모두 달성하지 못했더라도 최종 프로젝트 결과물에 만족해서 성공적인 프로젝트라고 판단할 수 있다. 이와 같은 시각의 차이는 참여 주체에 따라 프로젝트에 대해 바라는 바가 제각기 다르기 때문이다.

건설과 행복의 관계도 깊이 생각해 볼 주제이다. 『행복이 가득한 집』이란 잡지 제호처럼 좋은 집은 행복과 밀접한 관계가 있으며, 사무실을 직원 친화적으로 설계해서 각종 복지 공간을 운영한다면 직원들의 행복감이 높아질 것이다. 실리콘밸리에 있는 구글, 애플, 페이스북 등 유명 기업은 물론이고 스타트업 회사들도 획기적인 발상으로 사무 공간 일부를 직원의 휴식 공간과 편의 시설로 제공하는 경향이 있다. 최근 우리나라에서도 다수의 기업이 새로운 사옥이나 연구 시설을 지을 때 직원 친화적인 각종 복지 공간을 설계에 반영하고 있다. 이런 경향은 직원들이 다른 데 신경쓰지 않고 업무에 전념할 수 있도록 돕고, 쉴 때는 쉬고 업무를 할 때는 몰입도를 높여 성과를 창출할 수 있다는 믿음에 바탕을 두고 있다. 직장이 행복의 터전이 될 수 있고 근무하는 환경의 기본이 되는 사무실을 직원 친화적으로 조성하면 성과 창출도 가능하다는 믿음의 결과다. 더 나아가 우수 인재가 타사로 이탈하지 않도록 하면서 좀 더 창의적인 활동이 가능하도록 업무 환경을 제공하려는 것이다.

성공하는 프로젝트의 좋은 습관

성공한 사람을 잘 살펴보면, 그들에게는 보통 사람과 분명히 다른 점이 있다. 성공한 사람들 대부분은 그들만의 좋은 습관을 갖고 있다. 좋은 습관은 위대한 힘을 갖는다. 오늘의 습관이 하루하루 쌓여서 10년 후, 20년 후에는 그 사람을 성공하는 사람으로 만든다. 좋은 인생은 좋은 습관에서, 성공하는 인생은 성공하는 습관에서 만들어진다. 형성 단계에 있는 좋은 습관들을 몸에 배도록 하는 가장 좋은 방법은 의식화^{ritual} 과정을 거치는 것이다. 그 방법은 스스로와의 약속, 가족과의 약속 등 여러 가지가 있다. 내가 선호하는 방식을 잠시 밝히자면, 회사의 주요한 일은 아예 시스템에 반영하여 의식화한다. 예를 들어, 우리 회사는 월간 조회, 경영 전략 회의 등 회사의 중요 행사를 할 때에 회사의 경영 철학인 미션, 핵심 가치, 비전을 참여자 전원이 기립하여 경건하게 제창을 하고 나서 행사를 시작한다. 번거로움을 무릅쓰고 이러한 방식을 고집하는 이유는, '좋은 습관→의식화→성공으로 가는 길'이라고 믿기 때문이다.

성공한 사람의 특징은 성공하는 프로젝트에도 그대로 적용할 수 있다. 건설 프로젝트에서 성공으로 나아가기 위해서는 프로젝트 초기 단계부터 좋은 습관을 하나씩 쌓아가는 과정이 필요하다. 하지만 건설 프로젝트에서 의식화를 통해 좋은 습관을 체득하기 어려운 이유 중 하나는 프로젝트 단계마다 참여 주체가 달라진다는 점에서 찾을 수 있다. 설계 단계에서 시공 단계로 넘어갈 때, 시공 단계에서 유지 관리 단계로 넘어갈 때마다 분절적으로 사업이 진행되다 보니, 하나의 큰 흐름 안에서 정형화된 공통분모를 찾기가 힘들다. 또한 이런 다양한 주체들을 끌고 가려면 리더십과 매니지먼트 능력이 중요한데, 대개 이 부분이 부족하여 좋은 습관을 쌓기가 어렵다. 성공하는 프로젝트가 만들어지기 위해서는 프로젝트 초기 단계부터 모든 참여 주체들이 하나의 팀으로서 프로젝트 계획을 수립하고, 이를 달성하기 위한 세부 과제를 정의함으로써 참여 주체들이 공유할 수 있는 정형화된 규칙을 만들어가는 것이 중요하다.

이 책에서 강조하는 프리콘 활동은 바로 이와 같은 좋은 습관의 체득을 위한 시스템이다. 바둑을 둘 때에는 포석을 잘 놓아야 승리할 확률이 높다. 포석은 대국 초반에 바둑돌을 배치하는 방법을 말하는데, 바둑에서 승리하기 위한 수많은 포석 방법이 존재한다. 프로 기사의 바둑에서는 포석이 승부의 관건이고 포석을 잘못 놓으면 판을 뒤집기는 거의 불가능하다고 한다. 포석은 큰 집을 짓기 위한 기초 공사, 이기기 위한 기초 전략을 바둑판에 구현하는 일로, 승패의 바로미터라고도 할 수 있다. 바둑에서 포석에 해당하는 일이 건설 프로젝트에서는 프리콘 활동이다. 비단 바둑뿐만이 아니라, 축구나 야구 등 모든 운동에 있어서도 전략과 초기 전술은 중요하다. 프리콘 활동은 건설 프로젝트의 기본을 충실히 다지는 중요한 업무이다. 기초가 약하면 조그만 충격에도 쉽게 구조물이 무너지듯이 건설 프로젝트에서도 프리콘 활동이 제대로 수행되지 않으면 성공적으로 프로젝트를 진행하기 어렵다.

관리적인 성공+사업적인 성공

건설 프로젝트의 성공은 참여 주체와 관점에 따라 관리적인 성공 project management success과 사업적인 성공project product success으로 나눌 수 있다. 관리 측면의 성공 기준은 공사비, 공사 기간 등과 같은 객관적 성공 지표에 의해 평가할 수 있는 반면, 사업 측면의 성공 기준은 비즈니스 성공 외에도 품질, 만족도, 인지도 등 주관적인 성공 지표를 포함하고 있다. 따라서 관리 측면의 성공과 사업적 측면의 성공을 모두 달성하는 경우가 궁극적으로 모두가 만족할 수 있는 이상적인 프로젝트의 성공이다.

우리에게 잘 알려진 엠파이어스테이트 빌딩Empire State Building 프로젝트가 대표적인 관리 측면의 성공 사례이다. 엠파이어스테이트 빌딩 프로젝트는 획기적인 공기 단축을 실현하고 많은 예산을 절감하여 프로젝트 관리 측면에서 매우 탁월한 성과를 냈다. 하지만 1931년 5월 1일 준공 후 임대가 거의 되지 않았고, 1933년에야 전체 건물의 25%만 임대가 되었고 56개 층이 비어 있었다. 관리적인 성공은 거두었으나 사업적으로는 참담한 실패를 한 프로젝트라고 할 수 있다.

이와는 반대로, 탁월한 디자인으로 호주의 명물이 된 시드니 오페라 하우스는 관리 측면에서는 엄청난 실패를 했지만 사업 측면에서 성공한 대표적인 사례로 꼽을 수 있다. 오페라하우스는 1970년대에 지어진 현대 작품으로는 이례적으로, 2007년 유네스코 세계문화유산에 지정될 정도로 창의와 혁신의 아이콘으로 평가받는 건축물이다. 그러나 당초 계획했던 예산 대비 15배 정도의 예산이 투입되었고, 공사 기간은 당초 계획보다 6년이 늘어났다. 공사 기간과 예산이 엄청나게 초과된 이 프로젝트는 관리 측면에서 명백한 실패작으로 평가할 수 있다. 그렇지만 위대한 디자인의 힘은 기막힌 반전을 이뤄냈고, 준공 후 일약 호주의 아이콘이 되었다. 시드니 오페라하우스는 오늘날 누적 방문객 수가 1억 명이 넘는 명소가 되었으며, 그 결과 지금은 총공사비의 몇 배 이상으로 수익을 올리고 있다.

이렇듯 공사비, 공사 기간 등의 목표를 달성한 프로젝트라도 발주자 및 사용자의 기대를 만족시키지 못하는 경우가 있으며, 공사비, 공사 기간 등의 목표는 기대에 훨씬 미치지 못하더라도 사용자들에 의해 재평가를 받는 경우도 흔히 있다. 모두의 만족을 위한 프로젝트의 성공을 수식화하자면 '프로젝트 성공 = 관리적인 성공 + 사업적인 성공'으로 표현할 수 있다.

발주자를 대신하여 건설 프로젝트를 관리하는 PM 회사나 설계, 시공 등 건설 참여 업체들은 1차적으로 프로젝트 관리를 잘하여 관리적인 성공을 위해 혼신의 노력을 기울여야 하지만, 고객의 사업적인 성공을 위해서도 함께 힘을 모아야 한다. 예컨대 이미 다른 사람들이 만들어 놓은 사업 타당성 조사feasibility study를 재검토하고 분양이나 임대 프로젝트의 경우 분양, 임대에 대한 아이디어 제시와 조언도 아끼지 말아야 한다. 무엇보다도 위탁받은 프로젝트가 곧 나의 프로젝트라는 '주인 의식'을 철저히 가지고 프로젝트의 모든 단계를 주인 입장에서 수행하면 프로젝트 성공은 한 발짝 가까이 다가올 것이다.

측정할 수 없으면 관리할 수 없다

"측정할 수 없으면 관리할 수 없다If you can't measure it, you can't manage it." 계량적 데이터 관리의 중요성을 강조한 피터 드러커의 유명한 말이다.[24] 측정할 수 없으면 관리할 수 없고, 관리할 수 없으면 개선할 수 없다. 잘못된 문제를 개선하기 위해서는 철저한 관리가 뒷받침되어야 하고, 제대로된 관리를 수행하기 위해서는 무엇이 잘못되었는지에 대한 냉철한 측정이 요구된다. 건설 프로젝트도 마찬가지다. 누군가 건설 프로젝트의 성공률이 얼마나 되냐고 질문한다면 어떻게 답할 수 있을까? 공사 준공일만 준수하면 성공적인 프로젝트라고 판단할 수 있을까?

영국의 대표적인 건설 혁신 운동인 '건설 재인식Rethinking Construction 운동'은 후속 조치로서 건설 생애 주기 동안의 각 활동에 대한 성과를 측정하고 개선 목표를 설정하기 위하여 핵심 성과 지표KPI, Key Performance Indicator를 개발하였다. 개발된 핵심 성과 지표는 건설 산업과 타 산업의 성과를 비교할 수 있을 뿐 아니라, 건설 산업의 다양한 종사자(발주자, 설계자, 시공자, 하도급업체, 공급업체 등)들이 사용할 수 있는 포괄적인 개념이다. 핵심 성과 지표인 KPI는, 각 조직에서의 성과를 분석하고, 타 프로젝트, 나아가 타 산업과 그 결과를 비교함으로써 건설 프로젝트와 산업의 성과 향상 여부를 판단하는 것에 그 활용 목적이 있다. 핵심 성과 지표인 KPI는 공사 기간time, 공사비cost, 공사 품질quality, 발주자 만족도client satisfaction, 발주자 요구 사항 변경clients changes, 비즈니스 성과business performance, 보건 및 안전health and safety의 7가지 유형으로 구분될 수 있다. 특기할 점은 '발주자 요구 사항 변경'이 핵심 성과 지표에 포함되어 있다는 점이다. 발주자에 의한 잦은 설계 변경, 불명확한 요구 사항과 같은 요인이 건설 프로젝트의 성공적인 수행에 걸림돌이 될 수 있음을 보여주는 지표로, 이와 같은 지표들이 정부 주도로 만들어졌다는 점을 상기할 때 영국 정부의 혁신에 대한 의지를 엿볼 수 있다.

건설 프로젝트는 오랜 기간 동안 다수의 참여자들에 의해 수행되는 복합 작업이기 때문에 프로젝트의 성공을 보는 기준이 다양할 수밖에 없다. 그래서 프로젝트 성공을 평가하기 위해서는 프로젝트 성공의 기준을 정의하고, 측정하고 관리하는 일이 선행되어야 한다. 또한 이를 통해 성공적인 프로젝트를 지속적으로 만들기 위한 선순환 구조를 정착시켜야 한다.

건설 프로젝트 성공의 결과는 성공 평가 요인으로 구성된 평가 지표를 통해 측정할 수 있다. 프로젝트 성공 평가 요인이란 프로젝트 성공 여부를 판단할 수 있는 측정 가능한 성과 지표들을 가리키며, 일반적으로 예산(공사비), 공기, 기능성, 참여자의 만족도 등과 같이 객관적 지표와 주관적 지표들로 구성된다. 이와 같은 다양한 성공 평가 지표들을 활용하여 프로젝트 성공 여부를 최종적으로 판단할 수 있으며, 이를 위해서 프로젝트 성과를 정량적으로 측정하고 이 결과를 종합하여 점수화한 일종의 '성공 방정식Success Equation'을 활용할 수 있다. 나는 박사 학위 논문을 쓰는 과정에서 건설 프로젝트 관계자들이 참고할 수 있도록 하고자 '성공적인 프로젝트를 위한 평가서'를 만들었다. 관심 있는 독자들이 참고할 수 있도록 책 말미에 이를 부록으로 첨부하였다.

내게는 성공하는 프로젝트에는 수학 공식과 같은 성공 방정식이 존재한다는 믿음이 있다. 세계적인 일본 기업 교세라Kyocera의 창업자 이나모리 가즈오는 사람과 기업의 성공 방정식을 설명하면서 능력, 열정, 방향성(철학)의 상관관계를 정의한 바 있다.[25] 사람의 성공이나 회사의 성공은 기본적으로 능력이 있고, 거기에 열정이 뒷받침되어야 하며, 결정적으로 옳은 방향성을 갖는 철학이 바탕이 되어야 한다는 것이다. 뛰어난 웅변술과 열정을 가졌던 히틀러Adolf Hitler는 능력과 열정은 뛰어났지만 잘못된 방향성과 철학을 갖고 있었기에 인류에 큰 해악을 끼쳤고, 슈바이처Albert Schweitzer는 '생명에 대한 경외'라는 고유한 철학을 바탕으로 인류에 지대한 공헌을 남겼다.

이 성공 방정식은 건설 프로젝트에도 그대로 적용할 수 있다. 건설 프로젝트의 성공 방정식에도 방향성과 철학은 매우 중요하다. 잘못된 방향성과 철학을 갖고 만들어진 프로젝트는 사회 질서를 어지럽히고, 불필요한 사회적 비용을 야기하는 해를 끼칠 수 있기 때문이다. 프로젝트를 성공으로 이끄는 핵심 성공 요인들이 모두 올바른 방향으로 영향을 주고받을 때, 프로젝트는 비로소 성공의 궤도에 진입할 수 있다.

실패한 프로젝트에서 배운다

2016년에 사내 구성원들과 함께 '우리 회사가 망하는 시나리오'라는 이름의 독특한 워크숍을 시작하여 3년에 걸쳐 실시한 적이 있었다. 이 워크숍은 회사가 망하는 방법에 대한 역발상 접근을 통해 최악의 상황을 가정해보고, 이를 사전에 대응할 수 있도록 창의적인 혁신 대안을 찾아보자는 의도로 마련된 자리였다. 참석했던 구성원들이 『좋은 기업을 넘어… 위대한 기업으로Good To Great』의 저자 짐 콜린스Jim Collins가 저술한 『위대한 기업은 다 어디로 갔을까How The Mighty Fall』를 읽고 우리 회사에서 벌어지는 일들을 집중 토론하는 방식으로 워크숍이 진행되었다. CEO로서 듣기에 거북할 만큼 별의별 이야기들이 쏟아져나왔다. 하지만 그런 자리를 마련함으로써, 개선해야 할 문제점을 정확히 진단하고 회사가 앞으로 나아갈 방향과 보다 구체화된 개선안을 도출하는 계기가 되었다.

같은 맥락에서 실패한 건설 프로젝트, 프로젝트가 망하는 시나리오에 대해서도 살펴볼 필요가 있다고 생각한다. 실패한 프로젝트에는 공통점이 있다. 성공 방정식이 있다면 실패 방정식도 존재한다. 건설 프로젝트가 실패하는 이유는 성공의 이유만큼이나 다양하다.

영국에서 공공 조달 혁신의 일환으로 제시한 성공적인 조달 툴키트 toolkit *에는 '대형 건설 프로젝트를 망치는 원리How major service contracts can go wrong'라는 이름의 건설 프로젝트 실패 시나리오가 제시되어 있는데, 여

---

* 영국 상무성OGC, Office of Government Commerce에는 공공 조달 혁신을 위한 다양한 형태의 툴키트가 존재하는데, 성공적인 공공 조달을 위한 각종 보고서, 지침서, 절차서, 성공 사례 등이 한 보따리 들어 있다. 아주 다양하고 실무적인 조달 모범 사례 관련 자료가 가득하다.

기에 잠시 소개하고자 한다. 이 자료에서는 대형 건설 프로젝트가 망하는 시나리오를 크게 네 가지 영역으로 구분해서 설명하고 있으며, 그 내용은 아래와 같다.[26]

여기에서 지적한 실패의 원인들을 항목별로 살펴보면, 매니지먼트의 중요성이 강조되고 있는 것을 알게 된다. 계약과 계약 관리, 변화 관리의

실패 부문	주요 실패 원인
적정 자원과 커뮤니케이션 전략 실패	• 비즈니스 기술과 지식을 갖춘 전문 인력의 부족 • 전문가 적시 활용 실패 • 잘 알고 있는 고객의 주요 정보를 유지하고 요구 수준을 파악하지 못한 실패 • 전 발주 단계에 걸쳐 요구되는 적절한 커뮤니케이션 전략 부재
부적절한 계약	• 비즈니스 오너(business owner)에 대한 명확한 정의 실패 • 사업 관련 주체(stakeholders)의 적절한 참여 부재 • 고위 경영진(senior management)의 지지와 헌신 부족 • 사업 변경 사항이 유발시키는 영향에 대한 커뮤니케이션 부재 • 리스크 매니지먼트에 대한 고려 부족 • 핵심 현안에 대한 협의 지체 • 성과(performance), 품질, 사업비 등에 대한 관리 대책 미흡 • 현재 상황, 변화의 장벽, 미래의 서비스에 대한 공감대 부족
계약 관리 실패	• 계약 관리를 위한 적절한 관리 자원 미흡 • 발주자 팀과 공급자 팀 간의 기술 및 경험 부조화 • 계약 환경, 복잡성, 연관 관계 등에 대한 이해 부족 • 공급자가 예측한 내용에 대한 확인 실패 • 의사 결정에 관한 권한 및 책임 불명확 • 성과 측정 부재 • 대안보다는 현안에 안주 • 리스크 모니터링 및 관리 실패
변화 관리 실패	• 미래 변화에 대한 모니터링 실패 • 비즈니스 요구 사항에 대한 고위 경영진의 참여 및 검증을 확보하지 못한 실패 • 비즈니스 변화 모니터링 실패로 인한 사업 범위 관리 실패 • 변화 관리 시스템 부재 • 선행적 사고 실패 및 출구 전략 부재 • 혁신에 대한 공급자 인센티브 부족 • 분쟁 해결을 위한 효율적 절차 부재

표 1. 건설 프로젝트 실패 시나리오

실패가 결국 프로젝트의 실패를 야기하는 결정적 요인이라는 지적이다. 우리가 건설의 실패를 공사비, 공사 기간과 같은 객관적 지표에 국한시켜 바라보는 것과는 사뭇 대조적이다.

건설 프로젝트 실패의 원인은 기술적 원인, 관리적 원인으로 분류할 수 있다. 기술적 원인으로는 건설 목적물이 당초 목적한 기술적 기능의 달성에 부정적 영향을 미치는 설계 도면의 결함, 부적합한 시공 방식 등이 문제가 될 수 있다. 아울러 능력 없는 업체와 능력 없는 개인이 주도적인 역할을 맡아서는, 프로젝트가 잘 진행될 수 없다. 관리적 원인으로는 참여 주체 간의 커뮤니케이션 부족, 발주자의 잦은 변경 요청, 클레임 및 분쟁 해결 절차 미준수, 설계 변경에 대한 대처 미흡 등과 같은 요인이 존재한다.

건설 프로젝트가 진행될수록 지식은 습득되고 교훈은 축적된다. 이러한 이유 때문에 건설에서 경험은 매우 중요하다. 성공 사례에 대한 분석만큼 중요한 것이 실패 사례에 대한 분석과 이를 통해 교훈을 습득하여 동일한 실패를 되풀이하지 않는 것이라고 하겠다. 건설 프로젝트에 수행 매뉴얼이 있듯이 실패 매뉴얼도 작성할 필요가 있다.

우리 건설업계는 기록 문화에 익숙하지 않아서 업무 수행 과정이나 결과를 기록으로 남기려는 노력이 부족했다. 이러한 업계의 관행 탓에, 프로젝트 수행 과정에서 취득한 산지식들이 공유되지 못하고 개인의 자료로만 남거나 사장되어 결국에는 국가적 사회적 낭비를 초래하는 경우가 흔히 있었다. 최근 들어 프로젝트 참여자들의 의식이 향상되고, 사회의 투명성 또한 높아지면서 어느 정도 나아지긴 했지만, 우리 건설업계나 사회 전체의 기록 문화는 여전히 개선의 여지가 많다는 생각이다. 실패 상황에 대한 명확한 원인 규명과 분석, 그리고 기록을 통해 추후 유사한 실패 상황이 발생하였을 때 이에 즉각적으로 대응할 수 있는 조기 경보 시스템을 갖출 필요가 있다.

성공 프로젝트에는 다섯 가지가 있다

몇 년 전 회사 내에서 건설업 관련 경험이 풍부한 사내 전문가들을 대상으로 프로젝트 성공을 위한 핵심 성공 요인이 무엇인지에 대해 설문 조사를 실시한 적이 있다. 현장 일선에서 실무 책임자들이 몸소 느끼는 건설의 핵심 성공 요인이 무엇인지에 대해 구체화해보고 싶었기 때문이다. 이 설문 조사를 통해 총 45가지 핵심 성공 요인들이 도출되었는데, 이를 종합하고 나의 경험과 관점을 반영하여 다음의 다섯 가지 유형으로 정리할 수 있었다.

- 핵심 성공 요인 1: 발주자 (발주자의 명확한 프로젝트 범위 설정, 우수한 업체 선정과 협력 체계 구축, 발주자의 사업 관리 역량 등)
- 핵심 성공 요인 2: 프리콘 (프로젝트 기획 단계에서 프로젝트 성공을 위한 전략 수립, 설계 단계의 체계적 원가 관리 및 VE, 시공성과 공기 검토, 프로젝트 초기 단계의 협업 등)
- 핵심 성공 요인 3: 좋은 설계 (탁월한 디자인 능력의 설계자 참여, 원가와 시공성을 고려한 설계 능력 등)

- 핵심 성공 요인 4: 팀워크와 사람 (설계자, 시공자의 역량, 참여자 간 신뢰 기반의 원활한 의사 소통 및 협력, 프로젝트 참여자들의 역할과 의무에 대한 이해 등)
- 핵심 성공 요인 5 : 프로젝트 관리 (프로젝트 전반의 리더십, 전략 수립, 공사비, 시간, 품질 관리, 계약 및 리스크 관리, 효율적인 소통 능력 등)

프로젝트 성공을 위한 핵심 성공 요인에 관해 전문가들이 가장 많이 언급했던 것은 바로 '발주자'와 관련한 사항이었다. 발주자를 통해 사업 기간, 규모 및 예산이 정해지고 여기에 따라 기획 및 설계 단계 업무의 방향이 결정되기 때문에 발주자의 프로젝트에 대한 지식 및 이해 수준, 프로젝트 수행 경험이 사업의 성공에 큰 영향을 미친다는 의견이 지배적이었다. 특히 발주자 조직 내에 사업 관리를 수행할 수 있는 전담 조직의 유무에 따라 의사 결정의 절차 및 소요 시간 등이 영향을 받는다는 측면에서 발주자 조직 구성의 중요성이 강조되었다. 발주자의 의사 결정 지체가 프로젝트 지연의 대표적 이유 중 하나라는 점을 고려할 때, 발주자의 신속한 의사 결정은 모든 참여 주체가 자신의 역할에 충실할 수 있는 기본 전제 조건이라고 할 수 있다.

두 번째로 꼽은 핵심 성공 요인은 '프리콘' 활동이다. 기획 단계에 프로젝트 수행 원칙과 철학Project Charter을 수립하고 좋은 설계를 위해서 발주자 요구 사항과 스페이스 프로그램을 만든다. 시공 이전 단계에서 설계의 시공성, 적정성 등을 검토함으로써 시공 과정에서 발생할 수 있는 문제를 미연에 방지하기 위한 노력을 한다. 설계 단계에서부터 체계적으로 하나의 팀을 구성하는 노력도 중요하다. 설계에 맞춰 공사비가 결정되기 때문에 예산을 초과하지 않는 설계안이 도출될 수 있도록 각 분야의 전문가들이 조기부터 투입돼 프리콘 활동을 수행한다면 프로젝트의 예측 가능성과 성공 가능성을 높일 수 있다.

세 번째 핵심 성공 요인은 '좋은 설계'이다. 탁월한 능력을 가진 설계자가 참여하여 좋은 설계를 하고 설계 관리가 적절히 이루어지면 프로젝트의 성공 가능성이 올라간다. 두 번째 핵심 성공 요인인 프리콘 활동의 핵심도 설계 단계에서의 디자인 매니지먼트이다. 완성도가 높고 경쟁력 있는 도면을 생산하여 시공 과정에서 설계 변경을 최소화시킴으로써 공기 지연, 공사비 증가를 방지할 수 있다.

네 번째 핵심 성공 요인으로는 '팀워크와 사람'이 선택되었다. 건설 프로젝트는 인력에 대한 의존도가 높기 때문에 분야별 전문가가 적재적소에 배치되지 못할 경우 프로젝트 신뢰성이 떨어지게 된다. 따라서 프로젝트 수행 실적과 경험을 토대로 전문가를 투입하는 일이 대단히 중요하다. 다양한 사업 참여자 조직들이 유기적인 협력 관계를 구축하기 위해서는 팀워크와 사람이 중요한 핵심 성공 요인으로 관리되어야 한다.

마지막 다섯 번째 핵심 성공 요인으로는 '프로젝트 관리Project Management'가 중요하다. 공사 기간, 공사비, 품질 등 프로젝트 성과 목표를 달성하기 위하여 지속적인 모니터링을 실시하고, 계획 미달 시 보완 대책을 마련하여 실행하는 프로젝트 관리는, 자칫 일상적인 업무로 치부될 수 있지만 프로젝트 성공을 위해 반드시 수행되고 반영되어야 할 요소이다.

이상에서 살펴본 다섯 가지 핵심 성공 요인을 이 책의 두 번째 파트에서, 한 가지씩 보다 상세히 다루려고 한다. 이 책을 쓰면서 내가 의도한 목표는 프로젝트가 성공하는 패턴, 성공하는 길, 성공의 방정식을 제시하는 것에 있다. 여기에서 제시하는 성공 방정식이 이 책을 읽는 독자들을 건설 프로젝트 성공의 지름길로 안내하는 좌표가 될 수 있기를 기대해본다. 우리 건설업계에서 성공한 건설 프로젝트가 더 많이 생겨나기를, 우리 건설업의 경쟁력이 더욱 높아지기를, 간절히 바라는 마음이다.

3장을 요약하면

프로젝트의 성공은 기대 수준의 충족이다. 일반적으로 공사비, 공사 기간, 품질과 관련된 프로젝트 성과를 기준으로 성공을 판단하지만, 최종 프로젝트 결과물에 대한 만족도, 공간 이용자의 행복감 등도 성공의 판단 기준이 될 수 있다.

성공한 사람의 특징인 좋은 습관 쌓기는 성공 프로젝트에도 적용할 수 있다. 하지만 건설 프로젝트는 진행 단계마다 참여 주체가 달라지며 분절적으로 사업이 진행되기 때문에 습관을 쌓기 어렵고, 그렇기 때문에 리더십과 매니지먼트가 대단히 중요하다. 프리콘은 건설 프로젝트의 성공 가능성을 높이기 위한 시공 전 단계의 사전적인 관리 활동으로, 건설 프로젝트의 기본을 다지는 중요한 업무이다.

건설 프로젝트의 성공은 공사비, 공사 기간 등 객관적 성공 지표로 평가할 수 있는 관리 측면의 성공과 품질, 만족도, 인지도 등 주관적인 지표를 포함하는 사업 측면의 성공으로 구분할 수 있다. 모두가 만족할 수 있는 이상적인 프로젝트 성공 = 관리적인 성공 + 사업적인 성공이다.

프로젝트 성공을 평가하려면 기준을 정의하고, 측정하고 관리하는 일이 선행되어야 한다. 이를 위해 정량적으로 측정 가능한 성과 지표가 필요하다. 영국 건설 재인식 운동에서 개발한 KPI는 공사 기간, 공사비, 공사 품질, 발주자 만족도, 발주자 요구 사항 변경, 비즈니스 성과, 보건 및 안전의 7가지 유형으로 구분된다. 핵심 성과 지표가 적절히 관리되면서 올바른 방향성 및 철학과 결합할 때 프로젝트는 비로소 성공 궤도에 진입할 수 있다.

성공 사례에 대한 분석만큼 실패 사례를 분석하여 교훈을 습득하고 동일한 실패를 되풀이하지 않는 것도 중요하다. 실패 상황에 대한 명확한 원인 규명과 분석, 기록을 통해 경험과 지식을 축적하면 추후 유사한 실패 상황이 발생하였을 때 즉각 대응할 수 있다.

프로젝트의 핵심 성공 요인은 크게 다섯 가지로 분류할 수 있다. 발주자가 프로젝트를 정확히 이해하고 의사결정을 신속하고 명확히 내리기, 초기 단계에 분야별 전문가가 투입된 프리콘 활동, 설계 변경을 미리 방지하는 완성도 높고 경쟁력 있는 좋은 설계, 적재적소에 투입된 우수 인력 간에 유기적인 협력 관계 구축, 프로젝트 제반 목표를 달성하기 위하여 프로젝트 리더십을 발휘하는 프로젝트 관리가 이에 해당한다.

베를린 유대인 박물관

Jewish Museum Berlin

    독일이 동과 서로 나뉘어졌던 시절 베를린 장벽이 위치했던 근처에 지그재그 형태의 파격적인 박물관이 지어졌다. 2차 세계대전 당시 나치가 자행한 유대인 대학살, 즉 홀로코스트에 대한 역사적 과오를 솔직히 인정하고 피해자들의 슬픔을 치유하는 의미로 지은 건물이다.

    베를린 유대인 박물관은 과거 프로이센의 법원으로 사용되던 바로크 양식의 박물관 건물을 확장한 것으로, 4세기부터 현재까지 베를린 내 유대인들의 사회적, 정치적, 문화적 역사를 전시하고 있다. 베를린시 정부는 나치에 의해 1938년 폐쇄된 유대인 박물관을 2차 세계대전 이후 재개관하면서 건물을 새로 짓는 방안을 논의했다. 1989년 베를린시 정부는 디자인 공모전을 통해 다니엘 리베스킨트의 디자인을 채택했고, 이후 12년이라는 오랜 건축 과정을 거쳐 2001년 9월 11일에 새 유대인 박물관을 정식으로 개관했다.

이 역사적인 개관의 이면에는 적잖은 시련이 있었다. 정치적인 이유와 건축가가 독일인이 아니라 폴란드계 유대인이라는 이유 때문에 리베스킨트는 엄청난 장애물과 마주해야 했다. 훼방꾼들이 이 프로젝트에 대해 부정적인 여론을 쏟아내면서 베를린시 상원은 새 박물관 건설을 취소해버렸다. 이때 그의 부인이 용감하게 이들과 맞섰다. 실의에 빠진 남편을 대신해 전 세계 유대인 출신 유력 인사들에게 편지를 보내 이번 일의 부당함을 널리 알렸으며, 유대인 박물관이 반드시 지어져야만 하는 이유에 대해 유력 언론을 통해 역설했다. 결국 1991년, 3개월 만에 베를린 의회는 상원 결정을 뒤집고 새 박물관 건설을 다시 의결했다.

1999년 우여곡절 끝에 유대인 박물관이 유물도 없이 1차 개관을 하던 날, 당시 게르하르트 슈뢰더 독일 총리가 기념 행사장을 찾았다. 이 자리에 함께한 다니엘 리베스킨트의 아버지는 과거 홀로코스트의 희생자가 될 뻔했던 역사의 산증인이었다. 공교롭게도 슈뢰더 총리의 아버지는 2차 세계대전 당시 독일군으로 참전했다. 슈뢰더 총리는 당시 90세였던 다니엘 리베스킨트의 부친 앞에 무릎을 꿇고 감사와 사과의 뜻을 전했다.

기억의 공간 바닥에 있는 메나셰 카디시만의 작품 '낙엽'.

유대인 희생자를 기리고 홀로코스트에 대한 역사적 과오를 반성하는 동시에 통일 독일의 미래를 열어나가는 의미 있는 행동이었다. 이후 2001년 정식 개장 때 많은 독일 언론들은 박물관 개장을 대서특필하면서 "그날 저녁, 베를린이 성숙해졌다"고 헤드라인을 뽑았다.

유대인의 상징인 '다윗의 별'을 형상화한 아홉 번 구부러진 박물관의 외관, 지하에 숨겨놓은 출입구, 망명의 정원, 홀로코스트 타워, 기억의 공간 등은 홀로코스트와 그에 희생된 유대인들을 상징한다. 기억의 공간 바닥에는 이스라엘 현대 미술가인 메나셰 카디시만의 '낙엽'이라는 철로 만든 작품이 있다. 나는 입을 벌리고 있는 1만여 개의 얼굴 형상들 위를 자유롭게 걸을 수 있음에도 불구하고 걸을 때마다 마치 희생된 영혼들의 비명소리가 들리는 듯해서 발걸음을 떼기가 쉽지 않았다.

건축가는 전 세계에서 온 많은 방문객들이 건물만으로도 유대인의 역사적 비극을 체험하도록 하고 있다. 비극에서 긍정의 요소를 발견해 건축물로 재생산하는 건축가 다니엘 리베스킨트의 탁월한 능력에, 과거 홀로코스트의 비극을 숨기거나 부정하지 않고 미래에 같은 비극을 되풀이하지 않겠다는 독일의 의지와 철학이 더해졌기에 이런 건축물이 가능했을 것이다.

"건물은 콘크리트와 철, 유리로 지어지나 실제로는 사람들의 가슴과 영혼으로 지어진다"는 건축가의 신념을 직접 눈앞에 대면하고 보니 코끝이 시큰해졌다.

4장

고객에게 성공이란
무엇인가

고객마다 다양한 욕구가 존재한다

건설 프로젝트에서 고객 만족은 어떻게 실현될 수 있는지를 다양한 관점에서 소개해보려 한다. 먼저 건설 프로젝트에서 의미하는 고객은 누구이며, 어떻게 분류할 수 있는지 알아보자.

건설 프로젝트에서 고객은 세 부류로 나눌 수 있다. 첫 번째는 제품이나 서비스를 구매하는 고객인 발주자/건축주 그룹, 두 번째는 프로젝트에 직간접적으로 투자한 스폰서나 투자자, 세 번째는 제품이나 서비스를 사용하는 이용자 또는 입주자이다.

첫 번째 부류인 발주자/건축주 그룹은 건설 고객의 세 가지 유형 중 건설 프로젝트의 생산 과정에 가장 깊숙이 관여하는 주체다. 발주자/건축주의 건축 의도가 있어야 건설 프로젝트가 만들어질 수 있기 때문에 건설 생산 활동을 수행하는 주체들의 1차 고객은 발주자/건축주라고 할 수 있다. 이들의 주된 관심은 어느 정도의 기간 동안 얼마의 금액으로 건설 프로젝트가 완료되는지에 쏠려 있다. 발주자/건축주의 고객 만족은 원가, 공정, 품질 달성을 통해 이루어진다.

두 번째 부류인 투자자 그룹은 프로젝트의 경제적 타당성에 주된 관심을 갖고 있다. 경제 논리에 입각하여 건설 프로젝트의 비용-이익 구조가 결과적으로 수익성을 보장하는지에 관심이 집중된다. 이러한 유형의 고객은 프로젝트의 입지, 건설 후 얻게 될 경제적/사회적 효과, 주변의 평판 등이 만족할 만한 수준인지를 고려한다. 이들은 투자 이익률 확보와 투자자본 회수exit에 큰 관심을 두고 이것이 달성될 때 만족한다.

세 번째는 이용자, 입주자 유형의 고객이다. 고객의 부류 중 가장 큰 범주이며 지역 공동체, 커뮤니티까지 확장시켜 생각할 수 있다. 이용자, 입주자는 건설 프로젝트의 최종 결과물인 건물 혹은 시설물을 직접적으로 경험하고 사용하는 주체로서, 주된 관심은 건물/시설물의 완성도, 안전, 사용성, 거주성, 편리성 등에 있다. 이들은 건설 프로젝트가 적정 공기와 공사비 내에서 완료되었는지에 대해서는 관심이 없으며, 원가 관리와 공정 관리에 실패한 프로젝트라 할지라도 프로젝트 결과물에 만족할 수 있다.

그밖에도 일반 대중, 광의의 사용자 역시 건설 사업의 영향을 받는 이해관계자이자 넓은 범주의 고객이다. 건물/시설물의 외관, 안전, 접근성, 그리고 경제적 영향 등은 발주자와 투자자, 사용자의 관심사일 뿐만 아니라 공동체의 관심사이기도 하다. 건설 프로젝트는 그것이 속한 공동체에 자부심과 주인 의식을 가져다주기 때문에 큰 관심을 받을 수 있다. 따라서 건설 과정에서 인근 커뮤니티와 소통하여 긍정적인 반응을 프로젝트에 가져오는 일이 중요하다. 소통이 제대로 되지 않으면 민원 제기 등 부정적인 영향을 받아 프로젝트 진행에 막대한 지장을 초래할 수 있다.

건설 프로젝트 특성상 다수의 프로젝트들이 일반 대중을 위한 시설이고, 발주자, 스폰서와 사용자 간의 이해관계 차이 때문에 고객 만족 측면에서 서로 다른 다양한 욕구가 존재한다. 이와 같이 고객의 범주는 매우 광범위하고 다양하지만, 여기에서는 발주자에 보다 집중하여 고객 만족이라는 주제를 다루고자 한다.

프로젝트 성공은 고객 만족부터

고객 만족에는 다양한 이론이 존재하는데 기대 불일치 패러다임, 비교 기준 이론, 공정성 이론 등이 대표적이다. 기대 불일치 패러다임에서 고객 만족은 기대와의 불일치 함수로 표현되는데, 이때 기대는 비교 기준이 되며, 제품이나 서비스를 경험한 성과가 기대보다 높으면 긍정적 불일치가 형성되어 만족을 지각하고, 기대보다 낮으면 부정적 불일치가 형성되어 불만족을 지각한다.[27] 고객 만족은 기대치와 경험치와의 상관 관계에서 나타나는 긍정적인 불일치 관계라고 할 수 있다.

공급자 측면에서 고객 만족은 고객의 충성도를 얻고 뛰어난 장기 재무 성과를 창출할 수 있게 하는 경영의 핵심 사항이다. 건설은 타 상품과

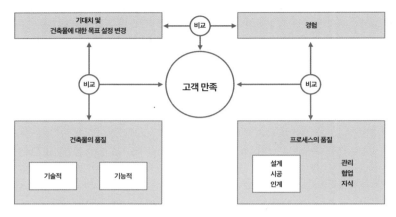

그림 5. 고객 만족과 프로젝트 품질의 연관성

비교하여 결과물을 표준화하기 어렵고 절대적인 기준을 세울 수 없기 때문에 고객의 주관적인 경험과 경험에 따른 지각이 중요하다는 특성이 있다. 고객 만족을 연구한 캐르내Kärnä는, 건설 프로젝트에서 고객 만족을 ①건축물의 품질과 당초 목표와 기대치의 비교 ②건설 과정의 품질과 실제 경험과의 비교 ③고객의 기대치와 실제 경험과의 비교로 설명하고 있다.[28]

이처럼 고객 만족은 고객의 경험과 지각에 기반한 기대치를 상회하는 성과가 구현될 때에 이루어질 수 있다. 프로젝트의 성공을 연구했던 바카리니Baccarini는, 고객 만족은 프로젝트를 성공적으로 수행하는 데에 가장 중요한 첫 번째 요소라고 했다.[29] 앞서 3장에서도 언급했듯이 프로젝트의 성공은 관리적인 성공과 사업적인 성공으로 구분할 수 있다. 예산 내에서 공사가 완료됐다고 반드시 성공한 프로젝트이고 고객 만족이

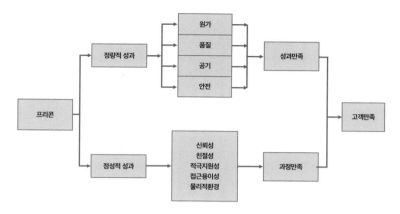

그림 6. 고객 만족을 구성하는 성과 만족과 과정 만족

이루어졌다고는 볼 수 없으며, 반대로 프로젝트가 예산을 초과하여 완료했다고 해서 반드시 실패한 프로젝트라고 치부할 수도 없다. 우리는 이미 시드니 오페라하우스와 뉴욕 엠파이어스테이트 빌딩의 사례를 통해 사업적 성공과 관리적 성공에 대해 살펴보았다. 프로젝트의 성공에 대한 인식이나 고객 만족의 기준은 매우 다양하며, 정량적 지표인 비용, 일정 외에도 정성적 지표인 신뢰성이나 친절성, 적극성 등 인간 관계에서 파생되는 요소도 매우 중요하다. 이같은 정성적 요소들은 과정 만족을 달성하여 고객 만족에서 중요한 역할을 한다.[30](그림 6 참조)

프리콘은 고객 만족으로 이어진다

프리콘 활동은 건설 프로젝트의 올바른 시공과 경쟁력 있는 프로젝트 생산을 위해 설계 도면을 비롯한 소프트웨어를 만드는 활동이다. 프

리콘은 고객의 주요 의사 결정과 밀접한 관련을 맺게 되며 비교적 오랜 기간 동안 업무를 수행하기 때문에, 성과 만족과 과정 만족을 아우르는 고객 만족과 밀접한 관계를 가진다.

프리콘은 프로젝트 성공을 위해 매우 중요한 역할을 한다. 프리콘은 건설 프로젝트가 시공 단계에 진입하기 전에 미적으로 잘 디자인되고 완성도 높은 설계도를 작성하도록 협업함으로써, 원가, 일정, 품질 측면에서 프로젝트가 발주자의 요구 조건을 충족시킬 수 있는지 여부를 체계적으로 시뮬레이션하는 과정이다. 또한 프로젝트 수행에서 주요한 역할을 할 능력 있는 설계자, 시공자, 공급업자를 선정하여 프로젝트 팀을 구성하는 작업이기도 하다. 프리콘을 하느냐 안 하느냐 여부보다는 능력 있는 팀이 프리콘을 제대로 수행하는지 여부가 보다 더 중요하다. 프리콘이 제대로 수행되는 데에는 고객의 헌신과 철학이 중요하고, 고객의 적극적인 지원이 필요하다. 싸구려 설계업체와 싸구려 시공업체를 선정해서는 프로젝트를 성공시키기 어렵다.

프리콘이 고객의 지원하에 역량 있는 팀에 의해 제대로 수행된다면 프리콘 단계 이후에 이어지는 시공 단계가 무리 없이 계획대로 수행되고, 그 결과 프로젝트의 성공이 고객 만족으로 이어지는 선순환 사이클이 구축될 수 있다. 건설 프로젝트는 철저하게 인과 관계에 의해 작동한다. 즉 뿌린 대로 거두는 것이다. 투자 가치 달성이라는 측면에서 투자 가치value for money나 가치 지향 건설value oriented construction 개념이 영국이나 미국 등 선진국의 건설 혁신 운동에서 중요한 화두로 등장하는 것도 비슷한 이유에서이다. 프리콘이 능력 있는 팀에 의해서 제대로 수행될 경

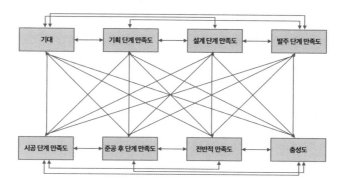

그림 7. 건설 프로젝트 고객 만족도를 결정하는 인과 관계도[31]

우 프리콘의 결과가 고객 만족으로 이어질 가능성은 매우 높다.

건설 프로젝트를 여러 번 수행한 고객(재구매 고객)은 신규 고객에 비해 기획 단계와 설계 단계에서 지각하는 만족도가 높다고 한다. 건설의 핵심을 아는 고객이기 때문이다. 건설 프로젝트의 고객에게는 비용과 일정이 가장 중요하며, 이를 달성할 때 고객의 만족은 실현된다. 설계 과정에서 프로젝트가 예산 범위를 초과하지 않는지, 일정에 맞게 진척되고 있는지 주기적으로 검토하고, 프로젝트의 품질과 성능을 개선하여 보다 좋은 설계 대안을 마련하는 등의 행동은 설계 단계에서의 고객 만족을 실현하는 요인이다.

그림 7에서 보는 것처럼, 건설 프로젝트의 각 단계별 고객 만족도는 매우 다양한 결정 요인과 인과 관계를 가지며, 프리콘 단계의 고객 만족도가 프로젝트 전체의 고객 만족도에 끼치는 영향이 크다.

고객 충성도 지표 NPS

고객 충성도를 측정하는 지표인 순 추천고객 지수NPS, Net Promoter Score는 "A 회사 제품을 동료나 주변에 추천할 의향이 얼마나 있습니까?" 라는 단일 질문으로 고객 만족도를 평가한다.

고객의 추천 의향을 0점에서 10점까지 11점 척도에 따라 구분하는데, 0~6점은 비추천 고객Detractors, 7~8점은 중립 고객Passively Satisfied, 9~10점은 추천 고객Promoters으로 분류한다. 이때 중립 고객(7~8점 응답자)은 NPS 산정 과정에서 제외되며, 모집단의 추천 고객(9~10점) 비율(%)에서 비추천 고객(0~6점) 비율(%)을 빼서 순 추천고객 지수NPS의 스코어를 계산하게 된다. NPS는 이론적으로 −100점에서 +100점까지의 점수 범위를 가지게 되는데, 실제로 많은 기업이나 제품들이 마이너스 값을 가지며, NPS 점수가 50점 이상이 되는 기업이나 제품은 그리 많지 않다.

설명의 이해도를 높이기 위해 간단한 예를 들어본다. 5명의 고객에게 NPS를 조사했는데 두 명이 10점을, 두 명이 8점을, 한 명이 6점을 응답했다고 하면, 응답자의 점수의 합은 42점이고 평균 점수는 8.4점이다. 이 중 10점을 준 두 명은 추천 고객이고, 6점을 준 한 명은 비추천 고객이며, 8점을 준 두 명은 중립 고객이다. 추천 고객이 전체의 40%이고 비추천 고객이 20%이며 중립 고객은 통계에 반영하지 않으므로 NPS는 40%-20%=20%이며, 점수로 환산하면 20점이다. 평균 8.4점의 평가면 괜찮아 보이는데도, NPS 점수는 20점밖에 되지 않는 것이다. 이와 같이 고객 충성도 지표인 NPS는 매우 엄정한 잣대이므로, 웬만한 기업은 NPS를 도입할 생각을 아예 못하거나 도입했더라도 결과가 나오면 외부에 발표하

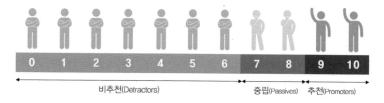

추천(Promoters) % − 비추천(Detractors) % = NPS (Net Promoter Score)

그림 8. 순 추천고객 지수(NPS) 척도 구분

지 못한다. 참고로 세계적인 PM/CM, 엔지니어링 회사의 2020 NPS는 AECOM 5점, CH2MHill 3점, Flour 11점, KBR 6점이다. 글로벌 최상 위 브랜드의 NPS는 애플 47점, 아마존 25점, 구글 11점, 마이크로소프 트 45점, 페이스북 −21점, 삼성전자가 67점이다.[32]

NPS 이론의 창시자인 라이켈트Reichheld는 "충성도가 높은 고객은 친 구, 가족, 동료에게 기업에 대해 극구 찬양한다. 이러한 추천은 충성도 를 측정할 수 있는 가장 좋은 자료이다"라고 하면서, 충성 고객은 회사 에서 받은 가치보다 많은 분량의 역할을 다른 잠재 고객에게 할 수 있 음을 지적했다. 또한 만족도와 추천 의향의 상관관계가 매우 높다는 점 을 강조했다.

건설 관련 비즈니스는 제한된 고객군으로부터 수주를 받아 용역을 제공하거나 공사 도급을 받아 오랫동안 고객과 같이하는 비즈니스이며, 성과품에 대한 객관적인 표준이 없고 고객의 주관적인 판단에 의해 좌 우되기 때문에, 고객 만족을 충족시켜 충성 고객을 확보하는 것이 더 욱 중요하다. 충성 고객은 반복 구매를 통해 지속 고객이 될 수 있으며, 뿐만 아니라 주위 친지, 친구들에게 회사 서비스를 적극적으로 추천하여 새로운 주문, 새로운 고객을 추가 확보할 수 있는 가능성을 높인다. 충성도가 높은 고객은 추천 업체의 NPS가 높은 수준으로 유지되는 데에 기여한다. 건설 산업에서는 긍정적인 구전 효과가 매우 중요하므로, 주위의 추천이 사업자를 결정하는 데 큰 역할을 한다.

하지만 아직까지 건설 산업에서 고객 충성도 지표인 NPS를 활용하는 기업은 거의 없으며, 건설 기업의 지속적인 성장에 NPS와 같은 고객 추천 지수가 중요하다는 인식이 부족하다. 프리콘을 통해 공기 단축을 포함한 성과 만족과 더불어 고객 만족을 달성할 수 있고, 고객 만족을 경험한 충성 고객이 고객 충성도 지표인 NPS를 향상시켜 또 다른 잠재 고객 유치에 기여하는 선순환 모델에 주목한다면, 많은 기업들이 보다 고객 친화적인 경쟁력을 확보할 수 있을 것이다. 우리 회사는 B2C가 아닌 B2B 기업인데도 약 14년 전부터 매년 두 번씩 NPS 조사를 체계적으로 실시하고 있는데, 고객의 평가가 매우 엄정하다는 점을 늘 인식하고 있다. 우리 회사의 NPS는 갤럽에 의뢰하여 조사하며, 점수는 평균 65점 수준이다.

건설의 결과물은 많은 경우에 발주자 자신이 직접 사용하거나 주거하는 공간이기 때문에 발주자는 건설 결과물에 상당한 애착을 가지고 자신의 분신과도 같은 존재감을 부여한다. 이러한 건설 결과물이 만족할 만한 성과를 거두어 프로젝트가 성공하면, 당연히 주위에 소개하고 자랑하고자 한다. 이 과정에 참여한 서비스 공여자에 대한 추천이나 자랑 또한 함께 이루어진다.

건설은 반드시 과정이 있고 결과가 있으며, 투입 자원input과 산출물

output의 상관관계가 매우 명확한 산업이다. 제대로 된 준비와 계획, 완성도 높은 설계도 없이 좋은 결과물을 기대하는 것은 연목구어*와도 같다. 제대로 된 프리콘 활동과 경쟁력 있는 설계도 → 좋은 품질과 경쟁력 있는 시공 → 프로젝트 성공 → 고객 만족 → 높은 추천 의향NPS의 바람직한 인과관계를 만들어내는 일이 바로 선순환 경영이다.

고객 만족 경영

고객 만족 경영은 비즈니스 종류를 떠나 기업이 성장하고 발전하여 지속 가능성을 확보하는 데 핵심적인 경영 활동이다. 고객 없이 존재할 수 있는 기업은 없다. 기존 거래 관계에서 품질이나 성능, 서비스에 만족하지 못한 고객이 이탈할 때 이탈 고객은 기업에 심각한 재무적 피해를 주며 시장에서 경쟁력을 약화시킨다.[33] 이에 반해 충성 고객은 서비스의 재구매와 긍정적인 구전 효과를 통해 신규 고객을 확보하는 데 도움을 주기 때문에 건설 산업에서도 중요한 요소로 간주되고 있다.[34]

라이켈트는 기업의 성공은 고객이 기업에 오래 머무는 것이라고 했다. 또한 그는 한 연구에서 MBNA라는 캐나다의 신용카드 회사가 고객 유지율을 5% 향상시킴으로써 이익을 60% 향상시켰다고 주장했다.[35]

파레토법칙은 이탈리아 경제학자 빌프레도 파레토Vilfredo Federico Damaso Pareto가 "이탈리아 인구의 20%가 이탈리아 전체 부의 80%를 갖고 있다"

---

* 연목구어(緣木求魚)는 "나무에 올라가서 물고기를 찾는다"는 뜻으로, 목적이나 수단이 일치하지 않아 성공이 불가능한데 굳이 하려 하는 경우를 비유하는 말이다.

고 주장한 데에서 비롯되었으며, 백화점에서 상위 20%의 고객이 80%의 매출을 차지한다든지 기업에서 20%의 구성원이 회사 이익의 80%를 담당한다든지 하는 식으로 경영 기법이나 사회 현상을 설명할 때 널리 회자되는 주요 법칙이다. 파레토법칙은 기업 경영에서 매출뿐 아니라 손익, 고객 만족 경영, 인사 관리 등에 광범위하게 적용되며, 핵심 고객 이론의 근저가 되는 이론이다. 충성 고객에도 파레토법칙을 적용할 수 있는데, 충성도가 높은 20%의 고객이 기업의 매출 또는 이익에 80%를 기여할 수 있다.

구엔지Guenzi와 펠로니Pelloni는 2004년 공저한 논문[36]에서 고객 만족은 근본적으로 고객 충성도를 이끌어낸다고 했고, 하이트츄는 1999년 발표한 논문[37]에서 만족한 고객에 의한 충성도는 기업의 중요한 자산이며 기업 측면에서 충성 고객을 유지하는 것이 신규 고객을 획득하는 것보다 유리하다고 하였다. 기업 성장에 영향을 주는 가장 중요한 요소가 열정적인 고객 충성도인 것만큼은 확실하다. 라이켈트는 2003년에 『하버드 비즈니스 리뷰』에 기고한 글[38]에서 고객 충성도만으로 수익 성장을 보장할 수는 없지만, 고객 충성도 없이는 수익 성장이 불가능하다고 주장했다.

4장을 요약하면

건설 프로젝트 고객에는, 제품이나 서비스를 구매하는 고객인 발주자/건축주 그룹, 프로젝트에 직간접적으로 투자한 스폰서나 투자자, 제품이나 서비스를 사용하는 이용자 또는 입주자 세 부류가 있다. 고객에 따라 다양한 욕구가 존재하고 결과물을 바라보는 관점도 다르지만, 프로젝트의 생산 과정에 가장 깊이 관여하는 주체는 발주자/건축주 그룹이다.

고객 만족은 매우 중요한 성공 요소로, 고객의 기대치를 넘는 성과가 충족되어야 한다. 그 기준은 매우 다양하며, 정량적 지표인 비용, 일정 외에도 정성적인 지표인 신뢰성이나 친절성, 적극성 등 인간 관계에서 파생되는 요소도 매우 중요하다. 정성적인 요소들은 과정 만족을 달성하여 고객 만족에 중요한 역할을 한다.

프리콘 활동은 건설 프로젝트의 올바른 시공과 경쟁력 있는 프로젝트 생산을 위해 설계 도면을 비롯한 소프트웨어를 만드는 활동으로, 능력 있는 팀이 프리콘을 제대로 수행하는지 여부가 프로젝트의 성공에 직결된다. 건설 프로젝트의 각 단계별 고객 만족도는 매우 다양한 결정 요인과 인과 관계를 가지며, 프리콘 단계의 고객 만족도가 프로젝트 전체의 고객 만족도에 끼치는 영향이 크다.

고객만족도를 측정하는 지표로서 순 추천고객 지수[NPS]는 주변에 추천할 의향이 있는지 묻는다. 적극 추천 의향을 나타내는 고객은 그만큼 만족도가 매우 높은 고객이다. 성과에 대한 판단이 주관적인 건설 프로젝트에서 고객 만족도를 높여 충성 고객을 만들고, 이에 따른 구전 효과를 통해 신규 고객을 확보하는 선순환 구조는 매우 중요한 요소이다.

충성 고객은 기업의 중요한 자산이다. 불만족 고객이 이탈할 때 이탈 고객은 기업에 심각한 재무적 피해를 주며 시장에서 경쟁력을 약화시킨다. 이와 반대로 열정적인 충성 고객은 서비스의 재구매와 긍정적인 구전 효과를 통해 기업의 성장에 큰 영향을 미친다. 고객 충성도만으로 수익 성장을 보장할 수는 없지만, 고객 충성도 없이는 수익 성장이 불가능하다.

나오시마 예술 섬 프로젝트
Benesse Art Site Naoshima

나오시마섬 건물 프로젝트와 현대 예술 작품들은 퇴락하던 섬을 문화로 살린 특별한 전형(典型)이었다. 나오시마섬의 일련의 예술 프로젝트는 베네세 그룹^{Benesse Corporation}이라는 한 기업에 의해서 기획, 운영되고 있다.

첫 건축 프로젝트인 '베네세 하우스 뮤지엄'은 '체류형' 미술관이라는 특별한 기획으로, 1988년 5월에 설계를 시작해 1990년 10월에 설계가 완료되었고, 1년 5개월의 공사 기간을 거쳐 1992년 3월에 완공됐다.

베네세 하우스 뮤지엄은 안도 다다오의 트레이드마크인 노출 콘크리트와 자연 석축으로 설계됐고, 내부 공간은 빛이 넘쳐나게 비춰들고, 세토 내해의 절경을 감상할 수 있는 테라스가 실내 공간에 연속으로 건축돼 자연과의 일체감을 보여 주고 있다.

1995년에는 별관으로 언덕 정상에 타원형의 물의 정원을 가진 부티크 호텔인 '오벌Oval'이 지어졌다. 오벌은 왜 안도 다다오가 위대한 건축가로서 평가받는지를 여실히 보여주는 걸작이다. 연면적 $598 m^2$(약 180평)에 게스트룸이 6개밖에 안 되는 이 호텔은 산악 모노레일로만 접근이 가능한데, 건축과 자연이 종국에는 하나가 될 수 있다는 사실과 안도 다다오가 물의 건축, 빛의 건축을 지향하는 건축가라는 사실을 여지없이 보여준다.

타원형의 건물 내부 중정은 하늘로 뚫려 있고 내부 공간은 타원형의 수조로 형성돼 있어 하늘과 물과 바다가 일체가 됐고, 6개 객실 모두 바다 조망과 일출 혹은 일몰을 볼 수 있게 설계됐다. 수조 주변으로 보이는 파란 하늘, 구름, 빛에 반사된 수조의 현란함과 세토 내해의 풍광은 건축이 인간에게 어떻게 이런 감흥을 줄 수 있을까 하는 놀라움을 선사한다.

2004년에 완공된 '지중미술관(地中美術館)'은 인구 3,500명 정도에 불과한 나오시마 섬을 세계적으로 더욱 유명하게 만들었다. 지중미술관은 클로드 모네, 제임스 터렐, 월터 드 마리아 3인의 작품을 영구 전시하는 프로그램을 전제로 지어졌다.

2006년 새로운 목조호텔 '파크Park'와 '비치Beach' 동이 완공됐으며, 2010년에는 이우환 미술관이 완공됐다.

오늘날 나오시마는 "생애 꼭 한 번은 가봐야 할 여행지"로 손꼽히고 있다. 세계적인 여행 전문지『콘데 나스트 트래블러Condé Nast Traveler』는 나오시마를 세계 7대 명소 중 하나로 꼽았다.

인구는 감소하고 자연은 황폐해지면서 버려진 섬이 되어가던 나오시마가 '예술의 섬'이 되는 데에는 건축주인 베네세 그룹 후쿠다케 사장의 비전과 리더십이 큰 역할을 하였다. 나오시마 예술 섬 여행은 건축이 인간을 얼마나 풍요롭게 할 수 있는가를 다시 한 번 되새기는 시간이었다.

베네세 하우스 뮤지엄의 부티크 호텔 '오벌'

Part **2**

[성공 프로젝트에는
다섯 가지가 있다]

PRECON

5장

하나. 발주자
프로젝트 성공의 바로미터

프로젝트에서 발주자의 역할

5년 전 건설 산업 전문가들과 오피니언 리더들이 한데 모여 『건설의 길을 묻다』라는 책을 발간한 바 있다. 당시 IT, 자동차 산업 등 세계 최고 수준의 글로벌 챔피언 산업들의 성공 스토리를 살펴보며 한국 건설 산업에 주는 메시지에 대해 논의했었다. 일류 산업이라 일컬어지는 타 산업 사례들을 조사해보니, 세계 최고 수준의 경쟁력을 갖춘 글로벌 챔피언 산업의 이면에는 공통적으로 일류 고객이 있었음을 확인할 수 있었다.

건설 프로젝트의 고객은 발주자이다. 다양한 고객이 있는 제조업과 달리 건설 산업에서는 발주자만이 건설 서비스의 유일한 구매자이며, 따라서 건축물의 요구 조건 및 기능을 발주자가 확정하게 된다. 프로젝트에 대한 발주자의 철학이 올바로 서 있을 때, 그 프로젝트는 철학이 있고 성공하는 프로젝트가 될 가능성이 높다.

"건축은 시대의 거울이다"라는 말을 "건축은 건축주의 거울이다"라는 말로도 바꿔볼 수 있겠다. 건축물은 그 주인이 가지고 있는 철학과 역량, 생각대로 지어진다는 뜻이다. 동서고금을 막론하고 위대하고 훌륭한 건축물 뒤에는 반드시 그 건축물의 가치와 역사적 의미를 이해하는 건축주, 다시 말해 발주자가 있었다. 실제로 건축 활동에 있어서 발주자의 역할이란 아무리 강조해도 지나침이 없을 정도로 막중하다. 건축물의 기획과 설계 단계에서부터 발주 단계, 시공 단계에 이르기까지 전체 건설 생산 과정에서 최종 의사 결정의 주체는 항상 발주자일 수밖에 없기 때문이다. 발주자가 100년 이상 가는 품격 있는 건축물을 원한다면 위대한 건축이 탄생할 가능성이 높고, 싸구려를 원하면 그 또한 발주자의 뜻대로 되니, 건설 산업에서는 인과관계가 확실하다 하겠다.

우리 회사가 마카오에서 프로젝트를 수행할 당시 만났던 건축주는 프로젝트에 대한 뚜렷한 목표와 철학을 갖고 사업을 추진했던 발주자였다. 카지노와 호텔을 짓는 사업이었기 때문에 발주자의 개입 정도가 매우 높은 프로젝트였다. 당연히 업체들과의 소통도 매우 중요했다. 그래서 발주자는 종합 건설업체 없이 CM 방식의 계약을 하기로 결정했고 발주자가 CM의 도움으로 전문 건설업체와 계약을 진행하였다. 이 프로젝트는 "기한 내에 공사를 완료할 것"이 발주자의 가장 중요한 요구 사항이었고, 이를 달성하기 위한 발주자의 역할이 중요했다. 발주자는 프로젝트 참여자들을 독려하며, 공사 기간을 맞추고 원가를 절감하는 데 최선을 다해줄

것을 요구했다. 또한 성과에 대해서는 명확한 보상이 뒤따를 것임을 약속했다. 더 나아가 공사비와 공기에 대한 책임은 건설 관련자가 아닌 발주자가 지겠다는(발주자 리스크) 선언으로, 참여자는 최선의 노력을 경주하여 목표를 달성토록 독려했다. 이에 따라 프로젝트 참여자 모두가 발주자의 목표와 철학을 충분히 인지하게 되었다. 그 결과 발주자의 목표대로 최단 기간 내에 적정 예산으로 공사가 완료되어, 큰 성공을 거둘 수 있었다. 프로젝트를 성공으로 이끄는 주체는 바로 사람이며, 이들에게 적절한 권한과 책임, 보상을 제공하는 상생의 문화를 제공할 때 참여자들의 동기 부여가 가능하다는 점을 이 발주자는 명확히 알고 있었던 것이다. 발주자의 명확한 요구와 철학 덕분에 프로젝트는 성공적으로 마무리될 수 있었고, 결과적으로 발주자와 참여자 모두가 상생win-win하였다.

명품 발주자가 명품 건설을 만든다

발주자는 프로젝트에서 어떤 역할을 하는 것이 바람직할까? 앞에서도 이야기했듯이 건설 프로젝트는 다변성과 불확실성을 전제로 한다. 건설은 발주자의 요구에 따라 주문 생산되기 때문에 제품을 표준화하기 어려우며, 오랜 기간 동안 사업이 진행되기 때문에 다양한 위험에 노출되기 쉽다. 또한 모든 프로젝트는 투입 인력, 대지 조건, 기후 환경이 다를 수밖에 없으며, 발주자의 요구 사항도 제각각이다. 따라서 건설이 갖는 다변성과 불확실성을 제대로 컨트롤하기 위해서는 업종에 관계없이 설계든 시공이든 간에 그들에게 필요한 최적의 시스템과 프로젝트 관리 역량이 대단히 중요하다.

이같은 역량에 대한 고려 없이 가장 낮은 가격을 제시한 업체에게 사업을 맡기는 방식으로는 좋은 결과물이 나올 수 없다. 발주자와 공급자는 협력하는 문화를 형성하고, 발주자는 '제값 주고 제대로 일 시키기'를 주장하고, 공급자는 '제값 받고 제대로 일하기'를 실현할 때 비로소 윈윈하는 명품 건설 문화가 정착할 수 있다.

국가적 차원에서 봤을 때 가장 중요한 건설 발주자는 정부를 비롯한 공공 부문이며, 동시에 정부는 법이나 제도를 통해 시장의 원칙을 만드는 룰 메이커rule maker의 역할도 담당한다. 막강한 권한을 가진 정부나 공공 발주자가 제 역할을 다하지 못하는 상황에서는 경쟁력 있는 건설 산업을 기대할 수 없다. 건설 산업의 수준이 발주자의 수준을 넘어서기는 힘들기 때문이다. 이런 사실을 가장 먼저 깨우친 나라가 영국이다. 영국은 건설 산업의 대부분의 문제들이 공공 발주자들의 잘못된 행태에서 비롯된다는 사실을 일찍이 인식하고, "건설 산업계의 부정적인 행태는 발주자의 부정적인 행태의 거울이다"란 메시지를 혁신의 구호로 내세웠다. 영국에서는 25년 이상 공공 발주자 중심으로 시작된 혁신 활동이 민간 발주자에게 전파되면서, 발주자 혁신이 건설 혁신의 가장 중요한 모태가 되었다. 영국의 건설 산업 혁신 운동은 영미권과 EU에 전파되었고, 선진국 건설 혁신의 바로미터 역할을 하고 있다.

영국의 정부 건설 공사 조달 지침Government Construction Procurement Guidance을 보면, 일반적으로 발주자라 불리는 주체를 기능과 책임에 따라 투자의사 결정자Investment Decision Maker, 프로젝트 오너Project Owner, 프로젝트 스폰서Project Sponsor, 프로젝트 관리자Project Manager로 구분할 정도로 발주자는 건설 프로젝트에 있어서 다양한 입장을 지니고 있다. 그러나 국내에서는 일반적으로 발주자Project Owner라는 하나의 용어로 통칭하여 사용한다. 어쩌면 현재 우리 건설 산업에서 겪고 있는 여러 문제들을 해결하려면, 발주자의 역할부터 새롭게 정의해야 하지 않을까.

우리 건설 산업도 조금씩 변화를 보이고 있다. 과거에는 정부에서 발표하는 건설 산업 문제 진단 및 경쟁력 확보 방안들이, 하나 같이 건설업계에만 초점이 맞춰졌고 발주 조직에 대한 평가는 거의 없었다. 그러나 최근 들어 건설 산업에서 발주자의 사업 관리 역량의 중요성에 대한 인식이 향상되면서 공공 발주자의 역량 강화를 위한 움직임이 일고 있다. 그러나 여전히 개선할 부분이 많이 남아 있다.

국제적 잣대를 놓고 볼 때 우리 건설 산업의 질적 수준은 그간의 양적 성장에 비해 매우 낙후되어 있다. 산업 기반이나 국민들의 인식도 여전히 취약하다. 이처럼 건설 산업이 마주하고 있는 문제들을 개선하기 위해서는 무엇보다 발주자 리더십과 혁신이 우선적으로 이루어져야 한다. 발주자가 바로 서야 바람직한 건설 문화가 형성되는 것은 역사에서도 이미 입증된 바 있다. 르네상스 시대의 찬란한 건축 문화 유산도 훌륭한 발주자가 있었기에 가능했다는 점을 되새겨 볼 필요가 있다.

"명품 발주자가 명품 건설을 만든다"라는 경구는 결코 변하지 않는 진리가 될 것이다. 성공한 기업의 뒤안길에는 명품 CEO, 명품 리더가 있는 것과 같은 이치이다.

발주자가 해야 할 일

발주자는 프로젝트의 최종 의사 결정권자이며 자금 집행자이자 건설 프로젝트 전체 과정에 영향을 미치는 게임의 법칙을 정하는 리더이다. 리더란 무릇 조직을 올바른 방향으로 이끄는 사람이다. 건설의 발주자가 리더로서의 역할을 제대로 하려면 무엇을 해야 하나?

문화 평론가이자 언론인인 홍사중 씨는 『리더와 보스』라는 책에서 리더와 보스의 차이를 흥미롭게 표현했다. "보스는 사람들을 몰고 가지만, 리더는 사람들을 이끌고 간다. 보스는 권위에 의존하지만, 리더는 선의에 의존한다. 보스는 '가라'고 명령하지만, 리더는 '가자'고 권한다."[39] 이와 같은 잣대로 건설 산업의 발주자를 바라본다면 발주자의 역할에 대한 그림이 조금은 명확해질 것 같다.

건설 사업의 성공과 실패의 열쇠는 발주자가 쥐고 있다. 프로젝트의 성공은 발주자의 목표에 대비하여 측정되는 것이기 때문에, 발주자는 프로젝트를 통해서 얻고자 하는 사업 비전과 프로젝트 수행 철학을 처음부터 명확히 설정하고, 이를 프로젝트 참여자들에게 이해시키고 공유해야 한다. 이를 통해 프로젝트 수행 과정에서 우선 순위를 명확히 해야 하며, 프로젝트에 참여한 모든 사람들에게 무엇을 요구할지 결정할 수 있어야 한다.

훌륭한 발주자는 또한 '해야 할 일'과 '해서는 안 되는 일'을 분별할 수 있어야 한다. 전문가를 고용하고 효과적으로 활용하는 방법을 알아야 하며, 그들의 조언을 경청해야 하고 겸손해야 한다. 그렇다면 발주자가 건설 프로젝트의 성공을 위해 '해야 할 일'은 무엇일까?

세종대학교 김한수 교수와 함께 작업했던 책『발주자가 변하지 않고는 건설산업의 미래는 없다』에서는, 발주자의 역할을 크게 다섯 가지 리더로 정의하고 있다. 자금 집행자로서의 리더, 의사 결정자로서의 리더, 건설 사업 전반부 운영자로서의 리더, 생산 과정 참여자로서의 리더, 그리고 게임의 법칙을 제정하고 운영하는 주체로서의 리더이다.

그렇다면, 이러한 막강한 권한을 가진 리더로서의 역할을 수행하기 위해서 발주자가 해야 할 일은 무엇인지에 대해 살펴보겠다.

먼저 발주자는 자금 집행자의 역할을 한다. 그와 동시에 발주자는 건설의 최종 목적물의 소유자이기 때문에, 되도록 적은 비용으로 고품질의 목적물을 얻고자 한다. 이러한 이유 때문에 대부분의 발주자는 최저 가격을 제시한 업체에게 프로젝트를 맡기는 경향을 갖는다. 하지만 최저가로 낙찰에 성공한 업체는 공사를 수행하면서 잦은 설계 변경을 통해 최저가 낙찰로 인해 발생한 비용 손실을 만회하고자 노력할 것이며, 결국 준공 시점의 최종 공사비는 입찰가를 크게 상회할 것이다. 최저가 입찰이 능사가 아님은 이미 수많은 프로젝트를 통해 입증되었다. 영국에서는 공공 공사에서 최저가 발주를 금지하는 정책을 20여 년 전부터 실시하고 있다. 최저가의 실상과 병폐를 알고 있기 때문이다. 발주자들은 프로젝트 전 생애 주기 측면에서 사업을 바라볼 필요가 있으며, 다시 말해 생애 주기 비용 측면에서 의사 결정을 내려야 한다. 초기에 비용을 투자하더라도 건축물의 생애 주기 비용을 낮추는 의사 결정이 필요하다.

사업을 진행하는 과정에서 발주자의 주된 역할은 의사 결정자이다. 건설 프로젝트는 의사 결정 과정의 연속이기 때문이다. 발주자가 직접 프로젝트에 대한 모든 관리를 하지 않더라도 전문가 집단을 고용하여 프로젝트가 제대로 운영되도록 의뢰해야 한다. 하지만·전문가에 의해 프로젝트가 진행되더라도, 건설 프로젝트에서 최종 의사 결정권자는 바로 발주자이다. 발주자는 빠르고 정확한 의사 결정을 할 수 있는 능력을 갖추어야 하며, 의사 결정의 지연과 번복을 최소화할 의무가 있다. 이를 위해서는 좋은 팀 선정과 적절한 권한 위임이 필요하다.

건설 공사는 반복과 복제가 어렵고, 획일화된 서비스가 불가능하기 때문에 발주자의 요구 사항이 명확해야만 프로젝트가 나아가야 할 방향이 뚜렷해지고, 프로젝트가 순항할 수 있다. 게임의 법칙을 제정하고 운영하는 리더로서의 발주자가 불명확하고 애매모호하게 커뮤니케이션하거나, 요구 사항을 자주 변경할 경우 프로젝트가 원만히 진행될 수 없다. 사업 초기에 발주자는 프로젝트를 통해 달성하고자 하는 목표를 명확히 하고, 요구 사항을 정확히 전달해야 한다.

어떤 발주자가 프로젝트의 요구 사항을 명확히 전달할 수 있을까? 바로 스마트한 발주자가 제대로 된 요구를 할 수 있으며, 스마트한 건설 프로젝트를 만들어낼 수 있다. 발주자가 상생의 철학으로 명확한 요구 조건을 건설 참여자에게 요구하면 프로젝트에 참여하는 주체들은 이에 부응하기 위해 온갖 노력을 경주할 것이다. 그러나 발주자가 철학도 없이 수시로 요구 사항을 바꾸거나 상생의 중요성을 무시하면 프로젝트가 성공하기 힘든 것은 당연한 일이다. 리더가 어떤 생각을 하고 어느 쪽을 가리키느냐가 조직의 운명을 결정짓는 것과 마찬가지다.

우리는 전자 제품 하나를 살 때도 성능과 사양, 가격, 브랜드 인지도 등을 하나하나 따져서 오랜 시간 고민하여 제품을 구매한다. 전자 제품에 대한 지식이 없을 경우 스스로 공부하기도 하고 전문가들의 리뷰를 참고하는 경우도 있다. 전자 제품을 구매할 때에도 이러한데 하물며 건축물을 건설하는 과정은 얼마나 많은 지식과 전문성을 요구할까? 많게는 수백, 수천억 원에 이르는 비용을 지불하는 건설 공사에서 스마트한 발주자를 찾기가 생각보다 쉽지 않은 것은 건설이 생각보다 어렵기 때문이다.

발주자가 건설에 대한 모든 전문 지식을 확보하여 사업의 방향과 목표를 설정하고, 관련 사업자를 관리하며, 모든 의사 결정에 참여하기는 어렵다. 건설 프로젝트를 처음 해보는 발주자라면 더더욱 그렇다. 건설 프로젝트 조직을 잘 구성하고 전문가를 적절히 활용하는 것도 발주자가 꼭 해야 할 일이다.

최근에 진행되는 대규모 프로젝트에서는 다양한 유형의 전문가들이 건설 프로젝트에 참여하는 것을 경험하곤 한다. 건설 프로젝트에는 전통적인 건설 주체인 설계사, 시공사 외에 다양한 주체들이 참여한다. 건설 프로젝트에 대한 관리를 담당하는 PM이나 CM뿐만 아니라 금융 전문가, 법률 전문가, IT 전문가, 환경 전문가까지 그 종류는 점점 더 다양해지고 있다. 그러므로 발주자는 건설 프로젝트를 수행하면서 발생할 수 있는 다양한 이슈와 관련하여 적임자를 적재적소에 배치할 수 있는 역량도 갖추어야 한다.

발주자가 해서는 안 되는 일

발주자가 건설 프로젝트의 성공을 위해 '해서는 안 되는 일'을 이야기하기 전에, 몇 년 전 한국건설산업연구원에서 실시한 국내 공공 공사 발주자의 공정성 수준에 대한 조사 결과를 먼저 살펴보고자 한다. 공공 공사를 수행한 경험이 있는 건설업 종사자들을 대상으로 실시한 이 설문 조사에서 응답자 중 85.3%가 발주자의 불공정 관행 또는 우월적 지위 남용 사례를 경험한 적이 있다고 답했다. 반면에 발주자의 귀책 사유로 인해 발생한 피해에 대해 발주자로부터 합당한 보상을 받은 경우는 극히 드문 것으로 나타났다. 설계 변경에 대한 불인정, 공사 단가의 부당한 삭감, 공기 연장에 대한 간접비 미지급 등 시공사의 명백한 계약적 권리를 제한하는 갑의 횡포가 우리 사회에 여전히 존재하고 있음을 확인할 수 있는 조사 결과다.[40]

2018년 감사원 보고서에서는 공공 발주 건설 공사의 불공정 관행을 점검하였는데,[41] 그 내용을 보면 A공단은 건설 공사 환경 보전비를 과소 계상해 발주하는가 하면, 도급 계약 체결 후 수급인에게 환경 오염 방지 시설 설치를 지시하였다. 그러나 이 지시 때문에 계약 금액을 초과하여 집행한 환경 보전비에 대한 계약 금액을 조정해 정산해주지 않는 등 필요한 조치를 하지 않았던 사실이 드러났다. 발주자의 부당함에 맞서는 건설 기업들의 자구 노력이 부족했던 것은, 공공 공사 발주자들이 갖고 있는 시장 지배력과 게임의 룰 자체를 쥐고 흔드는 힘을 무시할 수 없었기 때문일 것이다.

내 경험으로 살펴보면 한국의 최고 경영자들이 건설 프로젝트를 추진할 때 흔히 보이는 성향은 일반적으로 다음과 같다. ①자기 자신의 조직을 두고 싶어한다. ②전문성이나 투명성이 제대로 검증되지 않은 인력을 채용하여 발주자 역할을 시킨다. ③프로젝트에 깊이 개입하기를 좋아하고 일부 특별한 발주자는 절대 군주처럼 행동하기 때문에 밑에서 "No"라고 하기 힘들다. ④저가 발주를 선호한다. 저가라도 계약을 발주자에게 유리하게 하고 밀어붙이면 프로젝트의 성공에 별 차질이 없을 것이라고 믿는다. ⑤일부 최고 경영자들은 건설에 전혀 관여하지 않고 밑의 책임자에게 전적으로 의존한다. 이들은 모두 프로젝트를 잘못된 방향으로 이끄는 잘못된 방향성을 가진 발주자라고 판단된다.

이제 건설 프로젝트의 발주자가 해서는 안 되는 일로 다시 돌아와보자. 거듭 이야기하고 있지만 건설 시장에서 발주자의 존재는 절대적이다. 발주자는 건설 프로젝트를 만들 수도 있고 죽일 수도 있다. 업체 선정에도 절대적인 권한을 갖고 있다. 이러한 이유 때문에 대규모 건설 물량을 발주하는 공공 발주자의 시장 지배력은 엄청나고 막강하다.

프로젝트 성공을 위해 발주자가 해서는 안 되는 일은 대립과 갈등을 초래하는 불공정한 관행이다. '갑'과 '을'의 주종 관계에서 벗어나 동등한 계약 주체로서 상생하는 문화가 형성될 때 비로소 건전한 건설 생태계가 조성될 수 있다. 발주자의 귀책 사유임에도 설계 변경에 대한 계약 금액 조정을 인정하지 않거나 발주자의 추가 공사 지시에 대한 적절한 보상이 뒤따르지 않는다면, 건설 프로젝트를 수행하는 주체들은 사기가 꺾일 뿐 아니라 최선을 다해 프로젝트에 임할 필요성마저 느끼지 못할 것이다. 이러한 문제가 심각해지면, 시공사들은 발주자로 인해 손해를 본

만큼 다른 부분에서 품질을 떨어뜨리거나 하도급 업체에 피해를 전가시키는 양상을 보이게 된다. "나쁜 오케스트라는 없다. 그저 나쁜 지휘자가 있을 뿐이다"라는 경구는 다시 새겨볼 만하다.

발주자가 해서는 안 되는 또 다른 일은 주된 의사 결정을 미루는 일이다. 설계 단계에서 이루어져야 할 주요 의사 결정을 시공 단계로 미룸으로써 시공업체에게 책임을 전가하는 관행은 반드시 고쳐져야 할 부분이다. 앞서 1장에서 살펴보았듯이, 프로젝트 초기에 제때 이루어지지 않은 의사 결정이 프로젝트 후반부에 가서 엄청난 손실을 불러일으킬 수 있음을 명심해야 한다. 즉 건설 프로젝트에서 발주자의 의사 결정이 가지는 파급력과 의사 결정권자로서의 책임에 대해 보다 무겁게 바라볼 필요가 있다.

1998년에 미국 한 공공 기관의 조사에서 건설 사업이 실패하는 공통적인 습관을 발주자 관점에서 발굴한 적이 있다. 그중 대표적인 몇 가지 예를 살펴보자.[42]

- 비현실적이거나 불명확한 사업 내용, 범위, 예산, 기간 등
- 사업 기획 및 설계의 지연
- 설계 및 시공 단계에서의 사업 범위 및 예산의 변경
- 프로젝트 참여자 간 협력 관계 구축 실패
- 부적합한 설계자, 엔지니어, 시공자 선정
- 설계 착오 및 누락
- 설계 및 조달 지연에 따른 적시 시공 불가
- 프로젝트 진행 상황에 대한 정확한 진단 실패
- 잦은 설계 변경
- 최저가 위주의 낙찰자 선정

표 2. 건설 사업이 실패하는 공통적인 습관

발주자가 프로젝트의 모든 과정에 사사건건 관여하면 오히려 프로젝트의 효율성을 떨어뜨릴 수 있다. 물론 프로젝트의 방향성을 결정하는 주체가 발주자이기는 하지만, 발주자에게 필요한 덕목 중 하나는 전문가의 의견에 귀 기울이며 중요한 의사 결정의 순간에 주어진 역할을 다하는 것이다.

발주자가 해서는 안 되는 일 중에 중요한 한 가지는 오만이나 자만이다. 그간 2,500여 건의 프로젝트를 진행하였는데, 성과가 좋지 않은 프로젝트의 공통된 특징은 발주자의 오만이 주요 이유였다. 자신이 전문가가 아니면서도 전문가의 의견을 무시하고 과학적이고 합리적인 근거 없이 자기 고집만 내세우는 발주자의 건설 사업은 성공하기 힘들었다.

이와 관련하여 직접 경험한 대표적인 프로젝트를 소개하면 다음과 같다. 정치권에 있던 A라는 사람이 Y지방공사에 사장으로 부임해서 대규모 개발 사업의 책임을 맡게 되었는데, 이 사람은 개발 사업은 물론이고 건설에도 전혀 경험이 없는 사람이었다. 그러나 해외 출장과 많은 업체, 전문가를 만나면서 피상적으로나마 자기 사업에 관한 지식을 쌓았다. 그러면서 날이 갈수록 교만해졌고, 주위 전문가의 말을 들으려 하지 않았을 뿐 아니라 내부 담당 책임자를 바른 말을 한다는 이유로 수차례 교체하였다. 무엇보다도 큰 잘못은 자신이 전문가라고 착각하고 자기 주장과 아집이 점점 심해지면서 결국 잘못된 결정을 반복했다. 프로젝트는 그런대로 마무리되었으나 사업적으로는 참혹한 실패를 경험했다. 발주자의 자만이 낳은 결과로, 겸손이야말로 모든 분야에서 빠질 수 없는 덕목이라는 사실을 입증한 뼈아픈 경험이었다. 이 과정에서 우리 회사도 얼마나 주인 의식을 가지고 이에 대응했으며 PM/CM 업체로서 기능과 역할을 제대로 했는지 깊이 반성하게 된 프로젝트였다.

발주자 조직 구성이 중요하다

발주자가 해야 할 일과 해서는 안 되는 일을 구분하려면 발주자 개개인의 역량도 중요하지만 발주자 조직을 잘 구성하는 것이 우선적으로 중요하다. 공공 프로젝트를 진행하는 공공 발주자는 다수의 건설 공사를 발주하기 때문에 대부분 건설 발주를 위한 별도의 조직을 갖게 된다. 공공 발주자가 아니더라도 제조 공장이라든가 데이터 센터와 같이 지역별로 많은 건설 물량을 필요로 하는 민간 발주 기관도 건설 프로젝트만을 관리하는 조직을 따로 보유하기도 한다. 반면에 건설 발주가 극히 드문 민간 발주자들은 몇 년에 한 번 있을까 말까 한 건설 프로젝트 발주를 위해 별도의 관리 조직을 두지 못하는 경우가 많다.

이처럼 조직에서 건설 발주가 자주 있는지 아닌지에 따라 발주자의 조직 형태는 달라질 수 있다. 하지만 모든 발주자 조직은 기본적으로 전문가를 중심으로 한 슬림한 구성이어야 효율적으로 운영될 수 있다는 게 경험을 통한 나의 견해이다. 전술한 대로 건설 프로젝트는 매우 다양한 전문가들을 필요로 한다. 예를 들어 설계만 하더라도 건축, 구조, 설비, 전기, 통신, 토목, 조경 등의 전문가가 필요하며, 원가 전문가, 공정 전문가, 각 분야의 시공 전문가도 필요하다. 하지만 이들을 다 고용할 수도 없고 일회성 발주자가 몇 명의 건설 전문가를 고용하는 경우에는 전문성과 신뢰성이 떨어지는 경우가 흔히 있다. 능력이 되지 않고 투명성이 부족한 발주 조직의 책임자가 의사 결정에 주요한 역할을 할 때, 프로젝트의 성공은 요원해진다.

공공 발주는 대부분 책임을 회피할 목적이나 감사원 감사 행정 대비 수단으로 조달청에 발주를 의뢰하고 있는데, 한국의 조달청과 같이 비대하고 비효율적인 기관은 건설 선진국에서는 찾아볼 수 없다.

조달청은 또 다시 면피성 조달 행정을 하면서 슈퍼 갑 행세를 하고 있다. 이들은 심사위원제라는 명분으로 교수나 전문가 집단에게 업체 평가를 위임하는데, 책임 소재가 불분명한 가운데 심사위원들이 공급자 선정에 절대적인 역할을 행사하면서, 업체의 로비, 금전 수수 등 부패의 사슬을 제공하고 있다. 외국에서는 발주처가 책임지고 프로젝트를 상생의 철학으로 선정한다. 우리나라 민간 발주처도 자신의 책임 하에 프로젝트를 발주한다. 외국에서는 공공 발주자나 교수의 부정이나 부패가 발견되면 그 사람들은 매우 엄중한 처벌을 받고 자기 분야에서 영원히 퇴출된다. 우리나라 공공 조달 행정, 조달청의 역할과 기능, 감사원의 기능과 역할에 대해서는 획기적인 변화가 필요하며 글로벌화와 선진화가 시급하다 하겠다.

발주자 조직은 관련 분야의 외부 전문가들을 적시적소에 활용하면서 조직의 운영을 유기적으로 가져갈 필요가 있다. 프로젝트가 진행될 때에는 필요한 외부 전문가들을 적극적으로 활용하여 조직 구성을 탄탄히 하고, 프로젝트가 종료되면 최소의 인원만으로 조직을 운영하는 것이 효율적이다. 국내 공공 기관에서 일반적으로 도입되고 있는 순환 보직제는 발주 조직의 전문성을 떨어뜨리는 요인이 될 뿐만 아니라 구성원들에게 효율성과 생산성을 높이도록 하는 동기를 부여하지 못하는 제도여서 하루바삐 개선이 필요하다.

우리나라에는 2007년부터 매년 국토교통부에서 시행하는 '좋은 건설 발주자상'이 있다. 이 상은 공공 기관에서 발주한 사업을 대상으로 공공 시설물의 기획, 설계, 시공 및 유지 관리 등이 우수한 사례를 평가하여 시상하는 상이다. 하지만 아이러니하게도 좋은 건설 발주자상을 받은 발주 기관 중에는 불공정 관행으로 인해 감사원의 지적을 받은 기관들이 상당수 포함되어 있다. 공공 발주자가 건설 기술의 발전과 건축 문화 선진화를 선도할 수 있도록 장려하기 위해 만든 이러한 제도가 허울뿐인 정책으로 끝나지 않기 위해서는, 우수 사례에 대한 격려와 더불어 실패 사례에 대한 따끔한 평가와 질책도 함께 해야 하지 않을까 생각해본다.

발주자 조직이 일반적으로 갖는 문제를 다시 한 번 정리해보면 표 3 과 같다.[43]

과거에 내가 참여했던 말레이시아 쿠알라룸프르 시티 센터 프로젝트는 말레이시아 국영 석유회사인 페트로나스^Petronas와 민간 개발업자인 아난다 크리스타의 합작 회사로 설립된 KLCC주식회사^Kuala Lumpur City Center Berhad가 발주자 역할을 담당하였다. 그리고 그 하부 조직으로 KLCC 건설 본부를 현장 내에 두어 공사에 대한 대부분의 권한을 위임하고 프로젝트 매니지먼트 팀으로서의 역할을 수행하도록 하였다.

흥미롭게도 약 35명에 이르는 외국의 CM 회사에서 파견된 CM 전문가들을 프로젝트 매니지먼트 팀의 주요 위치에 배치시켜 발주자인 다수

- 리더로서 자신이 지니고 있는 영향력에 대한 인식이 부족하다.
- 상업적인 마인드commercial mind가 부족하다.
- 효율성과 생산성을 높여야 하는 환경과 동기 부여가 부족하다.
- 순환 보직으로 인해 전문성이 없다.
- 발주자의 권한인 기획planning 단계의 전문성이 부족하다.
- 기능과 역할에 대한 정의가 불분명하고 평가 시스템이 미흡하다.
- 핵심 역량에 대한 정의나 교육이 부재하다.
- 법과 제도를 통해 무엇을 해야 하는지에 대한 최소 규정만 있고 어떻게 하면 잘하는 것인지에 대한 가이드가 부재하다.
- 역량을 축적하고 발휘할 수 있는 기회를 박탈당하고 있다.
- 이미 가지고 있는 재량을 충분히 발휘하고자 하는 의지가 부족하다.
- 건설 산업계를 파트너가 아닌 주종(主從)의 관계로 인식한다.
- 선진 제도와 시스템을 왜곡 적용한다.

표 3. 발주자가 일반적으로 갖는 문제

의 현지인들과 통합 조직integrated team을 형성하도록 했다. 이들은 책임과 권한을 갖고 모든 의사 결정 과정과 설계, 공사 추진에 직접적인 역할을 하였으며, 그에 맞는 직책도 부여되었다. 이러한 조직 형태는 ①외국 전문가에 의한 내국인의 교육, 훈련을 목적으로 실제 프로젝트를 통한 프로젝트 매니지먼트 기법의 전수 ②갑과 을의 관계를 떠나 PM/CM 조직과 발주자가 한 팀이 되어 원활한 의사 소통, 신속한 의사 결정 등 다목적을 가진 시도였다. 이러한 발주자와의 통합 조직은 건설 선진국에서는 흔히 있는 사례이다. 우리도 대규모 프로젝트에서 이러한 조직 구조를 도입하여 발주자 조직의 효율성을 올리려는 시도가 필요하다.

KLCC 프로젝트 사례는 업체와 발주자가 갑을 관계를 떠나 하나의 단일 팀으로서 사업의 성공을 위해 함께 상생할 수 있는 여건을 제공했다는 점에서 우리 건설 산업에 시사하는 바가 매우 크다. 외국의 선진 기술력과 매니지먼트 능력을 적절히 활용하여 발주자 조직을 구성하고 운영하는 것이 대형 프로젝트의 성공을 위해 얼마나 중요한지를 여실히 느낀 경험이었다.

일류 발주자가 되려면

게임의 룰을 만드는 주체이자 프로젝트 구심점으로서 발주자의 역할과 발주자 조직의 중요성에 대해서는 이미 충분히 이야기했다. 이제 현재 건설업계에서 체감하는 공공 발주자의 역량은 어느 수준이고, 발주자의 역량을 향상시킬 수 있는 방법에는 어떤 것이 있는지 살펴보도록 하겠다.

프로젝트가 끝난 후에 선진국에서는 사후 평가를 철저히 하는데 반해, 우리나라 공공 프로젝트에는 사후 평가 시스템이 없다. 이는 핵심 성과 지표KPI가 없다는 말이고 책임지는 사람이 없다는 말이다. 평가를 하지 않으니 제대로 개선이 될 리 없고, 책임을 지지 않으니 무책임한 프로젝트가 난무한다. 프로젝트 사후 평가만 잘하더라도 많은 개선이 가능하다는 사실은 영국 등 건설 선진국 사례에서 찾을 수 있는 교훈이다.

건설업계 종사자를 대상으로 발주 기관의 역량 수준을 평가했던 과거 자료들에 나타난 대부분의 시각은 그다지 긍정적이지 않은 듯하다. 업계에서 공통적으로 지적하고 있는 점은 발주자의 사업 관리 능력에 대한 개선 필요성이다. 공기 및 사업비, 품질 관리 등 발주자의 감독 관리 역량, 신속하고 정확한 의사 결정, 분쟁 대처 능력 및 사업자 간 조정 능력이 부족하다는 지적이 일반적이다. 발주자의 역량 수준이 낮은 원인으로는 여러 가지가 있지만 한국건설산업연구원의 연구에서는 발주자의 요구 역량 기준 부재, 발주자 책임의 분산 및 불명확으로 인한 사업 평가 부재, 발주자의 재량 및 자율성 부족 등을 문제로 꼽았다.[44]

그렇다면, 발주자 역량을 올리려면 어떻게 해야 할까? 가장 중요한 것은 발주자가 건설 프로젝트에서 자기 역할에 대해 명확히 이해하고 필요한 전문 지식과 관리 능력을 갖추어야 한다.

따라서 발주자가 스마트한 발주자, 또는 일류 발주자가 되려면 발주자를 대상으로 하는 교육과 훈련이 필요하다. 우리는 건설에 참여하는 업체를 선정할 때 경쟁을 통해 가장 우수한 업체를 선발한다. 그러나 발주자는 경쟁에 의해서 '뽑힌' 대상이 아니다. 누구나 건설 전문가가 될 수는 없지만, 누구나 발주자가 될 수 있다. 프로젝트를 담당할 건설업체에게 '자격'을 요구하는 것처럼, 프로젝트를 리드할 발주자에게도 '자격'이 필요하다. 자격 있는 발주자가 되기 위해서는 교육과 훈련이 필수적이다.

영국의 21세기형 조달 혁신 프로그램이라 불리는 ProCure21은 혁신을 위한 발주 기관 내부의 자각과 반성에서 시작된 프로그램이다.* 이 프로그램에서는 발주자를 대상으로 한 교육 훈련 프로그램을 운영하고 있

---

*   Procure21은 2003년 10월 시작하여 2010년 9월까지 지속되었으며, Procure21+가 2010년 10월부터 2016년 9월까지 이어졌다. 2016년 10월부터 현재까지 Procure22(P22)가 그 뒤를 잇고 있다. https://procure22.nhs.uk/ 참조.

다. 교육 내용을 살펴보면 건설 사업의 관리, 감독자로서 갖춰야할 프로젝트 관리 지식이 대부분인 것을 알 수 있는데, 주목할 점은 단순히 실무 지식 교육뿐만 아니라 하나의 팀으로 작동할 수 있는 공감대 형성 교육이 주를 이루고 있다는 사실이다. 이 교육 프로그램의 이수자에게는 프로젝트 디렉터 자격이 부여되기도 한다.

그들의 일류 발주자 만들기 전략과 교훈의 키워드는 다음 네 가지이다.

① 일류 발주자의 중요성과 가치를 인식해야 한다.

② 발주자에게도 자격이 필요하다.

③ 일류 발주자는 만들어지는 것이다.

④ 일류 발주자는 시스템으로 완성된다.

선진국의 발주자 혁신 운동

공공 발주자의 불공정 관행과 갑질 문화로 우리 건설 산업이 얼룩지고 있는 것과는 대조적으로, 건설 산업을 국가 경쟁력의 주요한 바로미터로 인식하고 있는 미국, 영국, 일본, 호주, 싱가포르 등 건설 선진국에서는 정부가 중심이 되어 적극적인 건설 산업 혁신 운동을 펴 나가고 있다.

영국은 건설 혁신을 성공적으로 이끈 대표적 국가 중 하나이다. 영국에서는 25년 이상 지속적으로 건설 혁신 운동을 해왔는데, 그 동기를 제공한 주역이 바로 공공 프로젝트 발주자들이었다. 그들은 1990년대 중반 공공 건설 사업에서 5년 내 건설 원가 30%를 절감한다는 목표를 갖

(1) 일류 발주자란 어떤 발주자여야 하는지 이해하고 학습하라.

(2) 발주자는 건설 사업을 맡겨두고 뒤로 한 발 물러서 있는 주체가 아니다. 건설 사업의 적극적인 리더가 되라.

(3) 발주자 측 인원이라는 이유만으로 아무나 발주자 측 사업 관리 책임자로 임명하지 마라. 사업 관리 역량과 경험을 갖추고 해당 사업에서 리더십을 발휘할 수 있는 사람이 발주자 측 사업 관리 책임자가 되어야 한다.

(4) 건설 산업계가 제공하는 상품과 서비스에 대해 까다롭고 높은 품질을 요구하라.

(5) 무난한 사업자가 아니라 제대로 된 사업자를 선정하라. 그들의 퍼포먼스를 까다롭게 평가하고 관리하며 지속적인 성과 향상을 요구하라.

(6) 갑을 관계가 아닌 협력 관계를 구축하고 통합된 팀으로서 팀워크를 바탕으로 함께 일하라.

(7) 제일 싸구려가 제일 경제적이라는 인식을 버려라.

(8) 발주자가 똑똑해야 건설 산업계를 똑똑하게 활용할 수 있다.

(9) 발주자가 똑똑해지는 방법은 스스로의 역량을 향상시키거나 전문가의 도움을 받는 것이다.

(10) 사업 승인을 받기 위한 목적으로 '눈가림용' 공사비와 공기 목표 등을 제시하지 말고 건설 사업에 내재되어 있는 리스크를 과소 평가하지 마라.

(11) 공공 건설 사업에 대해 보다 상업적 마인드를 가져라.

표 4. 공공 발주자 및 조달 시스템 혁신의 실천 사항

고 혁신을 시작했다. 전술한 대로 그들의 캐치프레이즈는 "건설 사업에서 부실이 생긴다면 그건 발주자의 책임이다"라는 내용이었다. 어떻게 하면 건설 사업을 개선하고 혁신할 수 있느냐를 스스로 반성하고 고민하는 운동이었던 것이다. 공공 건설이 잘못되면 발주자 탓이라는 생각에서부터 혁신이 시작되었던 것이다. 그 결과 건설업계 간 파트너십 구축을 통해 산업의 비효율성이 제거되고 공기 단축과 사업비 절감이 이루어지면서 발주자와 사업자가 상생할 수 있는 환경이 조성되었다. 그중 일부를 소개하면 표 4와 같다.

공공 발주자 및 조달 시스템 혁신의 현안과 실천 사항을 22개 항목으

로 제안한 영국의 레빈 보고서Levene Report 45를 보면 건설 혁신에 대한 정부의 자성(自省)적 목소리를 들을 수 있다.

2016년에 영국 정부는 「정부 건설 전략Government Construction Strategy: 2016-2020」이라는 공공 발주 건설 프로젝트의 생산성을 향상시키기 위한 전략을 발표했다.46 공공 건설 공사의 생산성 향상을 위해 이 보고서에서 가장 먼저 제시한 전략은 다름 아닌 건설 고객인 정부의 역량 향상이다. 영국 정부가 건설 생산성 혁신을 위해 무엇을 가장 중시하고 있는지 엿볼 수 있는 대목이다.

발주자 주도의 건설 혁신 움직임은 미국에서도 유사하게 발견된다. 1970년대와 1980년대 초 극심한 인플레이션을 겪었던 미국에서는 발주자의 투자 가치를 극대화할 수 있는 건설 프로젝트에 대한 요구가 점차 증가했다. 그들은 기존 건설 사업의 성과에 만족하지 않았으며, 보다 나은 성과를 내기 위해서는 발주자의 역할이 무엇보다 중요하다는 점을 인지하고 있었다. 건설 사업의 공사비가 증가하고 공사 기간이 지연되었다고 건설업체에 모든 책임을 묻기보다 문제의 원인을 발주자의 전문성 부족에서 찾으려 노력했다. 그러면서 건설 사업 관리PM/CM의 중요성에 대한 수요가 점차 증가하게 되었다. 결국 발주자의 니즈에 부응하기 위해 건설 프로젝트에서 전문성을 가진 건설 프로젝트 관리자PM를 고용하는 변화가 일었고, 이를 통해 발주자의 부족한 전문성을 만회하고자 하였다. 건설 산업에서 발생한 문제에 대해 발주자 스스로가 해결의 의지를 갖고 적극적으로 대처한 것이다. 법과 제도에 의존하여 건설업체들을 평가하는 평가자로서의 역할에만 몰두하고 있는 국내 발주자와는 문제 해결의 출발점부터 다르다는 것을 알 수 있다.

싱가포르의 정부 주도 건설 혁신 또한 좋은 참고 사례이다. 싱가포르
에서는 1999년에 발간된 「21세기 건설Construction 21」이라는 보고서를 기
점으로 정부 차원의 건설 산업 선진화 운동이 시작되었고, 그 후로도 싱
가포르 건설청인 BCABuildings and Construction Authority 주도의 건설 혁신 프로
그램들이 이어졌다. 최근에는 현장 시공 대신 프리패브* 등과 같은 공장
제작 방식인 OSC**를 적극 권장함으로써 싱가포르 내 건설 공사 혁신

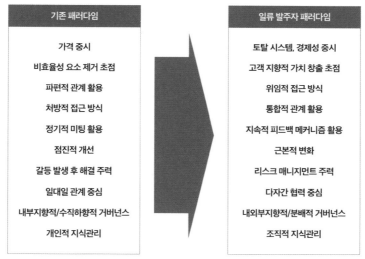

그림 9. 일류 발주자가 되기 위한 10가지 패러다임 전환

---

*   프리패브prefab는 건축 시 현장 작업을 최소화하기 위해 건축물의 요소(예: 구조체, 외벽, 내장, 화장실 등)를 공장
     등 최종 설치 위치 이외의 장소에서 사전 제작 후 현장으로 운반해서 결속 및 조립하는 형식을 말한다. 현장의 작
     업을 줄일 수 있어 공기 단축을 실현할 수 있으며, 현장이라는 불완전한 환경에서의 작업을 줄임으로써 사고를 감
     소시키는 효과가 있다.

**   OSCOff-Site Construction는 프리패브 공법과 유사한 건설 방식이다. 모듈러 공법, 프리패브 공법 등이 대표적이며 시
     공의 공장화라고 보면 되고, 가능한 한 현장 작업을 줄이고 공장에서 제조하는 시공 방법이다. 기능인의 고령화 및
     비숙련화, 근로 시간 단축 등 변화하는 건설 환경에 대처하는 방안이기도 하다.

을 이끌고 있다. 민간 건설업체가 정부의 생산성 향상 노력에 동참하도록 규제가 아닌 인센티브를 부여하는 것도 싱가포르 정부의 독특한 방식이다.[47]

스마트한 발주자, 일류 발주자가 있는 조직이나 프로젝트는 성공할 수 있는 가능성이 매우 높다는 평범한 진리를 이해해야 한다. 영국의 대표적 일류 발주자 전략인 ProCure21에서 말하는 '일류 발주자가 되기 위한 10가지 패러다임 전환'은 그림 9와 같다.

10가지 패러다임 전환을 자세히 살펴보면, 건설에 임하는 근본적인 발상의 전환과 우리나라 발주자가 가야 할 방향을 잘 제시하고 있다고 판단된다. 발주자가 변해야 한다. 그래야 국내 건설 산업에 미래가 있다.

5장을 요약하면

발주자는 건설 프로젝트의 고객으로, 자신의 철학과 니즈를 반영하여 건축물의 요구 조건과 기능을 확정한다. "건축은 건축주의 거울이다"라는 말처럼 건축물은 발주자의 철학과 역량에 따라 지어진다. 발주자의 요구 사항은 명확해야 하며, 프로젝트 관계자들이 이를 정확히 인지해야 한다. 이에 더해 적절한 권한과 책임, 보상이 따를 때 프로젝트는 성공적으로 마무리된다. 프로젝트를 성공으로 이끄는 주체는 바로 사람이다.

건설 산업의 수준은 발주자의 수준을 넘어서기 어렵다. 건설 산업의 문제점을 해결하려면 발주자의 역할부터 제대로 정의해야 한다. 특히 공공 발주자의 사업 관리 역량은 매우 중요하다. 발주자의 리더십과 혁신이 이루어질 때, 올바른 건설 문화가 정착될 수 있다. 명품 발주자가 명품 건설을 만든다.

발주자는 해야 할 일과 해서는 안 될 일을 분별해야 한다. 발주자는 최저가 낙찰보다는 건축물의 전 생애 주기 측면에서 의사 결정을 내려야 한다. 발주자는 목표를 명확히 하고 요구 사항을 정확히 전달해야 한다. 또한 의사 결정의 지연과 번복을 최소화할 의무가 있다. 조직을 잘 구성하여 전문가를 적재적소에 배치하고 적절히 활용하는 것도 발주자가 꼭 해야 할 일이다.

발주자는 대립과 갈등을 초래하는 불공정한 거래 관행에서 벗어나서, 동등한 계약 주체로서 상생하는 문화를 형성해야 한다. 주된 의사 결정을 미루고 시공업체에게 책임을 전가해서는 안 된다. 또 오만이나 자만에 빠져 전문가의 의견을 무시하고 고집을 내세우지 말아야 한다.

발주자가 해야 할 일과 해서는 안 되는 일을 구분하려면 발주자 개개인의 역량 강화도 중요하지만 발주자 조직을 잘 구성하는 것이 더욱 중요하다. 관련 분야의 외부 전문가들을 적시적소에 활용하여 조직의 운영을 슬림하면서도 유기적으로 가져가야 한다.

건설 참여 업체는 경쟁 입찰로 선발되지만, 발주자는 경쟁에 의해 선발된 대상이 아니라 누구나 발주자가 될 수 있다. 업계에서 공통적으로 발주자의 사업 관리 능력 개선 필요성을 지적하고 있는 만큼, 일류 발주자의 중요성과 가치를 인식해야 한다. 일류 발주자는 만들어지는 것이며, 교육과 훈련을 거쳐 자격을 갖추는 게 중요하다.

영국, 미국, 싱가포르 등 건설 선진국은 공공 발주자 주도의 건설 혁신 운동을 해왔다. 건설의 부실은 발주자의 책임이라는 생각으로 건설 사업 혁신과 개선에 앞장섰고, 그 결과 공기 단축과 사업비 절감이 이루어지면서 발주자와 사업자가 상생할 수 있는 환경이 조성되었다. 발주자 혁신에 국내 건설 산업의 미래가 달려 있다.

빌바오 구겐하임 미술관
Guggenheim Bilbao Museum

중세의 성채 같기도 하고 우주 정거장 같기도 하다. 네르비온 강변에서 바라보는 미술관의 모습은 이따금 배처럼 보이기도 해서 바람이 일면 강을 따라 흘러갈 듯한 착각을 불러일으켰다.

'그동안 동서고금의 수많은 건축물을 보면서 이토록 감동을 받았던 적이 있었던가.' 스페인 북부 빌바오에서 구겐하임 미술관을 하염없이 바라보며 나 자신에게 물었다.

1997년 세계적인 천재 건축가 프랭크 게리Frank Gehry의 설계로 2만 4

천㎡ 대지에 1만 1천㎡의 전시 공간을 갖춘 구겐하임 미술관은 '미술관은 상자 모양'이라는 고정 관념을 완전히 깨부순다. 여러 개의 긴 조각으로 해체한 뒤 다시 조합해 만든 건축물은 대칭도, 비례도, 균형도 무시된 듯 생소한 형태지만, 어느 방향에서 보든지 신선하고 역동적이다. 건물 전체를 감싸고 있는 구불구불한 티타늄 금속 패널들은 은은한 빛을 내뿜는데, 이 때문에 구겐하임 미술관은 '메탈 플라워'라고도 불린다. 미술관을 덮고 있는 0.4mm 두께의 물고기 비늘 모양 티타늄 패널들은 100년 이상 지속될 수 있을 만큼 견고하다고 한다.

이토록 기묘한 형상의 건물 외관은 관광객들의 발걸음을 붙든다. '미술품'보다 '미술관'을 관람하기 위해 찾는 사람들이 더 많다고 하니 '주객전도(主客顚倒)'라 해도 어쩔 도리가 없다. 미술관 실내로 들어서자 고딕식 대성당 느낌이 드는 50m 높이의 아트리움 천장과 수많은 곡면 구조물들이 신비감을 자아냈다. 후안 카를로스 스페인 국왕은 빌바오 구겐하임 미술관을 "20세기 인류가 만든 최고의 건축물"이라고 극찬했다.

빌바오 구겐하임 미술관을 독특한 외형으로만 기억하기엔 건축물이 갖는 상징성이 크다. 이 미술관은 쇠락한 도시에 생명력을 불어넣고, 지역의 랜드마크로 우뚝 섰다. 바스크 자치 정부는 불황의 늪을 벗어날 타개책으로, 당시 유럽 진출을 모색하고 있던 구겐하임 미술관의 분관을 유치하고, 1991년 지명 설계 공모전을 통해 세계적인 건축가 프랭크 게리에게 설계를 의뢰했다. 그렇게 현대 건축사에 한 획을 그은 기념비적 건축물이 탄생했다. 구겐하임 미술관을 보기 위해 전 세계에서 관람객들이 몰려들었다. 1997년 개관 이후 2천만 명 이상이 빌바오를 다녀갔고, 해마다 약 5억 달러의 직접적 경제 효과를 낳는 것으로 미술관 측은 추산하고 있다. 이후 미술관 주위에 대형 호텔, 공연장, 컨벤션 센터 등이 들어서면서 빌바오는 국제적 문화 단지로 성장하기 시작했다. 이는 미술관이라는 문화 공간이 일으킨 하나의 '기적'으로 평가받고 있다.

빌바오 도시 재생의 성공 이후 세계 여러 도시가 세계적인 건축물을 지어 도시 경쟁력을 높이고 있는데, 이를 '빌바오 효과'라고 부른다. 쇠락한 도시가 랜드마크에 의해 부흥하는 사례는 현대에 들어서도 종종 찾아볼 수 있다. 미국 철강 도시였던 피츠버그는 서비스와 예술 산업을 유치해 쇠퇴하던 도심에 새로운 활력을 불어넣었고, 도쿄의 새 랜드마크 스카이트리 역시 2011년 동일본 대지진으로 무너진 일본의 재건에 기여했다는 평을 받는다.

바스크 자치 정부는 기존 공업 중심의 도시 산업을 문화 중심으로 바꾸겠다는 명확한 비전을 갖고, 국제적 명성을 얻을 수 있는 미술관을 유치하고 세계적인 건축가에게 설계를 맡김으로써 그 비전을 실현하였다. 명품 발주자가 명품 건축물을 낳는다는 사실을 여지없이 보여 주고 있다.

6장

둘. 프리콘
성패를 결정짓는 리허설

사공이 많으면 배가 산으로 간다

고대로부터 지어진 위대한 건축물은 대부분 마스터 빌더^{master builder}에
의해서 탄생했다. 마스터 빌더는 설계와 시공 모두를 총괄했으며, 설계
는 물론이고 시공에 관해서도 해박한 지식을 지녔다. 르네상스 시대의
미켈란젤로와 불국사를 지은 김대성을 대표적인 마스터 빌더로 꼽을 수
있겠다. 당시에는 마스터 빌더를 중심으로 모든 건설 행위가 이루어졌
다. 미국에서는 불과 100여 년 전까지만 해도 한 회사가 건설 프로세스
에 관련된 모든 일을 담당하면서 고대와 중세 시대의 마스터 빌더 역할
을 수행했다.

그러나 오늘날 건설에 요구되는 성능 조건이 지능화, 스마트화되어

감에 따라 건설 기술도 진화하면서 이를 담당할 전문성 있는 업체들의 참여가 필수 요건이 되었다. 이는 건설 활동 분야의 세분화로 이어졌다. 건설에 참여하는 이해관계자들의 유형이 매우 다양해진 것이다. 이러한 현상을 두고 『건설 프로그램 관리Program Management』의 저자 척 톰센Chuck Thomsen은 "우리의 산업은 전문화되고 또한 파편화되었다"라고 표현했다.[48]

"사공이 많으면 배가 산으로 간다"는 옛말이 있다. 전문화되고 파편화된 건설 활동은 기술의 발전을 이끌었지만, 동시에 상호 협력 및 통합이라는 과제를 남겼다. 특히, 건설 프로젝트의 밑그림과 모든 계획이 구상되는 초기 단계, 즉 시공 이전 단계에서의 상호 협력 및 탄탄한 기획력이 곧 건설의 성공을 담보하는 열쇠가 되었다. 하지만 국내에서는 시공 이전 단계 활동의 중요성에 대한 인식이나 개념이 잘 정립되어 있지 않을 뿐만 아니라, 그 중요성이 간과되어 공사 단계에만 집중하려는 경향이 있다. 설계 단계에서 해야 할 결정을 미룬 채 일단 공사에 착수해서 뭔가를 정하려 한다거나 변경하려 한다면, 시간과 비용 손실이 매우 크게 발생할 것이다.

이 장에서는 건설 프로젝트에서 시공 이전 활동이 갖는 중요성을 강조하고, 성공적인 시공 이전 활동을 위해 요구되는 핵심 성공 요인들을 제안하며, 시공 이전 활동을 통해 얻을 수 있는 성과에 대해 소개하려고 한다. 설계와 시공의 분리 현상이 심화된 국내 건설 생태계를 변화시키고, 글로벌 스탠더드 수준의 건설 소프트웨어를 강화시키기 위한, 시공 이전 활동에 대해 지금부터 주목해보기로 하겠다.

초기 기획 단계는 왜 중요한가

프로젝트를 직접 개발하여 분양이나 임대를 하는 개발 사업은, 프로젝트가 위치한 입지Location가 굉장히 중요하다. 발주자가 직접 사용하는 사무실이나 공장의 경우에도 두말할 나위 없이 입지가 중요하다. 또한 프로젝트 개발이나 건설의 타당성을 검증하는 타당성 조사Feasibility Study가 제대로 되지 않았다면, 건설 프로젝트가 당초 계획했던 목표를 달성하고 성공하기는 힘들다. 해외 전문가들은 프로젝트의 초기 기획 단계가 프로젝트 성공에 끼치는 영향력이 지대하다고 한다. (1장 그림 1 참조)

프로젝트 기획 단계는 프로젝트의 전체 방향을 잡는 첫 단추를 끼우는 단계이다. 첫 단추를 잘못 끼우면 프로젝트가 제대로 된 방향으로 나아갈 수 없다. 이 단계는 발주자의 철학을 바탕으로 프로젝트의 전체 얼개와 프로젝트 헌장Charter을 만들고, 프로젝트 관리 계획PMP, Project Management Plan을 작성하는 시기이기도 하다. 기획에는 시공업체 선정 등 조달 전략 또한 포함되어야 하며, 프로젝트에서 가장 중요한 설계자를 선정해야 하는 단계이다. 설계자 선정에 앞서 발주자의 요구 사항Owner's Requirement과 이를 디테일하게 반영한 공간 계획Space Program과 더불어 설계 요구 사항Design Requirement을 준비해야 한다. 국내에서는 이 과정을 소홀히 하거나 대충하는 경향이 있고 설계업체가 대신 맡아서 하는 경우도 많다. 그 결과 설계 과정에서 시행착오가 빈번히 발생하고 시공 과정에서 잦은 설계 변경이 발생하는 원인이 된다. 첫 단추를 잘못 끼우는 현상이 만연하고 있는 것이다.

좋은 설계업체를 선정하는 일은 프로젝트 성패에 지대한 영향을 끼친다. 어떤 방식으로 해당 프로젝트에 맞는 후보 업체를 선정하고 어떻게 설계업체를 선정하는가도 상당한 전문성과 발주자의 철학이 개입된다. 탁월한 설계자를 선정하면 프로젝트 오너를 비롯한 모든 프로젝트 이해 당사자가 편해지고 프로젝트 성공 확률도 높아진다.

그리고 기획 단계에서는 프로젝트 전체의 예산 수립, 사업 기간 확정, 품질, 안전 계획 수립, 프로젝트 생애 주기 비용뿐 아니라 친환경, 에너지 절약 방안을 반영한 지속 가능성도 검토되어야 한다. 아울러 3차원 설계 기법인 BIM*도입도 세밀히 검토되어야 한다.

프로젝트 초기 단계인 기획 단계는 다른 말로 표현하면 프로젝트 전체의 마스터 플랜을 짜는 단계라 할 수 있다. 이를 소홀히 하면 프로젝트가 방향성을 잃고 성공하기 힘들다. 마스터 플랜 작성은 전문성과 경험이 중요하며 발주자와 PM 업체 등 전문 조직의 철저한 협업이 요구된다. 기획 단계가 프로젝트의 첫 단추를 끼우는 단계이며 프로젝트 성패에 매우 중요하다는 점을 프로젝트 관계자들이 확실히 인식해야 프로젝트가 성공할 수 있다.

프리콘 활동에 대한 인식 전환

프리콘 활동이 프로젝트 성공의 필수 요소임에도 불구하고, 아직까지 국내 건설 산업에서는 프리콘의 개념이 잘 정립되지 못하고, 프리콘 활

---

* BIM^{Building Information Modeling}은 디지털 방식으로 건물의 하나 또는 그 이상의 정확한 가상 모델을 생성하는 3차원 도면 모델링 기술이다.

동의 중요성이 간과되어왔다. 국내 건설 시장에서도 초대형 프로젝트 발주가 증가함에 따라 프로젝트의 대형화와 복합화 추세가 보편화되고 있어, 제대로 프로젝트가 관리되지 않는 경우 사업비가 늘어나고 공기가 지연되는 등 리스크 요인이 점차 증가하고 있다. 리스크를 관리하기 위해서는 사업 초기에 전문가 그룹을 참여시켜 올바른 프로젝트 방향 설정과 주요 의사 결정을 적시에 제대로 이루어야 한다. 그러나 체계적인 프리콘 활동이 실행되지 못하여 사업 초기에 기회를 상실하는 일이 빈번하게 발생하고 있다. 공사를 수행하는 시공 단계에서 잦은 시행착오를 겪고 그에 따라 사업비와 사업 기간이 크게 초과되어 결국 고객 불만족과 불신을 초래하게 된다.

국내 건설 산업에서 프리콘 활동의 중요성이 낮은 원인은 무엇일까? 여러 가지 이유가 있겠지만, 우선 설계 시공 분리 발주와 같은 발주 방식 자체가 문제이다. 설계는 설계업체에서 하고 시공은 시공업체에서 잘하면 된다는 생각을 가진 사람이 생각보다 많다. 프리콘 활동을 수행하고 발주자를 돕는 조직화된 전문 팀의 필요성에 대한 인식 부족, 초기 단계의 비용 부담과 외부 용역에 대한 이해 부족, 초기 단계 일을 소홀히 해놓고 잘못된 부분을 나중에 고치려는 업무 관행 일반화 등이 원인이다. 또한 프로젝트 리스크를 시공사나 협력업체에 전가하고 책임을 지지 않으려는 발주자들의 성향도 또 다른 원인이 되고 있다.

이에 비해 미국, 영국 등 건설 선진국에서는 프로젝트를 추진할 때 프리콘 단계를 매우 중요하게 인식하고 프리콘 활동의 강화를 위해 많은 체계적인 노력을 기울여왔다. 시공 시 발생할 수 있는 문제점을 사전에 검증하고, 계획된 사업비와 사업 기간이 지켜질 수 있도록 프리콘 단계에서의 사전 검증 절차를 거친 후 공사를 시행함으로써 시행착오를 줄여 공사 기간을 단축하는 것이 보편화되었다.

프리콘은 건설 프로젝트의 후반전이라고 할 수 있는 시공을 준비하는 전반전 업무를 수행하며, 후반전인 시공을 시뮬레이션해보는 활동이다. 풀어 설명해보면, 도상에서 미리 지어보기를 하면서 각종 문제점을 개선하고 프로젝트의 원가, 일정, 품질 목표를 세밀히 점검하여 이 목표들을 달성할 수 있다는 확신을 가진 상태로 시공이라는 후반전 게임을 시작하는 것이다. 스포츠 경기에서는 전반전에 실패하더라도 후반전을 성공적으로 운영하여 만회하는 것이 가능하지만, 건설에서는 전반전의 실패는 대부분 프로젝트의 실패로 그대로 이어진다. 성공적인 전반전 없이는 성공적인 건설 사업이 불가능하다는 점에서, 프리콘 활동의 중요성은 아무리 강조해도 지나치지 않다.

프리콘 유형의 이해

프리콘 활동은 시공을 준비하기 위한 사전 활동으로서, 수행 주체나 계약 방식에 따라 세 가지 유형으로 분류할 수 있다. 첫 번째 유형은 발주자나 발주자의 대리인인 프로젝트 관리자PM나 건설 사업 관리자CM가 프리콘 활동을 주도하거나 발주자 내부 조직이 이를 담당한다. 두 번째는 건설업체가 자체적으로 시공 준비를 위한 제반 활동, 즉 설계 도면 검토, VE가치 공학* 활동과 원가, 공정 등을 사전 검토하는 활동을 수행하는 도급자로서 시공의 사전 준비 활동을 담당한다. 세 번째 유형은 두 번째와 비슷한데, 최근 대두되고 있는 IPD 방식으로 시공자의 조기 참여 개념으로서의 프리콘 활동이다. 건설업체가 프리콘 서비스를 통해 프로젝트에 조기 참여함으로써 시공 책임형 건설 사업 관리**등의 계약 방식으로 발전하는 프로젝트 발주 방식의 한 영역으로, CM/GCConstruction Management/General Contractor라 부르기도 한다. 이 책에서는 설계 이전 단계, 설계 단계, 발주 단계를 총칭하여 발주자를 위한 프리콘 활동을 하는 첫 번째 유형의 프리콘을 중점적으로 다룬다.

프리콘 활동은 시공의 명확한 방향과 길을 제시하고 시공을 하는 동안 지켜야 할 규칙과 관리 포인트인 제대로 된 도면과 시방서를 제시하는 역할을 한다. 시공이 하드웨어라고 한다면 프리콘 활동의 주 대상이 되는 설계 도면, 시방서, 원가 계획, 공정 계획, 품질 계획 등은 소프트웨어 프로그램이라고 할 수 있다. 프리콘 활동은 프로젝트를 차질 없이 수행하기 위한 계획과 경쟁력 있는 설계 도면을 작성하는 데 연관된 프로젝트의 사전 계획 활동이다. 끊임없이 사전 품질 관리와 일정 관리, 목표 공사비 설계Target Cost Design 기법을 통하여 지속적인 원가 관리를 하며 VE

---

*   VEValue Engineering는 원가 절감 기법으로 원래 기능은 유지하면서 자재, 장비, 공법 등에서 대안을 강구하여 불필요한 비용cost를 찾아내 제거함으로써 원래 도면에서 가치value를 창출하는 기법이다. 생애 주기 비용life cycle cost도 VE의 중요한 아이템item으로 관리 대상이다.

**   시공 책임형 건설 사업 관리CM-at-Risk는 종합 공사를 시공하는 업종을 등록한 건설업자가 건설 공사에 대하여 시공 이전 단계에서 건설 사업 관리 업무를 수행하고 아울러 시공 단계에서 발주자와 시공 및 건설 사업 관리에 대한 별도의 계약을 통하여 종합적인 계획, 관리 및 조정을 하면서 미리 정한 공사 금액과 공사 기간 내에 시설물을 시공하는 것을 말한다.(건설 산업 기본법, 2018) 사업자의 원가 공개 방식(Open Book Policy)이 필수적이다.

와 시공성 검토를 수행한다. 아울러 시공을 담당할 좋은 건설 파트너를 선정하는 일도 프리콘 단계에서 중요한 활동이다.

프리콘의 단계별 활동

미국 CM협회인 CMAA에서는 프리콘 단계를 설계 이전 단계, 설계 단계와 발주 단계 3단계로 나누고 프리콘 활동별로 각 단계별 업무를 기술하고 있다.

> "프리콘 활동은 프로젝트 생애 주기 5단계 중 시공 전 단계인 설계 이전 단계, 설계 단계, 발주 단계에서 건설 프로젝트 수행과 시공을 준비하기 위한 활동을 말하며, 특히 원가, 일정, 품질에 관련된 제반 사항을 프로젝트 초기 단계에서 정립한 목표와 목적에 부합하도록 지속적으로 검증하고 시뮬레이션하는 일련의 활동을 말한다."

프리콘 단계의 첫 번째인 설계 이전 계획 단계, 즉 콘셉트Concept 단계에서는 예산과 일정 등 프로젝트의 중요 목표와 발주자 요구 사항이 정해진다. 초기 목표 설정은 도전적이면서도 실행 가능한 목표여야 하는데, 이를 위해서는 프로젝트 목표 달성을 위한 전략과 프로젝트 수행 철학을 기반으로 한 실행 계획이 작성되어야 한다. 아울러 프로젝트를 성공시키기 위해 능력 있는 조직과 프로젝트 팀을 구성하고 도구와 시스템도 구축하여 프로젝트 수행 체제를 잘 갖추도록 준비해야 한다. 프로젝트 관리에 대한 지식 체계 지침서인 PMBOK^{Project Management Body of Knowledge}에서는 이 단계를 프로젝트 헌장^{Project Charter}을 개발하는 단계라 규정하고 있다. 프로젝트 헌장은 프로젝트의 바이블이라 할 수 있기 때문에 콘셉트 단계는 프로젝트 관리의 가장 중요한 시발점이다.

두 번째인 설계 단계는 완성도 높고 경쟁력 있는 설계 도면을 생산하는 단계이다. 프리콘 활동의 핵심인 디자인 매니지먼트^{Design management}가 이 단계에서 수행되며, 프로젝트를 수행하는 데에 있어 중요한 기술적인 결정이 바로 이 단계에서 거의 모두 이루어진다. 1장의 그림 1에서 보았던 것처럼 전체 프로젝트에 90% 영향을 미치는 중요 의사 결정이 기획 단계와 설계 단계에서 결정된다. 프로젝트 초기 단계의 빠르고 정확한 의사 결정은 프로젝트 성공에 지대한 영향을 미치게 되는데, 비용 관리, 공정 관리, 품질 관리 등 각종 프로젝트 관리 사항이 설계 도면 생산 작업과 연동되어 지속적인 VE와 시공성 검토가 이루어진다. 아울러 치밀한 견적을 통하여 프로젝트 원가 예산이 확정된다. 최근 해외에서는 목표 가치 설계^{TVD, Target Value Design}와 린 기법*이 일반화되어 있어, VE 활동 자체가 필요 없는 설계가 널리 진행되고 있다.

세 번째는 발주 단계로, 프로젝트 건설을 담당할 업체를 선정하는 입찰 및 계약 업무가 수행된다. 건설 공사 조달 방식은 수없이 다양하다. 중요한 것만 기술해보면, 설계 시공 분리 방식^{Design Bid Build}과 설계 시공

---

*   린^{Lean} 기법은 일본의 도요타^{Toyota}에서 만든 개념으로 상품 또는 서비스 개발의 모든 단계를 최적의 가치를 창출하는 방식으로 수행하여 가치 사슬 전체를 최적화하는 기법이다.

일괄 입찰Design Build *, 실비 정산 방식cost plus fee, CM 방식**, 그밖에도 최근 많이 각광받고 있는 통합 발주IPD, Integrated Project Delivery 방식 등이 있다. 위에서 언급한 조달 방식 중 설계 시공 분리 방식과 실비 정산 방식을 제외하면 모두가 설계 때부터 시공업체가 참여하는 방식이며, 미국과 유럽에서는 대다수 프로젝트에서 사전 참여 방식이 쓰이고 있다. 그밖의 다른 나라에서는 부분 직발주 방식인 지정하도급 방식NSC***, 발주자 지급 자재 방식NS****도 병행해서 사용된다. 이와 같이 프로젝트 성격에 맞는 발주 방식을 정하는 것도 프리콘 단계에서 할 일이다.

프로젝트 매니지먼트 협회인 PMI에서도 CMAA처럼 활동별로 프리콘 활동을 정의하고 있지만, 각 단계별로 해야 할 활동 리스트를 별도로 제시하고 있다. PMI에서는 건설 단계를, 초기 단계initiating process, 계획 단계planning process, 실행 단계executing process, 모니터링 및 통제 단계monitoring & controlling process, 마무리 단계closing process로 나누고 있다.

주목할 만한 점으로, PMI에서는 업체를 선정하는 발주를 실행 단계에 포함시키고 있으며, 설계 전 단계를 프로젝트 헌장을 개발하는 활동의 하나로 분류하고 있다. 프로젝트 헌장의 구체적인 내용은 프로젝트 요구 사항, 개요, 예산, 일정 등과 함께 프로젝트 목표와 성공 요소

---

* 　설계 시공 일괄 입찰Design Build을 국내에서는 통상 턴키Turnkey 방식이라 하는데, 이는 잘못된 용어 사용이다.
** 　CM 방식은 용역형 CMCM for fee과 책임형 CMCM-at-Risk으로 구분할 수 있다. 9장 "CM과 PM은 어떻게 다른가" 참조.
*** 　지정하도급 방식NSC, Nominated Sub-contractor은 해외공사 계약 시 흔히 쓰이는 방식으로 발주자가 하도급업체를 지정하여 종합 건설업체에게 관리하게 하는 계약 방식이다. 건설 회사의 간접비overhead cost와 이익을 지정 하도급업체에게는 부과하지 않고 1~3%의 관리비만 지급한다.
**** 　발주자 지급 자재 방식NS, Nominated Supplies은 NSC와 같은 개념인데, 발주자가 지급 자재(장비 포함)를 제공하는 개념이다.

표 5. 프리콘 단계별 수행 업무 리스트[49]

▪ 설계 전 단계

프로젝트 관리
- 프로젝트 조직 구성
- 사업관리 계획서 작성
- 프로젝트 수행 절차 설정
- 설계 이전 회의 주관
- 정보관리체계 수립

원가 관리
- 초기 비용 조사
- 프로젝트 사업비 검토
- 시공 예산 검토
- 비용 분석
- 예비비 검토

일정 관리
- 마스터 스케줄
- 마일스톤 스케줄
- 설계사 계약 스케줄 관리
- 여유 시간 검토

품질 관리
- 목표 설정
- 발주자 목표 명확화
- 설계사 업무 범위 검토
- 품질관리 조직 구성
- 품질 관리 계획 수립

계약 행정
- 목표 설정
- 프로젝트 조직의 정책과 규정 검토
- 의사결정 체계 수립
- 설계 컨설턴트 계약

안전 관리
- 발주자 안전방침 수립 지원
- 현장 안전 프로그램 지원
- 안전관리 조직구성 검토
- 안전인원 배치 적정성 검토

친환경
- 친환경에 대한 발주자 요구사항 정리
- 친환경 목표 수립
- 친환경에 대한 기준 정립
- 친환경 업무절차 수립
- 에너지 절감방안 검토
- 친환경 시스템 시운전 계획

Building Information Modeling
- BIM 목적 및 목표 수립
- BIM 프로젝트 조직구성 및 설계팀 선정
- BIM 적용범위의 검토
- BIM 적용 시스템 검토

▪ 설계 단계

프로젝트 관리
- 설계도면 검토
- 설계도서 배포
- 계약일반/특수조건 검토
- 계약 약정 관리
- 프로젝트 비용 조달 지원

원가 관리
- 사업비내 실행여부 검토
- 단계별 설계비용 검증
- 가치분석 및 평가

일정 관리
- 마스터 스케줄 업데이트/ 모니터링
- 설계 단계 마일스톤 업데이트
- 설계 단계 모니터링
- 입찰 전 시공 일정

품질 관리
- 목표 설정
- 설계 성과품 검토
- 시공 가능여부 검토
- 공종별 연계성 검토
- 품질보증 계획 검토
- 품질관리 시방서 확인
- 품질시험 요구사항 확인

계약 행정
- 목표 설정
- 설계관리 절차서 작성
- 프로젝트 원가보고서 작성
- 설계범위 변경 관리
- 설계검토 회의 주관

안전 관리
- 계약요구 조건 및 가이드라인 설정
- 안전 프로그램 검토
- 안전 적격심사 기준 검토
- 안전 확보를 위한 설계관리

친환경
- 친환경 성능 분석
- 에너지 절감 방안 확인
- 에너지 모델링
- 각종 시뮬레이션 수행

Building Information Modeling
- BIM 표준 준수 확인
- BIM 데이터를 활용한 각종 시뮬레이션 진행
- 성과물 작성시 BIM데이터 상세수준 결정
- BIM 데이터의 기술적 오류 유무 확인

▪ 발주 단계

프로젝트 관리
- 입찰 및 계약절차 주관
- 입찰 평가 기준 마련
- 발주자 지급자재 및 조정
- 각종 허가, 보험, 보증 등에 관한 준비

원가 관리
- 추가 업무 비용 예측/산출
- 입찰 분석 및 협상

일정 관리
- 시공사 공사기간 검토
- 발주 스케줄 검토
- 추가사항 일정 검토

품질 관리
- 목표 설정
- 조달계획 수립
- 입찰자에 대한 지침 설정
- 입찰자 리스트 작성
- 입찰 전 회의 주관
- 입찰자 선정
- 입찰심사
- 제안서 협의 및 입찰서 개봉
- 낙찰보고

계약 행정
- 목표 설정
- 입찰 홍보 및 공고
- 입찰참가 자격 심사
- 입찰문서 배포
- 입찰 설명회 실시
- 추가사항 검토
- 질의회신, 변경사항 통지
- 낙찰 예정자 인터뷰
- 계약 및 착공 준비
- 일정관리 보고
- 프로젝트 비용 보고

안전 관리
- 안전관리 계획서 검토
- 비상대응 코디네이션

Building Information Modeling
- 발주 방식에 대한 영향 분석
- BIM적용 범위 및 수준 결정
- 시공사 BIM수행 실적 및 수행능력 평가

로 구성되어 있다. 또한 인적 자원 관리, 의사 소통 관리, 이해관계자 관리와 프로젝트 범위 관리를 주요 활동으로 인식하고 있다. 건설 프로젝트의 성공적인 수행에는 인적 자원, 소통, 갈등 관리가 중요한 관리 포인트이다.

CMAA 분류 체계를 바탕으로 내가 직접 시간 순서대로 설계 전 단계, 설계 단계, 발주 단계로 나누어 보기 쉽게 재정리한 표(표 5. "프리콘 단계별 수행 업무 리스트")를 참고하면, 각 단계별로 얼마나 많은 검토 작업이 필요한지 알 수 있다. 설계 단계는 물론이고 설계 전 단계Pre-Design phase에서도 프로젝트 관리, 원가 관리, 일정 관리, 품질 관리, 계약 행정, 안전 관리, 지속 가능성, BIM 등의 항목을 관리하게 되어 있다. 이어 각 항목별로 세부 항목이 기술되어 있다. 설계 단계에서는 이들 세부 항목이 이보다 더 많이 늘어난다.

미국 등 건설 선진국에서는 프리콘 활동을 이렇게 섬세하게 하고 있는데, 우리나라에서는 일부만 하고 검토가 제대로 되지 않은 상태에서 설계 전 단계, 설계 단계, 발주 단계를 지나 시공 단계에 들어가니 당초 계획에서 차질이 빚어질 수밖에 없다. 이런 식으로 프리콘을 제대로 하지 않거나 대충해서는 프로젝트의 성공을 기대하기 어렵다.

시공 전 리허설이 성패를 결정짓는다[50]

오랫동안 이어져온 전통적인 건설 공사 수행 방식은 설계는 설계자가 시공은 시공자가 각기 수행하는 설계 시공 분리 방식이었다. 최저가 입찰이 많이 쓰이는 설계 시공 분리 방식은, 발주자와 설계자, 그리고 발주자와 시공자 등 계약 당사자들 간에 특별한 상황이 발생하거나 계약 변경 요인이 발생할 경우 상호 간에 적대적 입장이 될 수밖에 없는 환경이 조성된다. 아울러 설계 변경과 같이 프로젝트 수행 중 발생하는 변경 상황에서는 어떻게 해서라도 자신의 이익을 챙기려는 노력이 일상화되고, 자신이 속한 조직의 이익이 손해를 보게 되는 상황에 처할 경우 궁극적으로 프로젝트 전체에 이익이 될 수 있는 정보 공유에도 극히 소극적일 수 있다. 예를 들어 전문 시공 협력업체 A가 자신에게 할당된 공사에서 대안(VE 등)을 강구하여 프로젝트에 상당한 공사비 절감을 가져올 아이디어를 갖고 있더라도, 그 아이디어를 실현하면 자사 이윤이 감소할 것이 명확할 경우에 이를 자발적으로 발주자와 공유하기는 어렵다. 특히 적자나 적자에 가까운 수주를 했을 경우 또는 프로젝트 수행 시 적자 공사가 인지되었을 경우라면, 어떻게라도 이를 만회하려는 것이 시공사의 일반적인 속성이다.

또한 설계자와 시공자 간의 협력과 협업이 계약상 원천 봉쇄되어 있는 구조이다 보니, 설계 단계에서 시공자의 경험과 지식의 공유나 협업은 거의 불가능하다. 더욱이 공사에 참여할 시공자가 확정되기도 전에 설계안이 확정되기 때문에, 시공자 입장에서는 자신의 시공 경험이나 노하우가 전혀 반영되지 못한 설계 도면을 가지고 시공에 임해야 하는 구조이다. 또한 국내에서는 공공 공사에서 특이하게 설계업체가 시공 중에 참여하지 못하는 법률적인 규제가 존재한다.

이와 같은 구조에서는 설계와 시공 간 협업이 어려운 것은 물론이고,

시공 과정 중 끊임없는 설계 변경과 재작업이 반복되어 성공적인 프로젝트 수행을 어렵게 한다. 대형 프로젝트의 경우 설계 변경이 수천 건, 수만 건까지 발생하기도 한다. 시공업체를 포함한 프리콘 팀이 프로젝트에 조기 참여하여 프로젝트 설계 단계, 발주 단계에서 업무가 수행되면 시공 단계는 한층 수월해진다. 발주자가 PM을 고용할 경우에 통상적으로는 프리콘 활동을 PM업체에서 주도하여 수행하게 된다.

프리콘 활동을 건설 시공을 위한 일종의 리허설 단계로 설명하면 이해가 쉬울 수 있다. 영화에서 고난도의 액션 신을 소화하기 위해 출연자들이 수십 번의 리허설을 해보고 나서 본 촬영에 돌입하듯이, 건설 프로젝트에서도 시공 이전 단계의 프리콘 활동에서 시공 과정을 수십 번 시뮬레이션하면서 시공 과정 중 발생할 수 있는 문제를 미리 파악하고 대책을 마련할 수 있다. 이러한 사전 과정을 제대로 하느냐, 하지 않느냐에 따라 프로젝트의 성패가 결정된다. 즉 시공 전에 프로젝트 성패는 이미 결정될 수 있다.

그러나 우리나라의 경우 전술한 대로 프리콘 단계에서 해야 할 업무가 생략된 채, 설계 도면에 프리콘 활동이 반영되지 않은, 완성도가 낮은 도면으로 시공에 들어간다. 이러한 현상은 발주 방법에 따라 다소 차이는 있으나 일반적인 현상이다. 그 결과 필연적으로 시공 과정에 문제가 발생하며 경쟁력을 가질 수 없는 상태의 프로젝트가 진행되고, 일정과 원가 초과가 일상화되고 분쟁이 보편화되었다.

건설 프로젝트 성공 여부는 바로 프로젝트 초기 단계에 달려 있으며, 이 단계에서 프로젝트 매니지먼트는 필수적이다. "시작이 반이다"라는

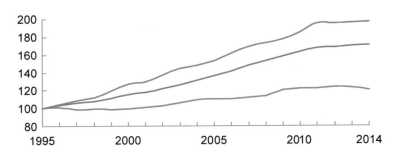

그림 10 업종별 연평균 생산성 증가율

말은 프로젝트 매니지먼트에서도 동일하게 적용되는 진리이다. "프리콘이 프로젝트 성패의 80~90%다"라는 전문가들의 주장이 결코 과장이 아님은, 이 책에서 가장 강조하여 밝히고자 하는 바이다.

건설 프로젝트 초기의 중요성은 맥킨지McKinsey 사례를 참고하여 다른 시각에서 살펴볼 수 있다. 맥킨지는 세계적인 컨설팅 회사인데, 이들이 10여 년 전부터 건설 부문에 깊숙이 들어와서 활동하고 있다. 세계 건설 시장 규모가 연간 11.3조 달러(2019년 기준)에 달하는 세계 최대 규모의 산업이다 보니, 맥킨지가 할 역할이 있다고 판단하고 비즈니스에 뛰어들었다.

이들은 가장 생산성이 낮고 변하지 않는 산업이 건설업이라고 주장한다. 이들이 분석한 제조업과 건설 산업의 생산성 비교(그림 10)에서 이를 분명히 확인할 수 있다.[51] 1995년에서 2014년까지 20년 동안 제조업은 생산성이 2배 가까이 증가한 반면에, 건설업은 거의 정체되어 있다.

맥킨지는 GIIGlobal Infrastructure Initiative 서밋Summit을 1년 반마다 개최하고

있는데, 나도 2017년 싱가포르, 2018년 런던 회의, 이렇게 두 번을 참석했다.

이 회의에는 세계 각국에서 장관급의 발주 관련 정부 책임자, 공공 및 민간 발주자, 개발업체, 설계자, 엔지니어링 회사, 시공사 등의 최고 책임자가 참석하는데 맥킨지에서는 본사 최고 경영층과 각 거점의 책임자들이 대거 참석하고 있다. 맥킨지에게 이 회의가 갖는 중요성을 짐작해볼 수 있다.

맥킨지 측은 프로젝트 초기 대응과 디지털화, 자동화 등의 혁신으로 글로벌하게 1년에 약 2조 달러(약 2,400조 원)를 절약할 수 있다고 주장한다. 이를 달리 표현하자면, 건설 프로젝트 초기 대응과 프리콘을 잘하면 연간 2,400조 원을 절약할 수 있다는 뜻이며, 건설에 그만큼 가능성이 많이 열려 있다는 뜻이다. 이들은 이에 관해 수많은 연구와 방법론을 담은 리포트를 홈페이지에 수록하고 있다.[52] 건설 산업 시장의 상당 부분은 맥킨지와 같은 컨설팅 업체에 의해 잠식당하고 있다. 외부의 타자에 의해 건설업이 개혁을 당하고 있는 셈이다.

건설 과정은 끊임없는 의사 결정 과정의 연속이며, 이를 어떻게 매니지먼트 하느냐에 따라 프로젝트 성패가 결정된다. 건설은 설계와 시공을 넘어 프리콘이 핵심인 것이다. 건설 프로젝트의 속성이 다양한 이해관계자와 어떻게 서로 상생win-win하면서 당초의 목표를 달성하는가에 있다고 할 때, 건설은 시공이 핵심이 아니고, 설계를 넘어 건설 전반의 모든 과정을 프로세스화하고 관리하는 '매니지먼트'가 핵심이라는 인식의 대전환이 반드시 필요하다. 사전 프로젝트 매니지먼트 여부에 따라 건설은 시공 전에 성패가 결정된다.

발주자 주도 프리콘, 시공사 주도 프리콘

발주자 주도 프리콘과 시공사 주도 프리콘은 개입 시점과 이해관계에 따라 차이가 날 수 있는데, 이를 미국, 영국 등에서 일반화되어 있는 IPD 발주 방식을 기준으로 논의해보고자 한다.

시공사가 주도하는 프리콘은 통상 PCS^Preconstruction Services라고 하며, 발주자가 주도하는 프리콘과는 개입 시점에서 차이가 난다. 발주자 주도 프리콘은 프로젝트 초기 단계인 기획 단계부터 발주자 자신의 PM 조직 또는 외부 PM/CM 조직에 의해서 수행된다. 발주자 자체 조직이나 대리인이 설계 이전 단계인 기획 단계를 거쳐 설계자를 선정하고 이어 설계 단계, 발주 단계 업무를 수행한다.

이에 반해 시공사 주도 프리콘은 통상 설계사가 선정된 후 설계가 진행되어 개념 설계concept design를 거쳐, 계획 설계schematic design 단계에 접어들 때 시공자가 프로젝트에 개입되어 사전 투입early involvement 개념의 프리콘 활동을 한다. 개입 시점이 차이가 나기 때문에, 프로젝트 초기의 구상, 목표 설정, 설계 요구 사항 작성 등에는 관여하지 못한다.

또 다른 차이는 이해관계 측면이다. 시공사 주도 프리콘은 시공사가 원가, 공기에 대한 책임을 지게 되므로 시공사의 이해관계를 벗어날 수 없다. 이는 시공 책임형 CM^CM-at-Risk에서 시공 책임형 사업자의 입장과 유사하다. PM/CM 회사가 발주자의 이익을 대변하기 위해서 존재하는데 반해 시공 책임형 CM 사업자가 프리콘 활동을 할 경우에, 시공하면서 발생할 수 있는 손익 계산과 리스크를 뛰어넘어 발주자의 이익을 온전하게 대변할 수 있는지는 논란의 여지가 있다. 따라서 프리콘을 하는

주체 \ 항목	발주자 주도 프리콘	시공사 주도 프리콘(PCS)
개입 시기	프로젝트 초기	초기 설계가 완료된* 계획 설계 (Schematic) 단계
예산 목표	빠듯한 예산 목표	GMP 고려 다소 여유
일정 목표	빠듯한 일정 목표	리스크 요인 범위 내 여유 일정
VE	가능한 한 최대한 절감 대안 강구	GMP 고려 다소 소극적
시공성	불충분한 검토 가능성	상세한 검토
품질	보편적 수준	실현 가능한 방안 검토
디자인	미적인 요소와 기능 중시	시공 측면 검토 시공 세부 사항 개선
리스크 요인	다소 도전적 목표	낮추려는 경향

표 6. 발주자 주도 프리콘과 시공사 주도 프리콘(PCS) 비교

시공사 입장에서는 최대 공사비 보증 가격GMP** 설정 전 가능한 한 예산이나 공기를 다소 여유 있게 확보하여 자신에게 돌아올 수 있는 리스크를 사전에 예방하거나 방어하려는 경향이 있을 수 있다. 이를 정리해서 표를 만들면 표 6과 같다. 통상 시공사 주도 프리콘이 이루어질 때 발주자 측에 소규모 PM 팀이 존재하여 발주자 측의 최종 의사 결정을 하는 역할과 시공사를 감독, 견제하는 역할을 한다.

시공자 주도 프리콘의 대표적인 계약 방식은 책임형 CM 또는 미국 도로 공사에서 많이 쓰이는 CM/GC이며, 아이오와 주립대학교 토목환

---

* 미국에서의 최근 경향을 보면, PCS를 담당할 시공 책임형 CM^{CM-at-Risk} 업체의 개입은 일부 발주자에게서는 설계사 개입 시기와 거의 비슷하게 이루어지고 있다.

** GMP^{Guaranteed Maximum Price}는 최대 공사비 보증 가격으로 번역하며, 발주자와 시공자가 최대 보증 가격을 합의하여 계약을 한 후 각종 비용 집행을 공개^{open book} 방식으로 프로젝트를 진행해가며 정산하는 방식이다. 상호 신뢰가 바탕이 되어야 하며, 공사비가 GMP를 넘어갈 때는 시공사가 책임지고, GMP보다 절감될 때에는 통상적으로 계약에서 미리 정한 방식으로 상호 분배한다. 시공 책임형 CM에서는 필수적으로 이 방식을 사용한다.

경공학과 쉬에르홀츠Schierholz는 "CM/GC 계약 방식 선택 이유는 프리콘에 있다"고 했다.[53] 설계 시공 분리 계약에서도 시공사가 디자인 단계에서 발주자나 설계사를 위해 프리콘 서비스를 제공할 수 있으며, 시공을 위한 준비로서 시공사 자체적으로 프리콘을 수행하기도 한다. 즉 시공사가 시공을 위해서 도면을 사전 검토하고 시뮬레이션해보고 각종 공법을 검토하는 등의 행위도 프리콘이다. 이처럼 프리콘이란 용어는 쓰임새가 다양하고 이중성이 있다.

6장을 요약하면

옛날부터 위대한 건축물은 설계와 시공을 총괄한 마스터 빌더에 의해서 탄생했으며, 100여 년 전까지만 해도 한 회사가 건설 프로세스의 모든 일을 담당하면서 마스터 빌더 역할을 수행했다. 오늘날 건설 활동이 전문화 파편화되고 프로젝트 참여자들의 이해관계가 복잡해지면서, 시공 이전 활동의 중요성은 더욱 커졌다.

프로젝트 초기 기획 단계는 전체 방향을 잡는 단계이다. 설계업체 선정에 앞서 발주자의 요구 사항과 공간 계획, 설계 요구 사항을 디테일하게 준비해야 하며, 예산 수립, 사업 기간 확정, 품질, 안전 계획 수립, 프로젝트 생애 주기 비용 검토, 지속 가능성 등을 두루 검토해야 한다. 이 단계의 중요성을 참여자들이 인식해야 프로젝트가 성공할 수 있다.

국내 건설 산업에서는 프리콘 활동의 중요성이 간과되어왔다. 설계 시공 분리 발주의 만연, 프리콘 활동을 수행하고 발주자를 돕는 조직화된 전문 팀의 필요성에 대한 인식 부족, 초기 단계의 비용 부담과 외부 용역에 대한 이해 부족, 초기 단계 일을 소홀히 해놓고 잘못된 부분을 나중에 고치려는 업무 관행 일반화 등이 그 원인이다.

프리콘은 수행 주체나 계약 방식에 따라 세 가지 유형으로 나눌 수 있다. 첫째, 발주자나 발주자의 대리인인 PM/CM 또는 발주자 내부 조직이 담당한다. 둘째, 건설업체가 자체적으로 시공 준비를 위한 제반 활동, 즉 설계 도면 검토, VE 활동과 원가, 공정 등을 사전 검토하는 활동을 수행한다. 셋째, 최근 대두되고 있는 IPD 방식으로 시공자의 초기 참여 개념으로서의 프리콘 활동이 있다.

프리콘 단계는 첫 번째 설계 이전 계획 단계에서 예산과 일정 등 프로젝트의 중요 목표 와 발주자 요구 사항이 정해진다. 두 번째 설계 단계는 완성도 높고 경쟁력 있는 설계 도면 을 생산하는 단계이다. 세 번째는 발주 단계로, 프로젝트 건설을 담당할 업체를 선정하는 입찰 및 계약 업무가 수행된다. 각 단계별로 세부 항목을 도출하여 검토하는 섬세한 프리 콘 활동이 있어야 프로젝트의 성공을 기대할 수 있다.

설계 시공 분리 방식은 설계 단계에서 시공자의 경험과 지식이 공유되지 않고 협업이 거의 불가능하여, 시공 중 끊임없는 설계 변경과 재작업이 반복되므로 프로젝트의 성공을 어렵게 한다. 프리콘 활동은 시공 과정을 시뮬레이션하여 발생 가능한 문제를 미리 파악하 고 대책을 마련할 수 있다.

프리콘에는 발주자 주도 프리콘과 시공사 주도 프리콘이 있다. 발주자 주도 프리콘은 초기 기획 단계부터 수행되는 데 반해 시공사 주도 프리콘은 계획 설계 단계에 접어들 때 시공자가 사전 투입되는 개념의 프리콘 활동을 한다. 시공사 주도 프리콘은 시공사가 원 가, 공기에 대한 책임을 지게 되어 시공사의 이해관계를 벗어날 수 없으므로, 발주자 측에 소규모 PM 팀이 존재하여 시공사를 감독, 견제한다. 시공사가 시공을 위한 준비로서 도면 을 사전 검토하고 시뮬레이션하고 각종 공법을 검토하는 등 자체적으로 프리콘을 수행하 기도 한다.

마리나 베이 샌즈
Marina Bay Sands

마리나 베이 샌즈는 싱가포르의 전략적 프로젝트로 건립됐다. 싱가포르 정부는 신성장 동력의 하나로 동남아시아 최초의 도심형 복합 리조트 건설을 기획했다. 마리나 베이 샌즈는 싱가포르가 오늘날 새로운 경제 성장을 하는 데 주도적인 역할을 했다. 이 점에서 싱가포르 정부의 전략은 적중했다.

싱가포르 정부 주도로 야심차게 기획된 마리나 베이 샌즈의 건립 과정은 결코 순탄치 않았다. 1965년 말레이시아로부터 독립한 이후 도박과 마약 등 사회 부조리 현상을 퇴치하기 위해 온갖 노력을 기울여온 정부가 카지노 사업을 허가하자, 여러 종교 단체와 사회 단체가 거세게 반발했다. 이때 리콴유 전 싱가포르 총리가 국민들을 설득했고 결국 국민의 마음을 돌린 싱가포르 정부는 세계 최대 카지노 회사인 라스베이거스 샌즈 그룹을 사업자로 선정해 국가적인 랜드마크가 될 만한 대규모 복합 리조트 건설에 착수한다. 리조트는 단순히 가족들과 휴식하는 곳이라는 고정 관념에서 벗어나 비즈니스와 휴양을 연계함으로써 시너지가 발생하도록 한 것이다. 그렇게 마리나 베이 샌즈는 도심형 복합 리조트로서 기틀을 갖춰나갔다.

그중에서도 연면적 30만 2,171 ㎡의 마리나 베이 샌즈 호텔은 단연 백미다. 높이 200m가 넘으면서 피사의 사탑(5.5도)보다 약 10배 더 기울어진(최고 기울기 52도) 3개의 타워가 배 모양의 길게 뻗은 스카이파크를 떠받치고 있는 모습은 디자인 자체가 독특하여 사람들의 눈길을 강력히 끌어당긴다. 각 타워는 지하 3층, 지상 55층으로 세워졌으며, 넓고 높은 아트리움과 각종 편의 시설을 갖추고 있다. 총 2,511개의 객실은 1박 묵는 데에 500달러 선으로 상당히 비싸지만, 항상 예약이 꽉 차 호텔 측은 객실을 추가로 건립할 계획이라고 한다.

스카이파크를 포함하면 호텔 건물의 높이는 206m에 이른다. 돛단배 모양을 딴 스카이파크는 그 길이가 무려 343m로, 파리의 에펠탑을 눕혀 놓은 것보다 약 20m나 더 길다. 이 가운데 약 70m가 하부에 아무런 지지대 없이 상공에 돌출된 캔틸레버(외팔 보) 구조를 하고 있어 보는 이들에게 경이로움을 절로 자아낸다. 지상 206m 높이 허공에 떠 있는 스카이파크의 인피니티 수영장 또한 일품이다. 여기서 바라보는 싱가포르 도심의 풍광은 수평선과 어우러져 형언할 수 없을 정도로 아찔하면서도 황홀하다.

이토록 경이로운 건축물의 설계자는 세계적인 건축가 모셰 사프디 Moshe Safdie다. 이스라엘 출신으로 미국에서 활동하는 사프디는 특이한 건축물을 디자인하는 것으로 유명하다. 모셰 사프디는 기존에 시도하지 않았던 창의적인 디자인으로 세계 건축계에서 '기적'으로 불리는 이 프로젝트를, 두 장의 카드가 서로 기대어 서 있는 모습을 보고 영감을 얻었으며, 스카이파크는 해안 국가 싱가포르의 진취적인 기상과 미래의 희망을 상징하도록 배를 형상화했다고 설명했다.

마리나 베이 샌즈 호텔은 '세계에서 가장 짓기 어려운 프로젝트' 중의 하나라고 불릴 만큼 난공사였는데, 국내 기업이 건축 과정에 참여해 우리에게는 더욱 특별한 의미가 있다. 바로 한미글로벌이 발주자 프로젝트 매니지먼트PM 조직에 참여하였고, 쌍용건설은 호텔 시공을 27개월이라는 짧은 기간 내에 성공적으로 완료했다.

싱가포르 정부는 기존에 없었던 도심형 리조트라는 발상의 전환으로 경제 활성화를 가져왔다. 마리나 베이 샌즈는 40여 년간 지켜온 도박 금지라는 금기마저 깨뜨린 혁신의 산물이다. 혁신에 필연적으로 따르게 마련인 거센 반대에 부딪혀서도 뚜렷한 목표 의식으로 이를 설득하고 돌파해낸 발주자의 리더십이 돋보이는 프로젝트였다.

7장

셋. 좋은 설계

하드웨어를 움직이는 소프트웨어

설계는 하드웨어를 움직이는 소프트웨어다

발주자를 비롯한 프로젝트 관련자들이 프로젝트 성공을 위해 헌신적으로 일을 하지만 그 결과는 실패하는 경우가 더 많다. 프로젝트 실패에는 여러 가지 이유가 있지만, 설계 문제로 인한 실패가 많으며 설계의 핵심 부분이 제대로 수행되지 않거나 오류를 일으키기 때문에 발생한다.[54]

보다 적은 사업비로 더 짧은 기간 내에 최고의 품질과 디자인을 갖춘 건축물을 완성시키는 것은 모든 건설 프로젝트의 발주자가 원하는 바다. 하지만 이러한 바람과는 다르게 프로젝트가 진행되는 과정에서 처음에는 미처 생각지도 못했던 문제들과 맞닥뜨리게 되고, 설레고 행복한 마음으로 시작했던 '내 집이나 내 건물을 짓는 일'은 어느새 골칫거리로 변해버리고는 한다.

주변에서 흔히 듣게 되는 하소연이다. 아마도 이러한 고민은 특정 발주자만의 문제는 아닐 것이다. 고대부터 현재까지 긴 역사를 거치면서 건축 관련 기술은 상상 이상으로 개발되어 왔고 수많은 프로젝트가 진행되었는데도, 왜 여전히 똑같은 문제들이 반복되는 걸까? 이런 문제들의 원인은 어디에 있을까? 그 해결책은 정말 없는 것일까?

건설이 아닌 다른 산업의 예를 살펴보자. 자동차 업체에서 새로운 신제품 개발 프로젝트를 한다고 가정해보자. 외관을 포함한 내부 공간의 디자인과 자동차의 다양한 기능과 성능, 생산 원가, 판매 가격 등 핵심 개발 요소는 개발 단계에서 모두 결정되고 설계에 반영된다. 디자인이 엉성한 신제품 자동차가 성공할 수 있는가? 원가가 많이 들어가는 제조 공정을 가진 신제품이 경쟁력을 갖고 시장에서 성공할 수 있는가? 기능과 성능이 우수하지 못한 제품이 시장에서 호응을 받을 수 있는가? 자동차 개발에 필요한 필수 요소들이 제품 개발 단계에서 설계에 반영된다. 어디 자동차뿐인가? 패션 상품, 선박, 반도체 등 모든 산업에서 설계는 핵심이고 소프트웨어다. 나머지 제조는 하드웨어일 뿐이다. 하드웨어는 소프트웨어가 시키는 대로 작동한다.

한 예로 애플의 위대한 성공에는 비즈니스 모델의 탁월함도 있었지만, 스티브 잡스의 디자인을 보는 높은 시각과 이를 구체적으로 구현한 위대한 디자이너인 조너선 아이브Jonathan Ive의 역할이 컸다. 세계적 건축가인 발터 그로피우스가 주창한 바우하우스*의 신봉자였던 스티브 잡스는, 바우하우스 운동의 중심 철학인 미니멀리즘을 애플 디자인에 접목시켜 소비자들을 열광시켰다. 애플이 시장에 내놓은 혁신적인 제품들은, 탁월한 디자인이 있었기에 가능했다.

건설에서 설계는 가장 중요한 소프트웨어 중 하나다. 대규모 프로젝트의 공정표를 공정 소프트웨어로 작성하면 수만 가지 활동이 존재한다. 이것은 달리 이야기하면 의사 결정의 가짓수가 수만 건 있다는 뜻이

---

* 바우하우스Bauhaus는 독일의 건축가 발터 그로피우스Walter Gropius가 1919년 독일 바이마르에 미술학교와 공예학교를 병합하여 설립한 조형학교이다. 예술 및 건축 교육에 중점을 둔 학교에서 출발하여 산업과 예술의 결합이라는 테마로 기능주의 예술 운동으로 전개되었다. 발터 그로피우스와 뒤에 마지막 교장을 역임한 미스 반 데어 로에Mies van der Rohe가 미국으로 건너가 시카고 철골 고층 건물 건축의 신기원을 마련하였다. 지난 100년 간 건축뿐만 아니라, 예술, 공예 등 모든 시각 예술 부문에 지대한 영향을 끼쳤다.

다. 큰 의사 결정으로 평면도와 입면도, 건물 외관 등이 있고, 평면도 중에서도 엘리베이터는 몇 대를 어디에 둘 것이며, 어느 회사 제품을 쓰고, 색상은 어떻게 하고, 엘리베이터 내부 인테리어는 어떻게 하고, 운영 시스템은 어떻게 하는가 하는 문제 등 거의 모든 디테일이 설계와 연관되어 있다. 화장실만 놓고 보더라도 화장실 사이즈, 변기, 세면대 배열, 타일 등 마감 재료, 색상, 사이즈, 그밖에 악세사리 등등 화장실에 관한 의사 결정만 수백 가지가 넘을 것이다. 이것들은 모두 설계와 연관되어 있으며 시방서에 언급된다.

건설은 끊임없는 의사 결정 과정이라 할 수 있는데, 각종 크고 작은 의사 결정의 중심에는 설계도와 시방서가 있으며, 이것을 만드는 사람이 설계자이다.

말레이시아 KLCC 프로젝트 사례를 다시 한 번 살펴보면, 이 프로젝트는 시공 당시 세계 최고 높이의 건물이었는데 공기는 27.5개월밖에 주어지지 않았다. 설계자와 CM 업체는 설계 당시에 여러 가지를 시뮬레이션해본 결과 이것이 가능하다고 판단했고, 말레이시아 현지 사정을 감안하고 공사비 측면을 최대로 고려한 최적의 구조 시스템을 도입하여 도면화하였다. 특이한 점은 이 건물이 콘크리트와 철골의 복합 구조(수직재는 콘크리트, 수평재는 철골 구조)였는데, 전체 공기 27.5개월을 달성하려면 층당 4일 주기로 시공해야 하는 것이 설계 단계부터 검토되었다. 따라서 구조 설계 도면과 시방서에는 층당 4일 주기 공정의 상세한 지침이 나와 있었다. 시공업체는 설계업체가 제시한 지침을 충실히 따르면 되었다. 제대로 된 설계는 이와 같이 설계 당시부터 공법이나 건설 원가가 치밀하게 검토되어 도면화된다.

좋은 설계는 하드웨어인 건설 공정을 성공적으로 이끌어 발주자, 시공자, 사용자 모두를 만족시킬 수 있다. 좋은 설계는 발주자의 요구 사항을 충족시키고, 발주자의 건축 의도를 실제로 구현한다. 좋은 설계는 건설비를 줄일 수 있고, 시공성을 고려하여 시공 과정에서 발생할 수 있는 오류를 최소화시켜 준다. 좋은 설계는 지역이나 도시의 경쟁력을 올리고 사용자를 고려한 설계를 제공하고, 지역 사회와의 조화를 통해 지역 환경 개선에 기여할 수 있다.

설계자 선정은 가격보다 품질이 우선

우리나라에서 설계자의 입지는 초라하고, 설계비는 건설 선진국에 비해 더욱 초라하다. 국내에서 설계가 제구실을 못하고 있는 실상은 앞서 2장에서 다루었다. 간략히 다시 요약하자면 설계자가 대우받지 못하고 역할을 제대로 못하고 있으며, 건설 시장 구조가 건설업체 위주다 보니 설계자의 위상도 미미하다.

최저가의 함정에 대해서도 2장에서 이미 자세히 살펴보았다. 빌바오 구겐하임 미술관을 설계한 미국의 세계적인 건축가 프랭크 게리는 독특한 비정형 설계로 유명한데, 공사비 대비 20% 가량을 받는 비싼 설계비에도 불구하고 고객이 줄을 서서 대기하고 있다고 한다. 미국에서는 보통 설계 관련 모든 서비스를 제공하는 조건으로 공사비의 약 8~10%의 설계비를 받고 있는데, 국내에서는 3~4% 정도에 불과하다. 이 정도만

돼도 잘 받는 수준이라 할 수 있다.

이런 여건에서 충실한 설계를 기대하는 건 어불성설이다. 설계비는 지금 수준보다 상향되어야 하며 함부로 깎아서는 안 된다. 제대로 설계비를 인정해 주고 그만큼 제대로 일을 하게 만들어야 한다. 지금 국내에서는 제대로 비용을 주지도 않고 제대로 일하지도 않는 악순환이 계속되고 있다.

한편 설계업체는 프로 정신을 회복해야 한다. 대부분의 설계 사무소에서 설계 하청을 주고 있는데, 품질이 떨어지고 각 분야 간에 코디네이션이 되지 않은 도면이 현장에 보내지거나 시공성이 검토되지 않은 도면이 양산되고 있다. 프로젝트 예산에 맞춘 도면이 아니라 예산을 초과하는 도면 제작이 다반사로 생산된다. 품질을 위해서는 건설 선진국들처럼 설계 하청을 주면 안 되고, 자기 설계도에 대하여 법적으로 또 도의적으로 책임지는 자세가 필요하다.

영국에서는 설계의 품질 평가를 위한 설계 품질 지수^{DQI, Design Quality Indicator}를 개발했다. 설계 품질 지수에는 시공 품질, 기능, 영향도의 세 가지 척도가 있어서, 심미적 요인으로서 설계의 기능뿐만 아니라 건축물의 성능, 시공성, 유지 관리 등을 고려한 설계의 기능을 함께 고려해야 한다.

좋은 설계는 프로젝트를 어떻게 정의하고 추진하는지에 따라서뿐 아니라 설계자의 역량에 의해서도 영향을 받는다. 따라서 건설 프로젝트에서 능력 있는 설계자 선정은 대단히 중요한 과정이다. 국내의 건축 설계자 선정 방식은 설계비 규모에 따라 가격 경쟁 입찰, 입찰 참가 자격 사전 심사^{PQ, Pre-qualification}, 디자인 빌드 방식, 현상 설계 방식, 이렇게 네 가지가 주로 사용되고 있다. 설계 품질 저하를 막기 위해 설계비 규모가 작은 건축물의 경우에 한해서만 가격 경쟁을 통해 설계자를 선정하도록 하고 있지만, 전체 공공 프로젝트 중 가격 경쟁으로 설계자를 선정하는 비중이 90%에 육박하는 것이 현실이다. 다시 말해 10개의 프로젝트 중 9개가 디자인의 질을 따지지 않은 채 최저가 기준으로 업체를 선정하고 있다.[55]

상황이 이렇다 보니 시공에 비해 고부가가치 산업으로 여겨지는 설계·엔지니어링 업체의 글로벌 경쟁력이 시공 능력에 비해 저조한 수준이며, 시공 중심의 정책으로 인해 설계·엔지니어링 분야에 대한 지원도 미흡한 실정이다. 이와 달리 미국에서는 미국 건축가협회를 중심으로 건축 설계 산업을 하나의 전문 분야로 발전시켜왔다. 건축 설계자를 선정함에 있어 시공 방식과 동일한 가격 경쟁 입찰 방식을 적용하기보다 자격 조건 기준 선정 절차QBS, Qualifications-Based Selection Process 제도를 도입하고 있다. 설계는 제품을 제공하는 것이 아니라 지식 서비스를 제공하는 것이므로 시공업체처럼 가격 경쟁의 대상이 될 수 없다는 인식이 있기 때문이다. 미국·영국을 비롯한 건설 선진국들에서는 설계를 가격으로 선정하는 사례를 찾아보기 힘들고 대부분 자격이나 디자인 능력을 보고 선정한다.

건설이 바로 서려면 국내 설계·엔지니어링 산업의 육성과 발전을 위해 공정한 시장 환경을 조성하고, 설계 경쟁력 향상을 위한 제도적, 시스템적 지원책이 마련되어야 한다. 또한 설계 대가의 기준을 상향하여 합리적인 계약이 이루어질 수 있도록 하면서, 설계자가 설계 관련 소임을 다할 수 있게 하는 제도적인 틀을 마련해야 한다. 아울러 설계·엔지니어링 산업 스스로가 글로벌 경쟁력을 갖추려는 노력이 수반되어야 하는 것도 물론이다.

영국의 굿 디자인 운동

공공 건축은 단순히 경제적 가치뿐만 아니라 문화적 자산 가치를 바탕으로 국민의 삶의 질 향상에 직접적인 영향을 미친다. 이를 반영하여 영국은 공공 건축의 디자인 품질을 주요 국가 정책으로 채택하여 건축·공간환경위원회를 중심으로 공공 건축의 기획 단계부터 설계 방향성을 제시하는 설계 자문Design Enabling, 건축·도시 관련 공공 사업의 컨설팅 기능을 하는 설계 검증Design Review, 그리고 공공 건축물의 설계 품질 향상과 지속적인 관리 도구인 설계 품질 지수DQI, Design Quality Indicator Tool를 추진하였다. 또한 좋은 공공 건축물 포상 제도The Prime Minister's Better Public Building Award가 마련되었다.[56] 이 굿 디자인 운동은 찰스 왕세자가 주도할 정도로 영국 정부에서도 중요성을 상위에 둔 건설 혁신 운동의 하나이다.

설계 자문은 기획 단계에서 설계 방향을 제시하기 위해 공공 프로젝트 수행 조직에 대한 자문 역할로 건축·공간환경위원회 소속 200여 명의 분야별 자문단을 운영하는 제도이다. 프로젝트에 적합한 발주 방식을 제안하고 설계 팀 선정, 설계의 품질을 일정 수준 이상으로 확보하기 위한 설계 가이드라인, 그리고 추후 모니터링을 위한 평가 기준을 제시한다.

설계 검증Design Review은 패널panel을 구성하여 설계 검토에 참여한다.

국가적으로 중요한 프로젝트를 대상으로 하고, 계획 단계에서 보다 구체적인 설계 개선 권고를 한다. 설계 검토는 지속적인 관리가 중요하다. 따라서 반복 검토를 진행하기도 한다. 단순히 잘못을 지적하기보다는 좋은 설계가 되고 실제 프로젝트에서 실현될 수 있도록 지원하기도 한다.

설계 품질 지수DQI는 공공 건축의 설계 품질 향상을 위한 지속적인 관리 도구이다. DQI는 기획 단계에 사용하는 설계 요구 사항 도구briefing tool와 설계 단계 이후에 사용하는 평가 도구assessment tool로 구성되어 있다. DQI는 명확한 목표 설정, 품질 벤치마킹, 강점과 약점 검토, 기회 요소 확인, 설계 집중을 통해 건축물의 품질을 향상시킨다. 그리고 DQI는 투자 가치를 증가시키고 전체 생애 주기 비용을 감소시키며 모든 참여자가 계약에 참여하는 데 도움을 준다. DQI는 지난 13년 동안 1,400개가 넘는 프로젝트에 사용되었다. 고객에게 제공한 다양한 혜택은 교육 및 연구, 헬스케어, 사회 시설, 호텔, 다중 이용 시설, 상점, 스포츠 · 레저 시설, 그리고 작업 공간으로 구분하여 DQI 홈페이지[57]에서 확인할 수 있다.

더 좋은 공공 건축물 운동Better Public Building Initiative은 2000년에 당시 영국 총리였던 토니 블레어가 공공 건축 설계의 품질을 향상시켜 근본적인 변화를 이루자는 취지로 제안하여 정부 부처 간 협의를 거쳐 만든 제도이다. 이 운동에서는 더 좋은 설계를 선택함으로써 얻는 혜택을 다음과 같이 설명하였다.[58]

첫째, 지역과 도시를 재탄생시킨다. 둘째, 지방의 어려움을 감소시키고 버려진 건물과 공간을 변환시킨다. 셋째, 성장이 둔화된 지역 사회에 희망을 불러일으킨다. 넷째, 범죄, 질병 및 무단결석 등을 감소시킨다. 마

High quality buildings can...

Speed up recovery in hospital by	Improve learning in schools	Increase productivity in the workplace	Help reduce crime rates
27%*	**10%***	**20%***	**67%***

* 'The value of good design: How building and spaces create economic and social value'
Commission for Architecture and the Built Environment (CABE)

그림 11. 굿 디자인의 가치(The value of good design)(CABE)

지막으로 공공 서비스 향상을 지원하며 공공 서비스의 직원 모집과 유지에 도움이 된다. 더 좋은 공공 건축물 운동은 "좋은 설계는 비싸고 화려한 것이 아니다. 제대로 된 설계와 시공의 통합은 보다 나은 건축물을 만들어내고, 투자 대비 높은 가치를 창출한다. 특히 건축물의 생애 주기 비용이라는 점에 주목하면 그 효과는 더욱 명백하다"는 입장을 표명하고 있다.

좋은 설계의 가치는 건물과 공간이 어떻게 경제적, 사회적 가치를 창출하는지에 달려 있다고 한다. 그리고 좋은 설계의 가치는, 병원에서는 환자 회복 속도를 27% 빠르게, 학교에서는 학습 역량을 10% 향상시키며, 작업장에서는 생산성을 20% 향상시킨다고 한다. 심지어 범죄율을 67% 감소시킨다고 한다.

국내에서는 국토교통부에서 민간 전문가의 참여를 높여 공공 건축의 품격을 높이고자 '총괄·공공 건축가 지원 시범 사업'을 추진한다고 한다. 이는 '공공 건축 설계 개선 방안'의 후속 조치이다. 공공 건축 설계 개선 방안의 주요 내용은 공공 건축 설계 총괄 기획·조정을 위한 발주 기관 역량 강화이다. 아울러 좋은 설계자와 높은 설계 품질 확보를 위한 사업 절차 개선, 각 정부 부처의 지역개발사업·생활SOC 사업의 현장 실행력 제고이다. 발주자의 역량 강화, 사업 절차 개선, 실행력 제고라는 관점에서 보면 영국의 공공 건축 설계 향상을 위한 노력과 유사하다.

나는 좋은 건축, 좋은 디자인은 사랑을 나누는 것이고 인간의 행복을 증진시키는 데 지대한 역할을 한다고 본다. 건축을 넘어 쾌적한 도시 건설, 스마트시티Smart City 건설도 인간에 대한 사랑의 실천, 행복의 실천이라고 생각한다. 굿 디자인 운동과 좋은 건축을 짓는 일은 이와 같은 의미를 담고 있는 숭고한 행위이다.

알랭 드 보통은 저서 『행복의 건축』에서 "건축은 삶을 담아내는 그릇을 축조하는 과정이기에 행복한 삶을 설계하는 건축가들에게 '우리는 어디에서 가장 행복한가'에 대한 신경과학적 이해는 필수"라고 했다.59

왜 설계는 관리되어야 할까

좋은 설계는 기술적인 부분뿐만 아니라 다양한 요소가 관리되어야 한다. 이를 위해서는 기획 및 계획 단계에서의 전문적이고 체계적인 관리가 필요하다. 좋은 설계는 좋은 건축물을 만들고, 프리콘은 좋은 설계를 만드는 종합 활동이다. 영국 공공 건축 설계 향상 정책은 우리 건설 산업에 시사점을 던져준다.

설계는 왜 관리되어야 하는 것일까? 혹여나 설계는 창조적인 과정인데 설계가 관리의 대상이라고 하면 부정적인 시선으로 보는 독자가 있을지도 모르겠다. 건축을 예술로 볼 것인지 공학으로 볼 것인지에 대한 입장 차이와 비슷할 수도 있다. 그러나 분명히 해둘 점은 설계는 그냥 설계 도면으로 끝나는 일이 아니라는 사실이다. 설계 도면의 존재 이유는 시공을 위한 도구로서의 역할을 하기 위함이며, 설계 도면이 시공 과정을 통해 하나의 건축물이나 시설물로 만들어지기 위해서는 건물의 미적 요소는 물론이고, 구조적 안정성, 사용성, 경제성, 시공성 등 모든 요소가 고르게 만족되어야 한다. 그래야 사람들이 그 건물을 실제로 사용할 때 문제가 발생하지 않기 때문이다.

하지만 전 세계적으로 설계업체가 갖는 속성이 있다. 이들은 예술적인 감각 면에서는 어느 누구보다 앞서겠지만, 그에 반해 현장 디테일을 포함한 시공성 문제와 제반 시장 상황을 고려한 원가 문제 등에서는 해당 분야 전문가에 비해 약할 수밖에 없고, 특히 우리나라의 설계업체는 더더욱 한계가 있을 수밖에 없는 심각한 상황이다. 당초 기획 단계에서 세웠던 발주자의 예산을 맞추기 위해서는 설계 과정에서 시공 방법, 시공성을 충분히 고려하여 설계해야 하며, 시공의 타당성을 검증해야 한다. 특별한 예외를 제외하고 시공성이나 예산 관리 능력이 부족한 설계업체가 이 모든 것을 감당하는 일은 효율적이지 못하며 좋은 결과를 가져올 수 없다. 따라서 PM/CM 업체나 원가 관리Cost Management 전문 업체가 필요하고, 이들이 발주자를 대신해 제반 사항을 검토해야 한다. 프로젝트별로 발주 방법에 따라 시공업체가 설계 단계부터 개입하여 이러한 역할을 하기도 한다. PM/CM 업체와 시공업체의 이러한 활동이 디자인 매니지먼트이다.

건설 프로젝트의 총 생애 주기 측면에서 보면, 설계 단계는 다른 단계에 비해 비교적 적은 자금이 투입된다. 하지만 설계 단계에서 결정된 건물의 디자인, 구조, 자재, 설비 방식 등으로 인한 운영 비용은 건설의 총 생애 주기 동안 수십 년, 수백 년에 걸쳐 발생하게 된다. 설계 시 건물 생애 주기 비용을 고려해야 하는 이유이다. 설계는 건설 프로젝트 모든 단계에서 이루어지는 의사 결정의 총합체라고 할 수 있다. 설계 과정에서 시공성, 경제성 등이 충분히 고려되지 않은 채 설계된 디자인, 구조 방식, 빌딩 시스템 등은 건설 프로젝트가 완료된 후에도 계속 문제를 야기할 수 있다. 실제로 건설 프로젝트가 실패하는 경우, 상당수는 설계 문제에 그 원인이 있다 해도 과언이 아니다.

한 예로, 우리 국민 모두에게 아픈 기억으로 남아 있는 삼풍백화점 붕괴 사고 역시 설계의 책임 부재가 가져온 대참사였다. 삼풍백화점은 건물의 하중을 견디는 기둥 등 구조 부위에 대한 구조 설계가 잘못된 데다가 엉터리 부실 시공을 하였다. 게다가 건축주가 마음대로 건물 구조적인 안정성에 문제가 되는 시설을 바꾸는 등 여러 요인들이 복합적으로 작용하면서, 502명의 시민이 사망하고 937명이 중경상을 입는 엄청난 인명 피해를 불러온 대형 참사가 발생한 것이다. 삼풍백화점 사고는 건축주, 불법 허가를 내준 관청, 건설 기술자들이 씻을 수 없는 과오를 저지른 매우 후진적인 참사였다.

시공성 검토는 건설 프로젝트의 후반전이라고 할 수 있는 시공을 준비하는 전반전 업무 중 하나이다. 설계 단계의 시공성 검토는 시공의 명확한 방향과 길을 제시하고 시공을 하면서 지켜야 할 규칙과 관리 포인트를 제시하는 역할을 하게 된다. 아울러 공기와 원가를 줄일 수 있는 효율적인 공법과 구조 시스템을 설계에 반영하여 시공 과정에서 발생할 수 있는 품질, 안전의 문제점을 사전에 검증하고, 계획된 사업비와 사업 기간이 지켜질 수 있도록 사전 검증 절차를 거친 후 공사를 시행함으로써 시행착오를 최소화하고 공사 기간을 단축할 수 있게 된다.

설계를 PM/CM이나 능력 있는 발주자 그룹이 관리하면, 미적 요소, 기능적 요소와 더불어 원가, 품질, 시공법 등의 요소를 설계 진행 단계에서 검토하고 시뮬레이션하여 설계 요소에 대한 결정을 적시에 수행함으로써 설계자가 설계 진행을 빨리할 수 있다는 장점이 있다. 이에 따라 공사가 조기에 착수될 수 있으며 아울러 설계도의 품질이 향상돼 시공 단계에서 설계 변경을 최소화되고, 결과적으로 성공적인 프로젝트로 이끌 수 있다.

단계별 설계 관리

국제적으로 통용되는 설계 단계 구분은 나라마다 용어나 개념이 조금씩 상이하지만 일반적으로 미국 건축가협회인 AIA^{The American Institute of Architects}에서 구분하는 설계의 4단계가 글로벌 스탠더드로 적용되고 있다. 여기서 설계의 4단계는 개념 설계^{Concept Design}, 계획 설계^{Schematic Design},

기본 설계^{Design Development}, 실시 설계^{Construction Document}(시공 도면)로 이루어져 있다. 이에 반해 우리나라에서는 계획 설계 분야가 무시되거나 경시되고 있고, 많은 경우에는 '가설계'라는, 투입된 노력에 대한 보상도 없고 따라서 면밀한 과업이 될 수 없는 이상스러운 과정으로 대체되면서 더더욱 글로벌 경쟁력을 잃고 있는 것이 현실이다.

외국에서는 주요 프로젝트를 설계할 때 설계의 4단계를 설계도서의 완성도에 따라 더욱더 세분화하여 프로젝트를 관리하기도 한다. 예컨대 계획 설계를 더욱 잘게 쪼개 계획 설계 25%, 50%, 75%, 100%로 나누어 설계를 진행한다. 프로젝트에 대한 의사 결정은 세분화된 설계 단계별로 비용과 일정, 시공성 검토를 토대로 이루어지며, 발주자 요구 사항이 설계에 제대로 반영되었는지 확인한 후 비로소 다음 설계 단계로 진행된다. 설계 각 단계별로 해야 할 일, 의사 결정을 내려야 할 일이 명확하게 정리되어 있다. 설계 과정은 전술한 대로 의사 결정의 연속이며, 건설에 필요한 기초에서 뼈대, 치장까지의 의사 결정을 순서를 두고 차곡차곡 쌓아가는 과정이다. 이러한 의사 결정은 반드시 전후가 있다. 전후가 뒤집히거나 먼저 의사 결정을 하고 가야 하는 설계 이슈를 결정하지 않고 다음 과정으로 넘어가면 그 프로젝트는 필연적으로 시행착오를 겪게 되고 많은 시간과 경비가 들어간다. 건설 선진국에서 설계의 완성도 관리를 철저히 하게 된 배경에는, 설계비가 비싸기 때문에 설계가 많이 진행된 상태에서 전 단계의 설계 이슈를 제기하면 다시 설계를 수정해야 하고 이에 따른 추가 보상이 필수적이기 때문이다.

설계 단계에서 중요한 것은 각 단계별로 완료해야 할 설계 목표인데, 국내에서는 설계 목표가 제대로 관리되지 않고 있다. 시공 전 단계에서 비용이나 공법, 일정 등이 제대로 검증되지 않은 채로 설계가 진행되면서 나중에 재작업을 하게 되는 경우가 많다. 이는 제대로 설계가 되지 않은 상태에서 프로젝트가 수행되고 있음을 반증한다. 예를 들어 패스트트랙으로 공사를 진행하는 프로젝트라면, 전체 설계는 계획 설계 단계까지는 완료하고 계획 설계 다음 단계인 기본 설계 단계를 공사 순서에 맞춰 지하층 골조 설계, 지상층 공사 단계별 골조 설계, 지하층 마감 설계, 지상층 마감 설계 순으로 진행한다. 이때 계획 설계가 완료되었다 함은 엘리베이터 샤프트가 들어가는 주요 구조체가 확정되고 평면의 모든 수치가 확정되어 향후 변경이 없어야 한다는 뜻이다. 계획 설계 단계에서 구조체 공사와 마감 공사의 디테일에 관한 매우 치밀한 검토가 이루어져야 함은 두말할 나위가 없다. 그런데 국내에서는 도면도 없이 공사를 시작하거나 조각 도면으로 공사를 하는 것을 패스트트랙이라고 잘못 인식하고 있다. 패스트트랙은 고도의 설계 관리 능력과 전문성이 필요한 방식이다.

이처럼 국내의 잘못된 설계 관행과 글로벌 스탠더드에서 벗어난 업무 절차 등은 국내 설계업체의 경쟁력을 떨어뜨리는 요인이 된다. 설계 경쟁력 저하 문제는 비단 설계업체만의 문제가 아니다. 건설 프로젝트에서 설계는 모든 단계의 기본이 되는 과정이기 때문에, 낮은 설계 품질이 가져오는 프로젝트의 실패나 성과 부족은 발주자, 시공자, 사용자 모두를 불만족스럽게 만들기 때문이다. 최근 건설 프로젝트는 대형화, 복합화 추세가 보편화되고 있으며, 그에 따라 복잡성이 증가하면서 사업비 상승, 공기 지연 등 리스크 요인 또한 증가하고 있다. 이러한 리스크를 극복하기 위해서는 사업 초기에 올바른 프로젝트 방향 설정과 주요 의사 결정이 제대로, 제때 이루어져야 한다.

미국의 CMAA에서는 설계 단계에서 해야 할 관리 활동을 프로젝트 관리, 비용 관리, 일정 관리, 품질 관리, 계약 행정, 친환경(지속 가능성), BIM 적용 등으로 구분하여 각 활동별로 상세 업무를 기술하고 있다. (표 5. "프리콘 단계별 수행 업무 리스트" 참조) 이와 같이 설계는 설계 단계별로 건설의 주요 구성 요소인 비용, 일정, 품질·안전 등이 검토되고 검증되면서 다음 단계의 설계에 진입해야 한다. 이러한 과정이 프리콘의 핵심인 디자인 매니지먼트 과정이다.

디자인 매니지먼트는 프리콘의 핵심

흔히 '건설=시공'이라고들 생각한다. 이런 생각은 건설 프로젝트에서 발생하는 문제는 공사 중에 생길 거라는 오해로 이어진다. 하지만 대부분의 문제는 설계 단계에서 예측할 수 있고, 디자인 매니지먼트를 통해 해결할 수 있다.

외국의 PM/CM 전문가들은 CM의 핵심은 디자인 매니지먼트이며, PM/CM에서 80% 이상의 중요도가 여기에 있다고 한다. 디자인 매니지먼트는 유사한 개념인 설계 검토Design Review와는 근본적으로 다르다. 설계 검토는 설계를 검토하는 행위이며 설계 자체를 미적인 측면이나 기능적 측면에서 검토하기도 하지만, 주로 설계의 오류를 검토하고 평가한다. 설계의 문제점을 지적하고, 건축 구조, 마감, 각종 설비(기계, 전기, 통신, 소방 설비 등) 간의 간섭과 코디네이션에 관한 내용을 검토하고 개선점을 제시하여 품질을 높이는 일을 주로 한다.

국내에서는 설계 검토가 곧 설계 관리라는 인식이 있어서, 디자인 매니지먼트를 번역하여 설계 관리라고 하지만, 이 책에서는 설계 관리라 하지 않고 굳이 디자인 매니지먼트라고 써서 설계 검토와는 구분해서 본다.

디자인 매니지먼트는 설계 과정을 통하여 건설 프로젝트를 관리하는 행위이다. 여기에는 설계 검토와 함께 비용 관리, 일정 관리, 품질 관리, 안전 관리, 시공성 검토, VE, 프로젝트 관리, 시공 관리 등의 업무가 포함된다. 달리 말해서 프로젝트 목표와 발주자의 요구 사항을 달성하기 위하여, 비용, 일정 등 프로젝트의 모든 관리 요소를 디자인이 진행되는 동안 지속적으로 검토하여 설계에 반영되게 하는 업무를 말한다. 따라서 디자인 매니지먼트는 프리콘의 핵심이며, 프로젝트 성공에 있어 큰 역할을 한다. 이를 도식화하면 그림 12와 같다.

국내에서는 설계 검토 개념은 일반화되어 있는데 반해, 설계 과정에서 프로젝트의 주요 의사 결정 요소를 관리하는 디자인 매니지먼트라는 개념이 일반화되어 있지 못하다. 이는 프리콘이 일반화되지 못하는 상황과 맥을 같이한다.

KLCC 페트로나스 트윈 타워의 예를 들어 프로젝트의 비용 관리와 디자인 매니지먼트와의 상관관계를 살펴보면, 설계가 완료된 후 비용

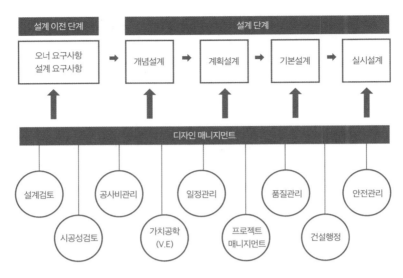

그림 12. 디자인 매니지먼트 개념도

을 확인하는 것이 아니라 설계가 진행되는 동안 지속적으로 비용을 확
인하여 예산 목표에 맞는 도면이 작성되도록 조절한다. 예컨대 계획
설계 50% 단계의 도면에서 공사비가 목표 대비 30% 초과되었다고 가
정하면, 이 단계에서 다음 설계 단계로 넘어가지 않고 VE나 설계 조
정 등을 통해 30% 원가를 줄이는 대안을 강구하고 난 후 다음 설계 단
계로 넘어간다. 다시 말해 설계와 비용을 연동하여 진행하고 관리하는
것이다. KLCC 사업비 관리 절차flow를 그림으로 나타내면 그림 13과
같다.[60]

이와 같은 설계 단계별 원가 관리를 뛰어넘어 IPD에서 쓰는 목표 공
사비 설계란 기법이 있는데, 이는 설계 전에 핵심 팀들이 빌딩 시스템과
주요 설계 요소를 가정하고 비용 모델을 검토한 후 설계에 착수하는 더

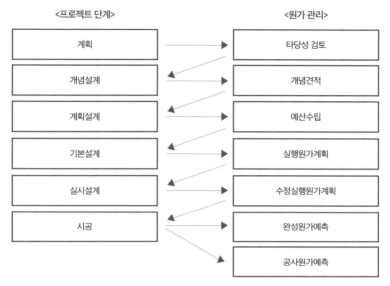

그림 13. KLCC 사업비 관리 절차 다이어그램

욱더 적극적인 모델이며, 이 기법을 사용할 경우에는 설계와 비용 관리가 항상 연동되므로 설계 단계별로 비용 점검에 따른 디자인 조정이 필요 없다. 따라서 디자인 매니지먼트 팀에는 설계뿐 아니라 시공과 비용에 해박하여 설계도 없이도 비용을 산출할 수 있는 능력을 갖춘 사람이 참여해야 한다. 아울러 디자인 매니지먼트 팀은 VE에 탁월한 능력을 갖추어야 한다. 항상 설계와 비용의 적합성을 검토하여 비용을 절감하는 대안을 강구하는 VE 기법이나 린 기법은 비용 관리의 핵심으로 디자인 매니지먼트의 중요한 기능이다. 시공성 검토도 디자인 매니지먼트의 중요한 기능으로, 시공성 검토를 통하여 적합한 공법을 선정하고 공기를 단축할 수 있는 효율적인 공법과 구조 시스템을 설계에 반영해야 한다.

디자인 매니지먼트의 목적은 설계의 미적 요소, 기능적 요소와 더불어 원가, 품질, 공법 등의 요소를 설계 진행 단계에서 검토하고 시뮬레이션하여 설계 요소에 대한 결정을 적시에 제대로 함으로써 설계자가 설계 진행을 빨리 할 수 있다는 장점이 있고(그림 12 참고), 이에 따라 공사가 조기 착수되게 하면서도 설계도의 품질을 올려 시공 단계에서 설계 변경을 최소화하는 데에 있다.

7장을 요약하면

설계는 가장 중요한 소프트웨어이며, 대규모 프로젝트에는 크고 작은 수만 가지 의사 결정이 필요하다. 프로젝트 실패는 대개 설계의 핵심 부분이 제대로 수행되지 않거나 오류를 일으키는 탓이다. 좋은 설계는 공법이나 건설 원가가 치밀하게 검토되어 도면화되며, 시공 과정에서 발생할 수 있는 오류를 최소화시켜 준다.

국내 건설 시장은 건설업체 위주로 구성되어 설계자의 위상이 미미하다. 충실한 설계는 제대로 설계비를 주고 제대로 일을 하는 선순환 구조에서 나온다. 설계업체는 프로 정신을 회복하여, 시공 현장으로 보내지는 설계 도면의 품질 관리를 철저히 하여야 하며 자기 설계도에 대하여 법적으로 또 도의적으로 책임져야 한다. 설계는 제품이 아닌 지식 서비스를 제공하는 것이므로 가격 경쟁의 대상이 될 수 없다는 인식 전환과 설계 경쟁력 향상을 위한 제도적 뒷받침이 필요하다.

영국은 국민의 삶의 질 향상에 영향을 미치는 공공 건축의 디자인 향상을 주요 국가 정책으로 채택하여 설계 자문, 설계 검증, 디자인 품질 지표 관리 도구를 추진하고 있다. 또한 좋은 공공 건축물 포상 제도를 도입하여 버려진 건물과 공간을 변환시키고, 공공 서비스가 잘 수행될 수 있도록 지원한다. 영국 공공 건축 디자인 향상 정책은 우리 건설 산업에 많은 시사점을 던져준다.

설계 도면의 존재 이유는 시공을 위한 도구로서의 역할이다. 설계 도면이 건축물이나 시설물로 만들어지기 위해서는 건물의 미적 요소, 구조적 안정성, 사용성, 경제성, 시공성 등 모든 요소가 충족되어야 한다. 설계는 건설 프로젝트 모든 단계에서 이루어지는 의사 결정의 총합체라고 할 수 있다. 설계자의 질적 향상을 위한 스스로의 노력과 제도적인 뒷받침, 그와 더불어 PM/CM이나 능력 있는 발주자 그룹이 설계 과정을 관리하여 질적인 수준을 높임으로써 성공적인 프로젝트로 이끌 수 있다.

설계의 4단계는 개념 설계Concept Design, 계획 설계Schematic Design, 기본 설계Design Development, 실시 설계Construction Document(시공 도면)으로 이루어져 있다. 각 단계별로 완료해야 할 설계 목표의 관리가 중요하다. 제대로 설계가 되지 않은 상태에서 프로젝트가 수행되어 재작업을 하는 경우가 많다. 패스트트랙은 계획 설계 단계에서 구조체 공사와 마감 공사의 디테일에 관한 매우 치밀한 검토가 이루어져야 하는 고도의 설계 관리 능력과 전문성이 필요한 방식이다. 설계 단계별로 비용, 일정, 품질·안전 등이 검토되고 검증되어야 하며, 이러한 과정이 프리콘의 핵심인 디자인 매니지먼트 과정이다.

PM/CM의 핵심은 디자인 매니지먼트이며, 프로젝트 성공에 있어 큰 역할을 한다. 디자인 매니지먼트는 설계의 여러 요소를 설계 진행 단계에서 검토하고 시뮬레이션하여 필요한 결정을 적시에 제대로 함으로써 빠른 설계 진행과 설계도의 품질을 향상시킨다.

르 코르뷔지에의 위니테 다비타시옹

Unité d'Habitation

2차 세계대전이 끝난 후 유럽 곳곳은 폐허로 변했다. 도시의 건물이 헐리고, 새로운 도시 건설 계획이 입안됐다. 위니테 다비타시옹은 1945년 2차 세계대전 직후 시작된 프랑스 복구 프로젝트의 일환으로 건설된 서민용 집합 주거다. 르 코르뷔지에는 도시 재건에 나선 프랑스 정부의 의뢰를 받아 프랑스어로 '집합 주택'을 뜻하는 이 건물을 설계했다.

외부에서 바라본 위니테 다비타시옹은 특출했다. 1층을 필로티(거대 기둥)로 처리해 일반인들에게 개방한 점이나 다양한 입면, 빨강·파랑·노랑 세 가지로 구성된 외부 발코니 세대 칸막이의 컬러 조합, 그리고 르 코르뷔지에 건축의 두드러진 특징이기도 한 거친 표면의 노출 콘크리트 마감이 그같은 느낌을 더했다.

위니테 다비타시옹은 한 건물 안에 1인용부터 8인의 대가족용까지 무려 23개 평면 타입을 가진 337세대가 있다. 모든 가구가 복층형으로 한 가구가 2개 층을 사용하도록 설계됐다. 복도는 3개 층마다 하나씩 있는데, 중앙에 있는 복도에서 한 세대는 밑으로 한 세대는 위층으로 진입하도록 해 공용 면적을 최소화했다.

이 집합 주거는 6m 높이의 34개 필로티가 받치고 있다. 필로티는 르 코르뷔지에가 주창한 '새로운 건축의 5원칙' 중 하나로, 지상으로부터 건물을 들어올려 지상을 공중에게 개방하고 통풍도 좋게 했다. 지중해와 인접해 습도가 높은 마르세유의 기후 특성도 고려한 것이다.

옥상 정원 또한 르 코르뷔지에의 5원칙 가운데 하나다. 위니테 다비타시옹의 옥상 정원에는 수영장과 조깅 트랙, 유치원, 오픈 스페이스 등 주민을 위한 공용 시설들을 두었는데, 이들 모두가 탁월한 디자인 요소를 지니고 있다.

디자인 측면에서 위니테 다비타시옹의 가장 두드러진 특징은 르 코르뷔지에의 건축 철학 중 하나이기도 한 모듈러다. 모듈러 이론이란 기존 건축에 사용되던 미터법이나 인치법 대신에 인간 신체의 척도와 비율을 기초로 황금분할을 찾아내 그것을 건축학적으로 수치화한 것이다.

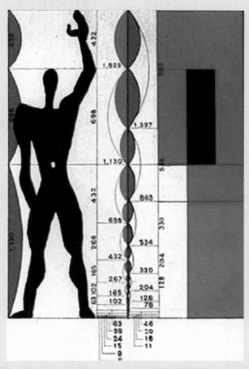

모듈러 시스템 설계도. 인체의 배꼽, 들어올린 손끝에서 기본 단위를 정립해 황금비분할까지 확장시켰다.

다시 말해 최소한의 공간 속에서 사람이 팔을 벌리고 움직일 때 불편함이 없도록 건축물을 지어야 한다는 것이다. 그는 황금비율을 모듈러 시스템에 적용했고, 이를 다양하게 조합해 건축 재료와 공간 분할의 기준 수치로 삼았다. 그 외에도 위니테 다비타시옹 내부에는 각종 디자인과 그림 등 천재 건축가로서 르 코르뷔지에의 진면목을 보여 주는 흔적들이 도처에 남아 있었다.

건축가의 독특한 건축 철학이 반영된 위니테 다비타시옹은, 현대 건축에 커다란 영향을 미친 주요 건축물로 자리 잡았다. 입소문이 나면서 관광객의 발길이 끊이지 않는 마르세이유의 명소가 되었다.

위니테 다비타시옹은 완공한 지 거의 70년이 다 되어가는 지금도 비교적 잘 유지, 관리되고 있다. 지금 봐도 세련된 이 건물을 감상하는 동안 창조와 혁신으로 주거의 편의성을 구현해낸 건축가의 진면목을 다시 한번 확인했다. 서민용 집합 주거 프로젝트를 당대 최고 건축가에게 의뢰하고, 프로젝트 진행을 전폭 지지했던 프랑스 정부의 혜안에 대해서도 깊이 생각해 보게 되었다.

8장

넷. 팀워크
결국 핵심은 사람과 협력문화

프로젝트에는 다양한 사람이 참여한다

건설 프로젝트 조직은 발주자, 설계자, 시공자, 현장 작업자, 엔지니어, 프로젝트 관리자PM/CM, 정부 기관, 지역 주민에 이르기까지 다양한 주체가 참여하는 거대한 공동체라고 할 수 있다. 흔히 건설 프로젝트에 참여하는 주체들을 한 배를 탄 공동 운명체에 비유하기도 한다. 파도에 휩쓸리지 않고 최종 목적지까지 배가 순항하기 위해서는 모든 참여 주체들의 역할과 노력이 중요하기 때문이다.

실패하는 건설 프로젝트들의 실상을 들여다보면, 거친 풍랑 같은 외부 환경적 요인보다 한 배에 탄 주체 간의 분쟁, 갈등으로 인한 문제가 훨씬 더 많이 발견된다. 발주자는 시공자에게 책임을 전가하려 하고, 시공자는 발주자에게 클레임을 제기하고 협력업체에게 리스크를 떠넘긴다. 건설 계약을 통해 발생 가능한 모든 위험 요인을 계약 상대자에게 전가시키고자 하는 것이 전통적인 건설 계약 방식의 본질이기 때문이기도 하다. 하지만 건설 프로젝트의 궁극적인 목적은 성공적인 건축물을 주어진 예산, 공기 내에서 요구된 품질 수준에 맞춰 완성하는 것이다. 이러한 성공은 리스크를 다른 주체에게 전가시켜서 얻는 반쪽짜리 성공이 아니라 신뢰를 기반으로 한 리스크 공유, 협업 환경 구축을 통한 모두의 성공이어야 의미가 있다.

한 배를 탄 공동 운명체라는 강력한 공통 분모 하에서 각기 다른 역할을 가지고 프로젝트에 참여하는 발주자, 설계자, 시공자 등 건설 참여 주체들에게 결국 필요한 것은 강한 상호 신뢰이다. 상호 간 신뢰가 두터울 경우 프로젝트의 성공 확률이 높다는 조사 결과도 나와 있다. 상호 신뢰를 기반으로 한 정보 공유는 최근 건설 프로젝트의 중요한 경향이기도 하다. 공사의 실투입 원가를 발주자에게 공개하는 오픈북Open Book 역시 정보의 투명성에 기초한 신뢰 기반 정보 공개 방식으로, 건설 선진국에서는 시공 책임형 CM^{CM-at-Risk}이나 실비 정산 방식^{cost plus fee} 계약에서 사용하고 있다.

정도 차이는 있지만 건설 프로젝트의 이해관계자들은 프로젝트 의사 결정과 성공에 긍정적 또는 부정적 영향력을 행사하게 된다. 정부 지자체, 지역 주민과 같이 프로젝트에 직간접적으로 영향력을 행사하는 다양한 유형의 주체들도 존재한다. 다양한 유형의 이해관계자를 효과적으로 관리하기 위해서는 지속적인 의사 소통을 통해 쟁점과 갈등을 적절히 관리하는 것이 필요하다.

건설 프로젝트는 다양한 이해관계자가 참여하는 한시적인 조직 활동이다. 이렇듯 서로 다른 이해관계를 가진 사람들을 체계적으로 규합하여 공동의 목표를 달성하는 일은 매우 어렵다. 따라서 프로젝트 성공을 위해서는 체계적인 시스템과 탁월한 리더십이 필수적이다.

이런 관점은 프리콘 활동을 통해 궁극적으로 지향하는 성공의 방향과 궤를 같이한다. 프리콘 활동의 이상적인 모습은 발주자를 포함, 가능한 한 모든 프로젝트 참여자들을 프로젝트 초기부터 투입시켜 하나의 공동 운명체로 조직하고, 시공 과정에서 발생할 수 있는 위험이나 문제를 서로 공유하고 논의하면서 리스크를 함께 해결해가는 것이다.

사람이 핵심이다

모든 프로젝트는 사람에 의해 창조된다. 건설 프로젝트는 다양한 전문성을 가진 사람들의 조합으로 만들어진다. 건설은 타 산업에 비해 시스템이 덜 정비되어 있고 여전히 시스템에 의존하기보다는 사람에 의해서 좌우된다. 좋은 인력의 투입이 건설의 성패에 큰 역할을 하기 때문에 발주자는 좋은 사람, 좋은 팀을 프로젝트에 투입하기 위해 부단히 노력해야 한다. 프로젝트를 흥하게 하는 것도, 망하게 하는 것도 결국은 사람이기 때문이다.

좋은 회사를 투입하는 것 못지않게 뛰어난 사람이 중요하다. 보통의 경우 좋은 회사가 우수한 프로젝트 책임자를 보유하고 있으나 모든 프로젝트에 회사에서 가장 우수한 프로젝트 팀이 투입된다는 보장은 없다. 따라서 건설 선진국에서는 프로젝트의 참여자를 선정할 때 회사의 역량, 경험도 보지만 그와 더불어 프로젝트의 핵심 책임자급을 심도 있게 평가한다. 일반적으로 프로젝트 핵심 인력의 인터뷰 절차를 거친 후에야 회사를 결정한다. 사람이 그만큼 중요하기 때문이다.

설계 회사가 크다고 모든 일을 잘하는 것은 아니므로, 건설 선진국에서는 디자인 능력이나 해당 프로젝트에 대한 적합성을 평가하여 작은 회사에 큰 프로젝트를 맡기는 경우도 있다. 나머지 엔지니어링 사항들은 다른 팀으로 보강하면 되기 때문이다. 그러나 국내에서는 큰 프로젝트 = 큰 회사에 맡겨야 한다는 등식이 깨어지기 힘들다. 과거 프로젝트 경력을 중요하게 고려하는 사전 심사 제도[PQ, Pre-qualification]에서 작은 회사는 능력과 상관없이 아예 기회 자체가 차단되기 때문이다. 뛰어난 설계자나 시공자가 투입되면 일단 그 프로젝트의 성공 확률이 높아진다. 전문성 있는 협력업체를 투입하여 뛰어난 기능 인력을 참여시키는 일도 중요하다. 공사의 품질이나 안전은 사람의 손끝에 의해 좌우되기 때문이다.

공급자 측면의 사람 못지않게 수요자 측면, 즉 발주자도 좋은 사람이 투입되어야 한다. 발주자의 품격과 능력은 공급자보다 더욱더 중요하다. 발주자 측에 뛰어난 프로젝트 관리자가 없다고 판단되면, 뛰어난 관리자를 채용하든지 PM/CM 회사에 발주자 역할을 의뢰하여 뛰어난 프로젝트 관리 팀을 확보해야 한다. 일회성 발주자의 경우 담당 인력을 채용하는 것보다 전문 PM 회사에 위탁하는 편이 좋다는 점은 5장("발주자 - 프로젝트 성공의 바로미터")에서 이미 자세히 거론했다.

또 하나 중요한 관점은 발주자를 비롯한 모든 프로젝트 팀이 공동 목표를 공유하고 한 방향으로 나아갈 수 있도록 지속적으로 커뮤니케이션하고 프로젝트에 관련된 교육을 하는 일이다. 교육의 힘은 단위 프로젝트에서도 위력을 발휘할 수 있으며, 품질과 안전의 확보는 끊임없는 교육과 정비례한다. 품질, 안전 면에서 성과를 내고자 한다면 발주자부터 현장 근로자에 이르기까지 다양한 교육 프로그램을 시행해야 하고 발주자 그룹이 솔선수범하고 헌신해야 한다. 그것이 발주자의 책임이다. 결론적으로 건설 프로젝트는 결국 얼마나 뛰어난 사람이 같은 생각을 하며 공동체 정신으로 한 방향으로 나아가는가가 성패를 좌우하는 요건이다. 프로젝트 성공에는 사람이 핵심이다.

좋은 회사를 선정하려면

프로젝트 성공의 핵심은 사람이며, 우수한 사람들을 하나의 조직으로 구성하여 몰입할 수 있는 환경을 만들어 최고의 성과를 내는 것이 바람직한 팀 구성의 이상적인 모습이다. 아무리 최고 연봉의 스타 플레이어가 많은 축구 팀이라도 조직력과 하나의 팀워크로 움직이지 못할 경우 좋은 팀이 되기 어려운 것과 마찬가지다. 지난 2002년 한일 월드컵에서 한국팀이 세계가 놀랄 만한 성적을 거둔 데에는 스타 플레이어가 활약해서라기보다는 모든 선수가 하나의 팀으로서 유기적으로 똘똘 뭉쳤기 때문이라는 사실을 우리는 잘 알고 있다.

좋은 사람, 좋은 팀에 대해서는 앞에서 어느 정도 개념 정리를 했으므로, 여기에서는 좋은 회사를 어떻게 선정해야 하는지 살펴보고자 한다. 좋은 회사의 첫 번째 조건은 철저한 프로 정신과 실력이 있는 회사다. 실력이 있는 회사는 우선 실력 있는 구성원을 많이 보유하고 있는 회사다. 아울러 회사의 시스템이 체계적으로 갖춰져 있어야 하며, 회사가 내부적으로 얼마나 프로 정신을 강조하고 있는지도 중요하다.

좋은 회사의 두 번째 조건은 철저히 고객을 생각하고 고객의 성공을 위해 끊임없이 노력하는 회사다. 말이나 글로 그럴듯하게 고객을 이야기하는 회사는 많다. 그러나 실제로 고객의 성공을 위해서 헌신하고 혼신의 노력을 하는 회사는 흔치 않다. 좋은 회사는 철저하게 고객의 편에 서는 회사다. 4장("고객에게 성공이란 무엇인가")에서 고객 만족을 살펴보았듯이, 정량적인 성과를 통해 성과를 창출하는 것은 기본이고 정성적인 성과 만족(신뢰성, 친절성, 즉시 행동, 적극 지원 등)을 통해 과정 만족을 달성할 수 있는 회사여야 한다. 당연히 고객과의 소통을 중요시하고 고객의 불편 사항VOC을 진지하게 듣고 행동하는 회사여야 한다. 고객으로부터 평가(고객만족도 평가, NPS 등)를 지속적으로 받으면서 끊임없이 개선을 위해 노력하는 회사여야 한다.

세 번째 조건은 철학이 있는 회사다. 요사이 기업의 목적에 대한 개념이 많이 바뀌었다. 과거에는 기업의 목적이 이익을 창출하여 회사가 존속하는 것going concern이었다. 그러나 요즘은 '사회적 가치 창출'과 '지속 가능성sustainability' 이슈가 기업의 중요한 사명으로 부각되고 있다. 고객과의 관계에서 처음 계약할 때와 프로젝트 수행 단계에서 달라지지 않는 회사, 언행일치를 중시하고 정직과 투명성을 중요한 가치로 삼는 회사가 좋은 회사다. 고객 가치 창출을 핵심 가치로 삼는 회사, 안전을 우선시하는 회사여야 한다.

마지막으로 네 번째 조건은, 프로젝트는 사람이 하는 것이기 때문에 탁월한 사람을 고용하고 구성원들이 탁월한 사람이 될 수 있도록 부단히 교육 훈련을 시행하는 회사다. 아울러 프로젝트 현장에 나가 있는 소수의 인원을 지원해주는 본사의 백업back up 시스템이 뛰어난 회사여야 한다.

무엇보다도 중요한 것은 탁월한 구성원들이 갑을 관계를 뛰어넘어 '우리 프로젝트'라는 주인 의식으로 충만한 상태로 프로젝트를 진행하는 회사가 좋은 팀, 좋은 회사라고 할 수 있다.

조직 구성이 성공을 좌우한다

좋은 팀, 좋은 회사가 되기 위해서는 팀원들의 조직 몰입도를 높여야 하며, 동기를 부여하고 비전을 제시할 수 있어야 한다. 성공적인 프로젝트를 이끌어내려면, 숙련된 사람들이 상호 협력하는 팀에서 함께 일해야 한다. 프로젝트의 성공은 설계 및 시공을 위해 구성된 팀의 역량에 달려 있기 때문이다. 건설 사업에 참여하는 많은 사람들은 각각 분야별 전문성을 가지고 있어야 하며, 원만한 협력 관계를 구축하여 협업해야 한다. 이때 발주자 또는 프로젝트 관리자의 가장 중요한 임무 중 하나는 다양한 배경과 전문성을 가진 사람들을 하나의 조직으로 구성하고, 그들이 효과적으로 일할 수 있도록 업무를 정의하고, 관계를 관리하는 일이다.

프로젝트에 참여하는 팀의 규모 및 구성은 건설 프로젝트의 단계에 따라 변화하는 프로젝트 요구 사항들을 만족하기 위해 지속적으로 다양한 형태를 이룬다. 팀 관계를 규정하는 역할, 책임, 의사 소통 채널, 규칙들이 사전에 명확하게 정의되어야 업무를 진행하면서 혼선을 빚지 않는다. 특히 설계 및 시공 조직의 리더십은 발주자 내부 팀의 리더십만큼이나 중요하며, 경험과 관리 능력을 갖춘 사람의 확보 여부가 프로젝트 전체의 성공을 좌우할 것이다.

모든 건설 프로젝트를 수행하기 위해서는 발주자, 설계자, 시공자 및 PM/CM으로 구성된 의사 결정 위원회가 필요하며, 이러한 조직 구조를 통해 프로젝트의 공식적인 권한 관계와 의사 결정 체계가 수립된다. 프로젝트 업무 수행에 필요한 책임, 역할, 보고 체계 등을 정의하기 전에 먼저 고려되어야 하는 것이 프로젝트에서 어떤 형태의 의사 결정 조직을 만들고, 발주자 조직을 포함한 외부 조직들을 어떻게 선정할 것인가 하는 점이다. 이러한 조직 구성에 따라 해당 프로젝트에 적합한 참여 조직별 업무 분장과 수행 절차가 결정된다.

의사 결정 위원회로는 각 분야에서 최고 책임자 레벨이 참여하는 정책위원회와 같은 최고 의결 기구가 필요하다. 아울러 현장 책임자급들로 구성된 실무 위원회를 구성하여 주기적으로 실무 레벨에서 필요한 의사 결정과 소통을 하는 조직도 필요하다. 이러한 조직은 프리콘 기간과 시공 중에는 구성 요소나 참여 조직, 역할이 다를 수 있으므로 이를 고려하여 위원회의 개최 빈도, 역할과 책임, 주요 기능 등을 설계해야 한다.

위대한 팀워크가 필요하다

아무리 최고의 전문가들로 구성된 좋은 팀이라도 팀원들 간의 협력적 팀워크가 뒷받침되지 않는다면 프로젝트 수행에 필요한 기술력, 전문성 이상의 결과를 기대하기는 어렵다. 성공적인 프로젝트를 위해서는 '위대한 팀'이 '위대한 성과'를 낼 수 있도록 만드는 '위대한 팀워크'가 필요하다.

팀워크가 조직의 성과에 미치는 영향에 대해서는 이미 많은 연구 결과와 사례를 통해 입증된 바 있다. 팀워크가 좋은 조직일수록 조직원 간의 활발한 의사 소통이 가능하며, 협동성이 높아지고, 소속감을 통해 동기 부여가 높아질 가능성이 크다. 또한 팀 내 경쟁을 통해 성과를 향상시키기도 한다. 반대로 팀워크가 좋지 않고 조직 내부에 갈등이 많을수록 조직원 상호 간의 불신이 크고, 정보의 공유가 이루어지지 않아 결과적으로 조직 성과에 악영향을 미치게 된다.

팀 빌딩이란 프로젝트 팀 구성원 간 공동의 목표, 상호 의존, 신뢰 및 헌신, 책임을 개발하는 프로세스로 팀 구성원 간의 문제 해결 능력 향상을 추구하는 것이다. 팀 빌딩 프로세스의 핵심 요소로는 상호 신뢰, 프로젝트 목표 공유, 팀 구성원 간의 상호 의존적 관계 형성 등이 있으며, 이는 특정 프로젝트 동안에 구축되는 단기적 관점의 프로세스이다. 팀 빌딩을 위해서 프로젝트 참여자들은 공동 업무 수행을 위한 각 참여자들의 역할과 의무를 공유하고 있어야 하며, 팀 구성원으로서의 책임에 대해 명확히 정의해 두어야 한다. 또한 열린 의사 소통 및 피드백을 통해 의견을 공유하고, 긍정적인 태도를 기반으로 업무에 대한 만족도를 높여야 한다. 이러한 팀 빌딩을 통해 비로소 프로젝트 성과가 향상될 수 있는데, 세부적으로는 문제 상황에 대한 조기 발견, 조직 내외부 관계 개선, 적대적 관계 감소, 신뢰 기반 구축 및 공동체 의식 함양, 열린 의사 소통 가능, 문제 해결 능력 향상, 프로젝트 전 단계의 품질 향상 등을 꾀할 수 있다. 팀 빌딩은 긍정적인 효과에 비해 쉬운 일이 아니다. 팀워크의 좋은 점만 누리고 노력은 기울이지 않는 무임승차자로 인해 조직원들의 사기가 떨어지는 경우도 흔히 있기 때문이다.

팀워크를 증진시키기 위해서는 기본적으로 상호 간 신뢰가 기반이 되어야 하며, 이를 위해 적극적인 의사 소통이 가능한 체계를 구축해야 한다. 참여자들 간의 상호 신뢰 구축 여부는 프로젝트 참여자의 프로젝트 수행 철학, 윤리 의식 수준, 공동 책임 의식, 모든 참여자들과 함께 문제 해결 방안 도출, 약속한 사항에 대한 명확한 이행, 파트너에 대한 상호 신뢰로 판단되며, 상생win-win하는 생태계를 형성해야만 한다.

또한 건설 프로젝트 조직은 구성원 간의 팀워크를 망치는 요소를 경계해야 한다. 팀워크는 조직원 간의 갈등에 의해서도 무너질 수 있지만, 프로젝트가 나아가야 할 방향이 모호하거나 목표가 추상적인 경우, 역할과 책임이 불분명할 경우에 조직원들의 동기 부여 수준이 낮아지면서 결과적으로 팀워크를 망치게 된다. 건설은 하나의 프로젝트에 다양한 경력과 전문성을 가진 주체들이 참여하기 때문에 프로젝트의 방향과 목표가 제대로 정립되지 않을 경우 혼란이 가중된다. 특히 설계와 시공은 상호 유기적인 관계이므로, 설계 단계에서 의도한 프로젝트의 방향이 시공 과정에서 제대로 구현되어야 하며, 이를 위해 프리콘 활동을 통한 다양한 주체들의 조기 참여가 필수적이다.

공동 운명체라는 인식으로 협력하라

건설 프로젝트 참여자들은 한배를 탄 공동 운명체이다. 망망대해를 항해하다 보면 풍랑에 휩쓸리기도 한다. 이때 모두가 하나가 되어 노를 젓고, 파도를 헤쳐 최종 목적지까지 무사히 도착한다면 프로젝트는 성공이라고 할 수 있다. 건설 프로젝트 과정에서 '나'의 위기는 '모두'의 위기이며, '나'의 성공은 '모두'의 성공이라는 인식이 필요하다. 그러나 안타깝게도 오늘날 우리 건설 산업을 살펴보면 '나'의 위기를 '너'의 위기로 전가하기 위해 전략적 방법을 모색하거나, 위기 상황이 발생했을 때 다른 주체에게 책임을 떠넘기기 급급한 것 같다. 어쩌면 이러한 현상은 설계와 시공을 분리시켜 공사를 수행하는 전통적인 건설 수행 방식이 빚어낸 당연한 결과이기도 하다.

최근 들어 국내 건설 산업에서도 전통적인 설계 시공 분리 방식이 아닌 설계와 시공을 함께 진행하는 발주 방식이 선호되면서 과거 설계자와 시공자의 적대적 관계가 어느 정도 해소되는 구조로 바뀌어가고 있다. 이러한 분위기에서 조직이 최고의 성과를 올리기 위해서는 건전한 조직 문화, 건설 문화를 만드는 것이 중요하다. 결국 조직을 움직이는 궁극적인 힘은 어떠한 시스템이나 기술이라기보다는 '조직 문화'이기 때문이다.

건설 프로젝트 참여자들을 하나의 공동 운명체로 만들기 위해서는 참여자들의 동기 부여에 초점을 맞춰야 한다. 무릇 조직 문화란 교육이나 명령에 의해 실현될 수 있는 영역이 아니기 때문이다. 조직 문화는 조직원들에 의해 자발적으로 만들어지는 것이며, 조직원들에게 확실한 동기 부여를 제공할 수 있어야 한다. 건설 프로젝트에서 동기 부여가 제대로 되지 않는 데에는 변별력 있는 평가 제도 부족, 프로젝트 조직 내 공감대 형성 부족 등 다양한 이유가 있다. 또한 경험, 노하우가 중시되는 산업이다 보니 명확한 업무 지침과 절차에 따라 작업이 이루어지기보다 경험에 의해 절차가 무시되는 경우도 많다. '우리 건설 산업은 다르다'라는 인식이 조직 내 건전한 건설 문화를 형성하는 데 장애 요인이 되고 있다. '우리 건설 산업은 다르다'고 하기보다는 '건설 산업은 그렇더라도 우리는 다르다'라는 인식의 전환을 통해 건전하고 협력적인 건설 문화를 만들어나가야 하겠다.

8장을 요약하면

건설 프로젝트 조직에는 발주자, 설계자, 시공자, 현장 작업자, 엔지니어, 프로젝트 관리자, 정부 기관, 지역 주민 등 다양한 주체가 참여한다. 이들 중 프로젝트 직접 참여자인 발주자, 설계자, 시공자, PM/CM사 등을 초기부터 투입시켜 하나의 공동 운명체로 조직하고, 시공 과정에서 발생 가능한 위험이나 문제를 서로 공유하고 논의하면서 리스크를 함께 해결해가는 것이 이상적인 프리콘 활동이다.

좋은 인력의 투입이 건설의 성패에 큰 역할을 하기 때문에 발주자는 좋은 사람, 좋은 팀을 프로젝트에 투입하기 위해 부단히 노력해야 한다. 또한 뛰어난 관리자를 채용하든지 PM/CM 회사에 발주자 역할을 의뢰하여 뛰어난 프로젝트 관리 팀을 확보해야 한다. 프로젝트 성공의 핵심은 사람이다.

프로젝트에 선정해야 할 좋은 회사는 첫째, 철저한 프로 정신과 실력을 갖춘 회사다. 둘째, 철저히 고객을 생각하고 고객의 성공을 위해 끊임없이 노력하는 회사다. 셋째, 고객과의 관계에서 처음 계약할 때와 프로젝트 수행 단계에서 달라지지 않고, 정직과 투명성을 중시하는 철학이 있는 회사다. 넷째, 탁월한 사람을 고용하고 부단한 구성원 교육 훈련으로 탁월한 사람을 만드는 회사다.

프로젝트의 성공은 구성된 팀의 역량에 달려 있기 때문에, 각자 분야별 전문성이 있어야 하며, 원만한 협력 관계를 구축하고 협업해야 한다. PM의 가장 중요한 임무는 다양한 전문 분야의 사람들을 하나의 조직으로 구성하고, 각 업무를 정의하고, 관계를 관리하는 일이다. 또한 의사 결정 위원회를 구성, 공식적인 권한 관계와 의사 결정 체계, 참여 조직별 업무 분장과 수행 절차를 결정한다.

성공적인 프로젝트를 위해서는 '위대한 팀'이 '위대한 성과'를 낼 수 있도록 만드는 '위대한 팀워크'가 필요하다. 팀 빌딩을 위해 프로젝트 참여자들은 각자 역할과 의무를 공유하고, 책임 소재를 명확히 정의하고, 열린 의사 소통으로 의견을 공유하고, 긍정적인 태도로 업무 만족도를 높여야 한다. 설계와 시공의 유기적 관계가 강화되면 프로젝트 성과가 향상된다.

조직이 최고의 성과를 올리기 위해서는 건전한 조직 문화, 건설 문화를 만드는 것이 중요하다. 조직 문화는 조직원들에 의해 자발적으로 만들어지는 것이며, 조직원들에게 확실한 동기 부여를 제공할 수 있어야 한다. '우리 건설 산업은 다르다'고 하기보다는 '건설 산업은 그렇더라도 우리는 다르다'라는 인식의 전환으로, 건전하고 협력적인 건설 문화를 만들어나가야 한다.

렌조 피아노의 더 샤드
The Shard

　더 샤드The Shard는 런던 템스 강변에 위치한 유럽 최고의 초고층 건축물이다. 런던 브리지역London Bridge Station과 연결되어 있으며, 최고 높이는 310m, 건물 층수는 지상 87층에 지하 3층이다. 건축물 용도는 사무실, 바bar 및 식당, 호텔, 전망대가 있는 복합 건축물Multi-Complex Building이다. 건축 공사는 2009년 3월에 시작해 2012년 7월 준공하였고, 2013년 2월 1일에 공식 개장했다. 샤드Shard는 유리 조각이라는 뜻으로, 유리 조형물의 조각 형태 건축물을 형상화했다. 더The가 붙은 것은 영국에서 최초의 초고층 건축물이라는 의미이며, 사람을 존중하는 합리적 사회인 영국의 수도 런던에서 과거와 미래가 공존하는 현대의 초고층 건축물이다. 건축 설계를 담당한 건축가는 파리 퐁피두 센터를 설계한 이탈리아 출신의 렌조 피아노Renzo Piano, 프로젝트 관리와 예산을 관리한 PM 회사는 영국의 터너앤타운젠드Turner & Townsend이다.

건축가 렌조 피아노는 이전까지 초고층 설계 실적이 없었지만, 건축주인 어빈 셀라Irvine Sellar와의 첫 만남에서 식탁 위 냅킨에 초기 콘셉트(기획안)를 스케치해 즉석에서 설계 프로젝트를 수주했다고 한다. 렌조 피아노는 50여 년간 세계적 건축가로 활동하였으며, 1971년 영국의 건축가 리차드 로저스와 함께 파리에 위치한 퐁피두 센터 공동 현상 설계 당선으로 하이테크 건축 시대를 꽃피웠다. 더 샤드의 유리 조각 이미지는 빅토리아 시대 도크에 정박해 있는 수많은 범선들의 돛을 내린 마스트의 숲 모양에서 영감을 얻었다고 한다. 24개 층의 업무시설, 3개 층의 바 및 식당, 중간 부분에 호텔이 있으며, 상부에 주거 시설과 최상부에 전망대를 설치하여 런던의 랜드마크적 이미지를 표출하였다. 철골 구조에 유리나 금속은 은빛 하이테크 건축물을 표현하기 좋은 소재이나, 대규모 구조 건축물로 공사비가 비싸다는 단점이 있다.

외관(파사드)의 경우 각 층 바닥에서 천장까지 탁 트인 전망을 위하여 바닥에서 위층 바닥까지 1개 층을 하나의 유닛으로 설치하였다. 투명한 저철분 3중 유리를 사용했는데 더블 스킨(이중 구조의 외벽면) 유리와 유리 사이에 전동 모터 블라인드를 설치하여 자동 개폐하도록 했다. 영국 특유의 햇빛, 흐림 그리고 갑작스런 비 등의 변덕스런 날씨에도 쾌적한 공간을 제공하기 위하여 최첨단 에너지 절감 기법을 도입했으며, 철저하게 친환경 설계를 지향했다.

영국 건설 산업의 특징은 발주자와 좋은 팀이 상호 신뢰를 바탕으로 상생하는 것이다. 전통적인 갑을 관계가 아닌 파트너 관계로 프로젝트 공통의 목표에 힘을 합쳐 도전하는 것이다. 더 샤드에는 이런 프로젝트 철학이 구현되었고 그 결과 도심 한복판에 유럽 최고 높이의 건물을 3년여 만에 완공할 수 있었다.

더 샤드는 탁월한 건축가와 PM 업체, 스마트한 발주자의 팀워크가 만들어낸 걸작품으로 2013년 오픈하자마자 런던의 랜드마크가 되었다.

9장

다섯. 프로젝트 관리
성공을 위한 필수도구

마스터 빌더와 기능의 분화

과거에는 마스터 빌더Master Builder라고 해서 설계와 시공 등 모든 과정을 한 사람의 장인이 담당했다. 모든 건설 행위는 마스터 빌더를 중심으로 이루어졌다. 마스터 빌더는 건축가이자 수학자이고, 또한 공학자였다. 건축의 3요소인 구조, 기능, 미를 제창한 로마의 비트루비우스Vitruvius는 "건축가는 학자이고 숙련된 제도사, 수학자여야 하며 역사적 지식에 익숙하고 철학을 즐겨하고 또한 음악과 친숙하고 의학을 알아야 하며, 천문학과 천문학적 계산에도 능통해야 한다"고 말했다.[61] 과거의 건축가는 예술, 철학, 이학, 공학 등 모든 영역에 해박한 만능인이었다고 할 수 있다. 절대 군주의 전폭적인 지원 하에 이들은 수많은 노예와 평민을 동원하여 예산이나 일정에 관계없이 프로젝트를 추진하였고, 인류 역사상 위대한 건축은 그렇게 해서 탄생할 수 있었다.

6장("프리콘-성패를 결정짓는 리허설")에서 전술한 것처럼, 사회가 발전하면서 건설의 성능 요구 조건도 지능화, 스마트화되었고, 이를 담당할 전문성을 가진 업체들의 참여가 필요하게 되었다. 이 과정에서 건설의 다양한 영역들이 보다 전문화, 고도화되면서 건설 활동이 점차 세분화되었으며, 당연히 예산이나 일정이 건설의 중요한 관리 대상이 되었다. 그러다 보니 과거 마스터 빌더에 의해 건설이 이루어질 때와는 다르게 여러 문제가 발생하기 시작했다. 업무의 분화로 설계, 구조, 설비, 시공 등 보다 전문적인 영역이 구축된 결과 효율성은 향상되었지만, 한 사람이 건축을 총괄할 때에 비해 참여자 간의 이해관계가 복잡해지고, 상호 협력이 부족해지고, 전체를 관리하는 능력이나 기능이 제대로 작동하지 못하게 되었다. 그 결과 과거에 비해 일정이나 원가 측면에서 당초 계획을 상당히 초과하는 프로젝트들이 빈발하게 되었다. 이와 같은 변화 과정에서 부분적으로 발전된 전문화가 실제로는 전체 프로젝트의 효율성이나 가치를 떨어뜨리고, 발주자의 궁극적 이익을 해친다는 이율배반적인 현상이 벌어졌다.

설계 시공 분리 발주 방식은, 단순 반복형 프로젝트의 목표 달성에는 도움이 될 수 있으나, 날로 복잡해져가고 고도화되는 프로젝트에서는 오히려 수많은 중도 계약 변경을 발생시키고 공기 연장과 공사비 증가를 야기하여 원래의 취지를 살리지 못하고 있다는 평가를 받고 있다. 무엇보다 설계와 시공이 각기 다른 주체들로부터 제각각 수행되면서, 잦은 설계 변경, 재작업, 시공성 결여* 등의 문제점이 반복적으로 발생하여 건설 주체 간의 상호 갈등을 야기하고 건설 프로젝트 전반의 생산성을 떨어뜨리는 주요 요인이 되었다. 대형화되고 복잡성이 더해지는 건설 프로젝트에 어떤 프로젝트 수행 방식을 적용해야 발주자의 이익을 극대화하면서 프로젝트를 성공으로 이끌 수 있을지를 묻는 본질적 질문이 대두되었고, 이에 대해 답을 구하려는 과정이 이어졌다. 그러면서 아이러니하게도, 과거에 그랬던 것처럼 통합된 조직 안에서 여러 주체가 하나의 팀으로서 움직일 수 있도록 하는 프리콘 활동과 같은 통합형 프로젝트 매니지먼트PM/CM 방법들이 등장하게 되었다.

발주자, 설계자, 시공자, 애증의 삼각 관계

건설 프로젝트를 이끄는 3대 주체는 발주자, 설계자, 시공자로 대표된다. 발주자는 프로젝트를 구상하고, 설계자는 발주자가 구상한 프로젝트를 미적 감각을 기반으로 형상화하며, 시공자는 설계자가 제작한 도면을 가지고 결과물을 창조한다. 설계자와 시공자는 양쪽 모두 발주자가 구상한 프로젝트를 구현한다는 측면에서 본질적으로 비슷한 역할을 한다고 볼 수 있다. 그러나 설계자는 설계 도면에 발주자의 요구 사항을 구현하며, 시공자는 특정 부지에 건축물이란 제품을 직접 만든다. 설계와 시공은 발주자의 요구 사항을 구현하는 대상이 다르며, 설계와 시공에 요구

---

* 시공성 결여는 시공을 하는 방식에 대한 검토가 부족한 도면을 제작한 탓에 시공이 힘들거나 시공이 불가능한 상태를 말한다.

되는 전문성도 각기 다르다. 대학 교육에서도 일반적으로 설계자를 양성하는 교육과 시공 엔지니어를 양성하는 교육이 분리되어 있다.

시공은 설계 도면 없이 이루어질 수 없기에 설계와 시공은 상호 보완적인 관계 또는 종속적인 관계에 있다고 할 수 있다. 하지만 설계와 시공이 분리되면서 상호 영역에 대한 지식이 떨어지고, 발주자의 목적물인 건축물이나 구축물을 구현하는 데 하나의 팀이 되어야 하는 설계, 시공 사이에 문제가 발생하기 시작했다.

문제의 핵심은 시공성을 고려하지 않은 설계 도면이 만들어지거나 완성도가 떨어지는 도면이 현장에 주어지는 경우가 비일비재하다는 데에 있다. 시공사는 이를 가지고 자기 편리한 대로 시공하기도 하고 자기 이익을 극대화하기 위해 노력하기도 한다. 설계자는 시공을 잘 모르고 시공자는 설계를 잘 모르는 상황에서, 발주자는 프로젝트 관리 능력이 부족하기 때문에 이들을 제대로 조율하지 못하는 경우가 흔하다. 전통적인 설계 시공 분리 발주 방식에서 발주자와 설계자, 발주자와 시공자는 상호 간 계약 관계를 맺지만 설계자와 시공자는 계약으로 연결되어 있지 않다. 따라서 설계자가 만든 설계 도면의 오류 때문에 공사 기간이 지연되거나 공사비가 증가하더라도, 시공자는 설계자에게 책임을 물을 권한이 없다. 따라서 설계 오류에 대해 시공자가 클레임을 제기할 경우 발주자가 설계자를 대신해 책임을 지게 된다.* 이런 경우 설계자의 잘못으로 설계 변경이 발생했는데도, 설계자와 시공자 사이에서 예산을 늘리고

---

* 물론 발주자는 추후에 설계 변경 때문에 발생하는 손해에 대해 설계자에게 구상권을 청구할 수 있다. 그러나 국내에서 실제로 이렇게 하는 예는 거의 없다. 그냥 발주자가 추가 비용을 떠안을 수밖에 없는 구조다.

공기를 연장해야 하는 어려움은 발주자의 몫이 된다.

스마트한 발주자라면 시공 전부터 본인이 요구한 설계가 완벽히 구현되었는지 판단할 수도 있겠지만, 대다수 발주자는 건설 분야에 전문 지식이 충분하지 않으며, 따라서 그들이 이런 역할을 해내려면 버거울 수밖에 없다. 설계사는 발주자의 충실한 대리인 역할을 해서 완성도가 높은 설계도를 생산하고 건설사는 설계자가 생산한 설계도서대로 시공을 해주면 발주자가 편하다. 그러나 일반적으로 설계나 시공은 서로 상대방의 업무를 잘 모른다. 특히 설계자는 원가에 대한 감각이나 지식이 모자라고, 공사에 대한 전문성이 부족하여 디테일을 잘 모른다. 이 두 가지는 건설 프로젝트의 성공에 지대한 영향을 끼친다. 또한 기술이 발달하면서 수많은 전문업체가 분화되었는데, 이들을 잘 종합하고 서로 협력하기가 여간 어려운 일이 아니다. 발주자 혼자서 이런 문제를 전부 해결하고 상호 조율을 하는 일은 불가능하거나 매우 힘들다.

이러한 배경에서 설계 지식, 시공 지식, 프로젝트 관리 방식에 전문 지식을 모두 갖춘 프로젝트 관리자PM/CM가 미국에서 1960년대부터 등장하였다. 프로젝트 관리자에 의한 건설 수행 방식이 이제는 글로벌 건설 시장의 보편화된 방식으로 자리 잡고 있다. 프로젝트 관리자가 건설 사업을 수행하면서 설계와 시공 간 단절 현상을 해소할 수 있게 되자, 이해관계자들 간 커뮤니케이션, 의견 조율 이슈가 더욱 중요해졌다. 프로젝트 주체가 지닌 약점과 프로젝트 주체 간 이해관계 충돌을 조정해나가며 프로젝트를 성공적으로 이끌기 위해서, 발주자 자체 팀을 구성하거나 PM/CM팀을 외부에서 고용하여 전체 프로젝트 진행 과정을 관리하고 있다.

PM/CM의 도움으로 발주자는 생업이나 자신의 핵심 비즈니스에 집중할 수 있다는 이점이 있다. 예를 들어 병원을 잘 경영하여 성공한 의사가 자신의 병원 건물을 짓고자 한다면, 어설프게 자신이 직접 공사를 주도하겠다고 나섰다가는 큰코다치기 쉽다. 고생은 고생대로 하면서도 좋지 못한 결과를 얻는 경우가 비일비재하다. 이런 경우 건설 프로젝트 관리 전문가인 PM/CM에게 건설 과정을 맡기면, 자신은 생업이자 핵심 분야인 병원 운영에 전념할 수 있다.

건설 프로젝트는 속성상 복잡하고 많은 이해관계자가 참여하기 때문에 철저한 관리가 필수적인 사업이다. 발주자들은 인식을 바꿔서 건설은 시공이 핵심인 사업이 아니라 '관리를 하는 사업'이라는 점을 이해해야 한다.

프로젝트 관리 기법의 발전

미국은 프로젝트 관리 기법으로 대변되는 PM/CM 발상지다. 1960년대에 미국의 몇몇 공공 기관들이 만성적인 공기 지연과 예산 초과 문제를 해결하기 위하여, PM/CM 방식을 시범적으로 도입한 것이 PM/CM의 효시로 알려져 있다.* PM/CM은 발주자의 니즈Needs에 의해 만들어진 제도, 기법이며, 공공에서 먼저 도입함으로써 산업 전체에 자연

---

* 1972년 및 1973년에 완공된 뉴욕의 세계무역센터World Trade Center가 CM에 의한 최초 공사라고 국내에 알려져 있으나, 이는 잘못된 정보이다. 내가 직접 미국 CM협회CMAA에 확인해본 결과, 세계무역센터는 CM에 의한 최초 공사라기보다는 대형 프로젝트에 최초로 CM이 적용된 경우라는 답변을 받았다.

스럽게 정착될 수 있었다. 특이하게도 발주자가 그들의 이익을 대변하기 위해 만든 제도와 기법이다.

이후 민간 부분으로 점차 확대되었고, 기술 인력을 자체적으로 보유하지 않은 개발업체developer들이 PM/CM 회사를 아웃소싱하여 적극 활용함으로써, PM/CM 제도가 매우 자연스럽게 미국 내에 확대되었다. 미국의 PM/CM 기업들은 중동 지역의 대형 도시 개발 프로젝트와 미국 내에서 정부 발주 프로젝트가 충분했던 레이건 정부 시절인 1970년대, 1980년대에 PM/CM 기술을 더욱 발전시킬 수 있었다.[62]

산업이 발전하면서 건설 프로젝트의 성격이 전문화, 대형화되었고, 건설 공사에서 공기 단축과 원가 절감 필요성이 커졌을 뿐만 아니라 전래적 공사 수행 방식에서 빚어지는 전문 관리 기능 부족과 공사 참여자들 간 적대적인 관계가 점차 심각한 문제로 부각되었다. 이러한 여러 문제점들의 해결책으로 새로운 공사 수행 방식인 CM이 등장하게 되었다. 때마침 경영학, 산업공학, 전기·전자공학, 기계공학 등 타 분야에서 파생된 이론과 기법들이 건설 공사의 계획, 관리, 시공 과정에 활용되면서 과학적이고 체계적인 관리 활동을 가능하게 하는 계기가 되었다.

미국 건설 산업에서 프로젝트 조달은, 전통적인 조달 방식뿐만 아니라 다양한 조달 유형이 여러 공사 형태에 맞게 장기간에 걸쳐 발전되었다. 특히 건설 프로젝트의 대형화, 복잡화 경향에 따라 예산 증가, 관리직 인원 팽창, 품질과 안전에 대한 부담이 가중되고 있었기 때문에, PM/CM 계약 방식은 발주자와 변화하는 건설 산업의 요구에 따라 다양한 형태로 적용 발전되었다.[63]

당시 미국연방조달청(GSA)* 산하 PBS**에서는 설계·시공 간의 기간 단축, 고품질의 시공 실현, 건설 공사 비용 절감을 목표로 하여 민간 분야에서 적용하고 있던 새로운 건설 공사 수행 방식을 연구하였다. 그 결과, 기존의 전통적인 계약 방식에서 오는 불합리함을 인지하고, 이에 대한 개선책으로 단계별 시공phased construction 수행, 다수의 주 도급자multiple prime contractor와의 계약 체결 방안, 고층 건물이나 복합 건물, 기타 500만 달러 이상의 대형 프로젝트에 대해 민간 전문 업체에 의한 CM 방식 도입 권고 등이 포함된 연구 성과를 발표하였다. 이후 CM 방식에 의한 계약이 꾸준히 증가하였으며, 1977년에는 CM 방식을 적극 옹호하는 핸드북을 발간하기도 하였다. 그런데 공공에서 주도하는 관공사의 CM 계약 제도는 초기에 몇 가지 문제점을 노출하였다. 경험과 조직력을 갖춘 CM 업체가 부족하고, 책임과 권한 이양이 불명확했으며, CM 제도에 대한 이해가 부족하여, 제대로 된 CM이 이루어지지 못했다. 결국 GSA는 1979년에 CM 계약을 중지하였다. 이러한 GSA의 조치에도 불구하고, CM 계약 방식은 쇠퇴하기는커녕 오히려 민간 및 공공 부문의 건설 프로젝트에 급격히 도입되었다. 마침내 GSA에서도 1983년에 품질 관리Quality Management에 가까운 CM 계약 제도를 다시 채택하게 되었다. 이렇게 CM 제도가 활성화되면서 CM 교육의 발전에도 커다란 영향을 미쳤다. 그러나 공공 분야의 사업에서, 민간 CM 업체는 충분한 책임을 질

---

* 미국연방조달청GSA, General Services Administration은 미국의 공공 공사 부문에 CM 방식을 선도적으로 도입한 대표적인 기관으로, 1970년에 공공 부문에 있어서 처음으로 법적 근거를 마련하였다.
** GSA/PBS는 GSA 산하 Public Building Service를 담당하는 기관으로, 연방 정부 공무원에게 사무실을 제공하기 위해 건물의 설계와 시공, 임대 등 다양한 서비스를 제공한다.

수 없었고, 이에 따라 1980년부터는 GSA/PBS 위원회의 사전 승인 없이는 CM 용역을 발주할 수 없도록 정책이 변경되었다.

GSA/PBS에서 발간한 『건설 사업 관리 가이드Construction Management Guide』를 살펴보면, CM의 책임 사항과 형평에 맞게 CM의 권한을 대폭 축소시켜 사실상 순수한 컨설턴트나 업무 조정자의 역할만 수행하도록 책임과 권한을 규정하고 있다. 이는 융통성을 가지고 다양한 CM 방식을 접목시키는 민간 부문과 달리 기관의 제도나 법규의 제약을 받는 공공 공사의 특성에서 기인한다.[64]

CM과 PM은 어떻게 다른가

CM과 유사한 개념으로 PM이 있으며, PM은 프로젝트 관리Project Management와 프로그램 관리Program Management 두 가지로 나누어진다. CM 발상지인 미국을 비롯하여 건설 선진국에서는 CM과 PM을 구분하여 사용하고 있으며, 일반적으로 CM보다는 PM을 광의의 개념으로 사용하고 있다. 프로그램 관리*[65]는 종합 사업 관리로 번역되며, 공항 건설과 같이 수많은 공사bid package로 구성되어 있는 복합 프로젝트에서, 다수의 프로젝트multiple project를 총괄 관리한다. 프로젝트 관리의 범위도 계획 단계부터 유지 관리 단계에 이르기까지 건설 사업 전 단계를 다루고 있다.

---

*   이복남, 정영수는 Program Management를 '종합 사업 관리', Project Management를 '사업 관리', Construction Management를 '건설 사업 관리'로 구분하고 있다. 매우 적절한 구분이라고 동의하나, 여전히 번역 용어가 표준화되지 않고 있으므로, 혼동을 줄이기 위해 이 책에서는 영어 표현 그대로 사용하기로 한다.

또한 CM과 달리 설계자가 프로그램 관리자program manager의 지시를 받고 작업을 하는 PM의 하부 조직 구도가 된다. 프로젝트 관리는 프로그램 관리와 업무 범위는 같으나, 다수의 프로젝트가 아닌 단일 프로젝트single project를 관리하는 점이 다르다. 프로그램 관리 조직 밑에 여러 개의 프로젝트 관리 계약이 이루어진다. 다시 각 프로젝트 관리 밑에 CM 계약, 설계 시공 일괄 입찰design build, 재래적인 시공자general contractor의 일괄 도급 계약이 가능하고, 프로젝트 관리 조직 밑에 CM, 설계 시공 일괄 입찰이나 일괄 도급 계약이 가능하다. 최근에는 종합 사업 관리라는 이름으로 정부 차원에서 프로그램 관리가 새롭게 대두되고 있으며, 해외 건설 사업에서 중요한 성장축으로 인식되고 있다.

PM은 넓은 의미에서 CM으로 호칭될 수 있으나, 앞서 이야기한 바와 같이 미국 등 건설 선진국에서는 CM과 구분하여 사용한다. 국내에서는 PM/CM을 구분하지 않고 CM이라고 통칭하고 있으며, 건설산업기본법에서 정의한 건설 사업 관리의 정의는 PM에 가깝다.* 또한 국내에서는 법적 용어인 '건설 사업 관리'를 그냥 CM으로 부른다. 몇 년 전부터는 건설산업기본법에 정부 발주 감리도 건설 사업 관리라고 용어를 변경하였다. 이처럼 국내에서는 용어의 혼재와 개념의 혼란으로, CM의 원래 개념이 상당히 왜곡되었고, 경우에 따라 아전인수식으로 해석되고 있어 개념 재정립이 시급하다. 아울러 CM의 하향 평준화, CM의 감리

---

* 2019년 4월 개정된 "건설산업기본법" 제2조 정의는 다음과 같다.
제2조(정의) 이 법에서 사용하는 용어의 뜻은 다음과 같다.
8. "건설사업관리"란 건설공사에 관한 기획, 타당성 조사, 분석, 설계, 조달, 계약, 시공관리, 감리, 평가 또는 사후관리 등에 관한 관리를 수행하는 것을 말한다.

프로젝트 단계	*노트	계획단계 (Planning)	개념단계 (Concept)	설계단계 (Design)	시공단계 (Construction)	운영단계 (Commisoning)	사례
종합 사업 관리 (Program management)	1	매우 크거나 복합적 프로젝트들					공항신축, 운송체계, 신도시 건설 등
프로젝트 관리 (Project Management)	1.2	단독 프로젝트					위의 하부 프로젝트, 또는 단독 프로젝트
건설 사업 관리 (Construction Management)	1.2						용역형 CM 또는 발주자 대리인
일괄 시공 계약 (General Contract)	3						
감리 (Construction Supervision)	1.2						

* 노트: 1. 고객이나 오너의 대리인 역할/ 2. 종합 사업 관리의 부속 역할/ 3. 설계는 별도 제공함

표 7. 건설 발주 방식 비교[66]

화라는 비판도 거세지고 있다.

감리와 PM/CM은 근본적인 차이가 있다. PM/CM은 프리콘에 관여하고 또한 프리콘에 집중하지만 감리는 공사 중에만 관여한다. PM/CM은 사전적proactive 활동을 하지만 감리는 사후적 활동인 시공의 품질, 안전을 지적하는 검측inspection 활동을 한다. 따라서 감리는 프로젝트 성공에 기여하는 부분도 PM/CM에 비해 매우 제한적이다. 이상에서 설명한 CM과 PM의 차이를 발주 방식 간의 위상으로 표현하면 표 7과 같다.

표 7에서도 알 수 있듯이, PM은 프로젝트 생애 주기 전반을 관리한다. 하지만 CM은 일반적으로 설계가 진행되어 계획 설계schematic design가 완료된 후 참여하는 것으로, 미국 등 건설 선진국에서는 일반화되어 있다. 그렇지만 건설, 엔지니어링 분야 세계 최고 권위지인 『ENR』*은 PM을 CM에 포함하여 CM으로 분류하고 있다. 미국에서도 용어의 혼

란이 있는 것이다. 이 책에서는 불필요한 용어의 혼란을 막기 위해, 특별한 경우를 제외하고는 PM/CM, 이렇게 붙여서 사용하는 것으로 통일하였다.

프로젝트 관리Project Management 업무

미국 CMAA는 CM 업무의 표준 서비스와 관련하여 아래와 같이 공사의 단계를 5단계로 나누고 각 단계에서 기본이 되는 업무를 정의하고 있다.

1) 설계 전 단계Pre-Design Phase

2) 설계 단계Design Phase

3) 발주 단계Procurement Phase

4) 시공 단계Construction Phase

5) 완공 후 단계Post Construction Phase

위 다섯 단계에 따른 단계별 업무는,

1) 프로젝트 관리Project Management

2) 원가 관리Cost Management

---

*   『ENR』은 Engineering News-Record의 약자로 미국에서 발행하는 주간 잡지이다. 전 세계 건설 산업에 대한 뉴스, 분석, 데이터 및 의견을 제공하며, 건설업계에서 가장 권위 있는 출판물 중 하나로 널리 알려져 있다.

3) 일정 관리Time Management

4) 품질 관리Quality Management

5) 계약 행정Project/ Contract Administration

6) 안전 관리Safety Management

7) 친환경Sustainability

8) BIMBuilding Information Modeling

등으로 세분되며, 이에 따른 세분화된 업무 목록을 다시 기술하고 있다.

전술한 바와 같이 CMAA의 업무 내용은 실제로는 PM 업무이며 프로젝트의 시작과 끝을 모두 관장하고 있다. 하지만 CMAA에서는 프로젝트 관리를 협의로 기술하고 있다. 이 책에서 기술하는 프로젝트 관리PM는 프로젝트 처음(기획 단계, 설계 전 단계)부터 끝(완공 후 단계)까지 모든 업무를 포괄한다.

프리콘 단계인 설계 전 단계, 설계 단계, 발주 단계는 6장에서 이미 자세히 살펴보았기 때문에 여기에서는 시공 단계와 완공 후 단계 위주로 기술하고자 한다.

원가 관리는 사업 초기인 계획 단계부터 설계가 진행되는 설계 단계에 따라 계속적으로 원가를 확인하여 다음 단계에 피드백함으로써, 계획 및 설계 단계에서 세웠던 원가 목표가 실현되도록 한다. 또한 발주 단계, 시공 단계가 진행되는 동안에도 당초 목표 예산을 유지하거나, 절약하기 위한 지속적인 관리 활동을 한다. 시공 중에는 매달 기집행한 공사비와 변경분, 변경 예상분, 잔여 공사비 등을 예측하고 관리하며, 필요한 관리 수단을 부여하여 당초 예산이 초과되지 않도록 관리한다는 점에서, 국내의 일반적인 원가 관리 관행과는 크게 다르다. 참고로 설계 전 단계 및 설계 단계의 원가 관리 흐름은 앞서 7장("좋은 설계-하드웨어를 움직이는 소프트웨어")에서 살펴보았다.(그림 13 참조)

공사 중에는 시공사의 월간 기성금을 검토하여 기성금을 지급하는 행정 업무와 설계 변경 발생 시 변경 관리를 하는 일이 중요한 업무가 된다. 그리고 공사가 끝나면 시공업체와 정산을 하여 최종 공사비를 확정하는 업무를 발주자를 대신하여 하게 된다. 정산 시 다툼을 최소화하려면 설계 변경 발생 시 그 즉시 해당 건을 정리하고 건설사와 합의를 하는 것이 중요하다.

일정 관리Time Management는 다양한 관리 수단을 동원하여 사업 기간을 단축 또는 준수하는 일이다. 프리콘 단계에서 마스터 스케줄과 마일스톤 스케줄 준비와 공사의 시공성과 공법 검토에 대해서는 전술한 바 있다. 사업 일정에서 중요한 변수로 인허가 문제와 민원 문제가 있다. 프로젝트에 따라서는 건축 허가를 받는 과정이 몇 년씩 소요되는 경우도 있기 때문에, 사전에 설계사, 발주자와 함께 철저한 인허가 전략을 수립하는 것이 필요하다. 대형 프로젝트의 경우 준공 허가가 매우 까다롭기 때문에 프로젝트 관여자와 발주자의 혼연일체 노력이 필요하다. 민원도 사전 대처가 무엇보다 중요하다. 공사 중 PM/CM의 중요한 역할은 발주자를 포함한 관련자와 함께 공사를 공정에 맞게 추진할 수 있도록 의사 결정을 주도하는 것이다. 현장 시공 상세인 시공도Shop drawing를 검토하고 승인해주는 일과 자재, 장비에 대한 승인 작업을 적시에 함으로써 시공사가 자재 등을 발주하고 적시에 시공할 수 있도록 의사 결정 관리를 주도한다. 그리고 발주한 자재, 장비의 조달delivery을 점검하며, 이 중에서도 발주 후 현장 도착까지 오래 걸리는 품목들long lead items은 특별 관리한다.

아울러 마스터 스케줄과 마일스톤 스케줄을 잘 관리함으로써 전체 공정이 차질 없이 진행되도록 사령탑 역할을 한다. 감리업체가 따로 있으면 공사 중에 감리업체로 하여금 철저한 품질 관리, 안전 관리를 하도록 리더십을 발휘한다. 국내에서는 외국과 달리 CM과 감리를 동일 업체에 같이 발주하는 경우가 많으므로, 역량 있는 CM 업체 선정은 더욱 중요하다. 건설 선진국에서는 품질 관리 · 안전 관리는 시공사가 스스로 하기 때문에 현장 감리가 없는 경우가 대부분이고, 필요 시 정부나 관련 공공 기관에서 특별 점검 형태로 관여하는데, 건설사가 안전 수칙이나 법규를 위반할 경우 엄청난 규모의 벌칙이 부과된다. 그렇기 때문에 건설업체 스스로 안전 관리나 품질 관리를 책임지고 관리한다. 그 결과 사고율이 우리에 비해 현저히 낮다.

완공 후 단계Post Construction Phase에서 프로젝트 관리자인 PM/CM은 전술한 정산 업무를 포함하여 프로젝트를 잘 종료하고 사용자에게 건축물을 인수인계하여 사용에 지장이 없도록 제반 서류, 매뉴얼, 준공 도면as-built drawings, 스페어 파트spare parts 등을 준비하는 일을 주도한다. 각종 장비와 시스템의 시운전과 준공 검사를 진두지휘하고 사용자에게 인수인계하고 각종 계약의 종결을 지원함으로써 프로젝트를 완료한다.

유능한 프로젝트 관리자는, 프로젝트 계획 단계에서부터 완공 단계까지 모든 과정을 발주자를 대신하여 과학적이고 체계적으로 관리하는 발주자의 분신과도 같은 존재이다. 프로젝트 관련자인 발주자, 설계자, 시공자에 대해 프로젝트 리더십을 발휘하는 프로젝트 관리자야말로 프로젝트 성공의 핵심 역할을 담당한다고 할 수 있다. 발주자에게는 매우 든든한 우군이 되어 발주자의 이익을 대변하는 역할을 함으로써, 건설이라는 험난한 과정에서 발주자의 고충pain point을 해결해준다.

계약 관리로 분쟁을 줄인다

모든 건설 프로젝트는 계약을 기반으로 움직인다. 건설 프로젝트뿐만 아니라 모든 비즈니스가 계약을 기초로 삼는다. 계약 내용이 특정 계약 주체에게 불리하게 작성되어 있다면, 그 계약 주체는 프로젝트의 시작부터 불리한 위치에서 사업에 참여하게 되는 셈이다. 시작부터 게임의 주도권을 뺏긴 것이라고도 할 수 있다. 계약과 관련한 문제는 추후 건설 분쟁으로 이어져 상호 간에 불필요한 노력을 하게 하거나 막대한 손실을 가져오기도 한다. 따라서 건설 프로젝트를 시작할 때에 건설 참여 주체들은 발주자가 제시하는 계약서를 꼼꼼히 검토해야 하고 발주자도 건설 주체들이 제시하는 계약서의 내용에 함정이 없는지를 검토해야 한다. 계약서는 상생이 원칙이며, 각자 입장에서 이해관계를 방어하다 보면 적대적인 관계가 되기 쉽다. 해외 건설 프로젝트에서 발주자들이 시공사에게 불리한 계약 조항을 계약서에 포함시키거나, 시공사는 시공사대로 계약서를 제대로 검토하지 않고 계약하는 바람에 큰 손실을 당하는 낭패도 종종 발생한다.

상황이 이러한데도 국내 건설업체들의 계약 관리 역량은 여전히 후진성을 벗어나지 못한다. 몇 년 전 해외건설협회에서 조사한 자료에 따르면, 국내 건설 기업들이 해외 건설 프로젝트 입찰에 참여할 때 가장 취약한 부분이 바로 계약 업무이다. 계약서에 포함된 리스크를 파악하고 분석하여 적절한 대응책을 마련하기 위해서는 폭넓은 계약 관리 지식과 경험을 통한 노하우가 요구된다. 그러나 국내 건설 기업에는 계약 관리를 수행할 수 있는 전문 인력이 부족할 뿐만 아니라 체계적인 지원 시스템도 마련되어 있지 않다. 과거에 비해 계약 관리의 중요성에 대한 인식수준이 많이 향상되었다고는 하지만, 여전히 글로벌 시장에서의 계약 관리 경쟁력은 매우 낮은 수준이다.

경험이 없거나 부족한 발주자는, 계약서 내용의 충실도와 계약 관리에 미숙하여 상대적으로 경험이 많은 설계사나 시공사에 비해 취약하다. 계약서는 기술적인 내용이 반영되어야 하므로, 변호사의 도움만으로는 내용을 충실히 하기에 부족하고 발주자의 대리인인 경험 많은 PM/CM 업체의 개입이 필요하다. 계약서가 치밀하지 않으면 시공 중 분쟁 가능성이 매우 높아진다.

건설 프로젝트에서 발생하는 분쟁은 대부분 계약서의 미비, 불충분한 계약서가 한몫한다. 아울러 상호 간의 불신에서부터 분쟁이 시작되며, 이러한 불신은 계약 주체들 간의 소통 부재, 정보 공유 부족 등에서 비롯된다. 설계와 시공을 분리하여 발주하는 전통적인 설계 시공 분리 발주방식에서는, 설계자와 시공자의 협력이 계약상으로 원천 봉쇄되어 있어

상호 간의 경험과 지식 공유가 힘든 구조적인 문제점을 안고 있다. 건설 프로젝트의 분쟁을 최소화하는 발주 방식은 건설 참여자들 간의 협업을 유도하고, 상호 신뢰 기반의 이익을 공유하도록 계약이라는 울타리를 형성해주는 일이다.

시공하는 동안 발주자의 요구 사항 변경이나 도면의 미비 등으로 인해 적게는 수백 건에서 많게는 수만 건의 변경을 경험하게 된다. 이처럼 많은 설계 변경 사항을 당초 공기 목표와 사업비 목표를 유지하면서 슬기롭게 관리하는 일은 발주자가 스스로 감당하기에는 매우 어렵다. 건설 프로젝트 관리에서 이른바 '변경 관리Change Management'는 매우 중요한 기능이다. 설계나 시공 과정에서 변경이 최소화될 수 있도록, 프로젝트 초기와 프리콘 단계에서 프로젝트 관계자들이 모여 모든 가능성을 테이블에 꺼내놓고 상호 협력적인 건설 문화를 형성하도록 노력해야 한다. 정도 차이는 있지만, 설계 변경이 수없이 발생하고 있는 것이 현실이다. 변경을 어떻게 최소화하고 또 부득이한 변경 사항에 어떻게 잘 대처하는가는 분명 중요한 '매니지먼트' 영역이라 할 수 있다.

파트너링과 IPD

최근 건설 프로젝트의 PM/CM 방식은 다양한 베스트 프랙티스 기법을 접목한 형태로 발전하고 있다. 그중 대표적인 것이 영국의 파트너링 방식과 미국의 IPD 방식이다. 이 두 가지 방식은 본질이나 구체적인 내용 면에서 일맥상통한다.

파트너링 방식은 영국에서 건설 산업 혁신 운동의 중요한 축으로 발전하였다. 파트너링은 발주자, 설계자, 시공자 등 프로젝트 관련자들이 계약 영역을 넘어서 상호 신뢰와 협력 관계를 바탕으로 팀워크를 구축하고 프로젝트를 수행하는 매니지먼트 접근 방식이며, 공동 목표 발굴, 현안 해결, 지속적인 개선을 3대 축으로 하고 있다. 영국에서는 건설 산업 혁신 프로그램의 일환으로 설계, 시공 분야의 다양한 공급자들이 파트너십을 통해 최소 5년 간의 장기적인 거래 관계를 지속하는 계약 형태로 발전하기도 하였다.

이와 같은 조달 방식의 혁신을 실제로 도입한 기관은 영국의 국민 보건 서비스^{NHS, National Health Service}인데, 이 혁신 프로그램에는 'Procure21' 이라는 이름이 붙었다. 여기에서는 파트너링 프로그램의 도입을 다음과 같이 설명한다.

"소수 선정된 일류 기업과의 반복적인 의료 시설 사업 시행을 통해 발주자가 얻을 수 있는 이익은 막대하다. 파트너 기업은 발주자의 니즈에 대해 보다 깊은 이해와 경험을 축적할 수 있으며, 이를 통해 발주자는 베스트 프랙티스를 학습하게 되어 건설 사업의 지속적인 개선이 가능해지는 것이다."[67]

프리콘 활동과 같은 통합 프로젝트 관리 방식이 성과를 거두기 위해서는 영국에서 발전된 파트너링 방식과 같이 다수의 베스트 프랙티스를 공유하는 것이 필요하다. 프리콘 활동은 시공 전에 시공 과정을 시뮬레이션해보는 성격의 업무이므로, 설계와 건설 관련자가 프로젝트 초기부터 관여하여 프로젝트 목표를 달성하기 위한 상호 협업을 하는 것이 매우 중요하다. 또한 파트너링은 시공 전뿐만 아니라 시공 과정 중에도 같은 철학, 같은 목표로 활동하므로, 파트너링 개념과 프리콘 활동을 접목하면 프리콘을 보다 더 성과 지향적이고 협업 지향적으로 운영하여 프로젝트 목표 달성과 나아가 프로젝트 성공에 크게 기여할 수 있다.

IPD^{Integrated Project Delivery}는 주로 미국에서 쓰이는 계약 방식으로, 다양한 도구 및 기술, 그리고 베스트 프랙티스를 공유하고 있으며 영국의 파트너링과 많은 부분 유사하다. IPD의 탄생 배경을 보면, 현대의 건설 프로젝트들이 너무 많은 이해관계자로 나뉘어져 있어 제대로 효율을 발휘하지 못하고 있으며, 설계와 시공 상호 간 협업 부족으로 인해 여러 부작용이 발생한다는 문제 인식에서부터 시작되었다. CMAA에서 조사한 자료에 따르면, 건설 프로젝트의 30%가 당초 목표한 공기와 예산을 지키지 못하고 있는 것으로 나타났다. IPD는 이러한 문제를 해결하기 위해 발주자, 설계자, 시공자, 컨설턴트가 하나의 팀으로 구성되어 사업 구조 및 업무를 하나의 프로세스로 통합하고, 모든 참여자가 책임 및 성과를 공동으로 나누는 발주 방식이다. 확실한 동기 부여가 되는 인센티브^{incentive} 시스템이 작동되는 계약 방식이다. IPD에서 이해관계자의 성공은 프로젝트의 성공에 연동된다.

① IPD는 계약 방식이고 ② PM사, 설계사, 시공사 등이 공동 계약을 통해 리스크와 보상에 대한 공동 책임을 진다. ③ 프로젝트 초기부터 조기에 참여하여 이해관계를 초월한 프로젝트 공동 운명체로서 발주자의

목표를 달성하기 위해 팀워크를 발휘한다. 이 책에서 일관되게 강조하고 있는 프리콘 활동은 결국 IPD와 같은 계약 방식을 통해 제대로 완성도 높게 구현될 수 있다. IPD는 설계와 시공의 통합이 핵심이며, 프로젝트의 원가, 일정, 품질 목표를 초기부터 체계적으로 관리한다. 또한 발주자 및 설계, 전문 건설업체를 포함한 시공의 주요 관계자가 초기부터 참여하기 때문에, 설계의 주요 의사 결정을 앞당길 수 있으므로, 조기에 설계가 완료되어 결과적으로 프로젝트 전체의 공기 단축에 기여할 수 있다.

IPD에는 3차원 도면 모델링BIM, 프로젝트 정보 관리 시스템PMIS*과 같은 도구가 같이 사용되는 것이 일반적이며, 린Lean 방식, 목표 가치 설계TVD 등의 기법이 접목되면 더욱 효과를 높일 수 있다.

IPD는 발주자, 설계자, 시공자 모두에게 이점을 갖고 있다. 설계자에게는 설계 의사 결정을 조기에 할 수 있고, 설계도가 사전 검토되므로 설계 품질을 크게 개선할 수 있는 장점이 있으며, 도면의 이중 작업을 방지할 수 있다. 시공자는 설계 초기 단계부터 공법과 원가, 일정 등을 검토하기 때문에 프로젝트 리스크를 획기적으로 줄일 수 있고, 발주자는 IPD를 통해 사업 기간 단축과 사업비 절감 등 프로젝트 목표를 달성하여 만족스런 결과를 얻을 수 있다.

---

* 프로젝트 정보 관리 시스템PMIS, Project Management Information System은 성공적인 프로젝트 수행을 위해 필요한 정보를 체계적으로 조직한 ICT 배경의 온라인 정보 집합체라고 할 수 있다.

9장을 요약하면

과거에는 마스터 빌더가 설계와 시공 등 모든 과정을 담당하였다. 건설이 보다 전문화, 세분화되면서, 이해관계가 복잡해지고 상호 협력이 어려워졌고 프로젝트의 효율성이나 가치가 저하되었다. 이를 해결하기 위해 PM/CM과 같은 통합형 프로젝트 매니지먼트 방법이 등장하였다.

건설 프로젝트를 이끄는 3대 주체는 발주자, 설계자, 시공자로 대표된다. 발주자는 프로젝트를 구상하고, 설계자는 구상한 프로젝트를 형상화하며, 시공자는 설계 도면을 가지고 결과물을 창조한다. 설계와 시공이 분리되고 발주자의 업무 조율이 어려워지면서 설계 지식, 시공 지식, 프로젝트 관리 전문 지식을 갖춘 PM이 등장하였고, 글로벌 건설 시장의 보편화된 방식으로 자리잡았다.

1960년대에 미국의 몇몇 공공 기관들이 만성적인 공기 지연과 예산 초과 문제를 해결하기 위하여 시범적으로 도입하면서 PM/CM이 시작되었다고 알려져 있다.

건설 선진국에서는 PM을 CM과 구분하지만, 국내에서는 CM이라고 통칭하고 있다. 건설산업기본법에서 정의한 건설 사업 관리의 정의는 PM에 가깝지만, 그냥 CM으로 부른다. 용어의 혼재와 개념의 혼란에 대한 정비가 시급하다.

CM의 5단계는 설계 전 단계, 설계 단계, 발주 단계, 시공 단계, 완공 후 단계로 나뉜다. 각 단계별 업무는, 프로젝트 관리, 원가 관리, 일정 관리, 품질 관리, 계약 행정, 안전 관리, 친환경, BIM 등으로 세분화된다. 프로젝트 관리자는 프로젝트 계획 단계에서부터 완공 단계까지 모든 과정을 발주자를 대신하여 과학적이고 체계적으로 관리하는 발주자의 분신과도 같은 존재로, 프로젝트 성공에 핵심적인 역할을 한다.

건설 프로젝트의 분쟁은 불충분한 계약서에서 비롯된다. 계약 주체들 간 소통 부재, 정보 공유 부족으로 상호 간의 불신이 쌓이면서, 불필요한 노력이나 막대한 손실을 가져오기도 한다. 계약서에 포함된 리스크를 파악하고 분석하여 적절한 대응책을 마련하려면 계약 관리 지식과 경험을 통한 노하우가 요구된다. 또한 시공 과정에서 수없이 발생하는 설계 변경 사항에 대처하여 공기와 사업비 목표를 유지하는 변경 관리는 전문적인 매니지먼트 영역이다.

통합적인 프로젝트 발주 방식 중 대표적인 것이 영국의 파트너링 방식과 미국의 IPD 방식이다. 파트너링 방식은 발주자, 설계자, 시공자 등이 팀워크를 구축하여 프로젝트를 수행하는 매니지먼트 접근 방식으로, 공동 목표 발굴, 현안 해결 및 지속적인 개선을 3대 축으로 하고 있다. IPD는 발주자, 설계자, 시공자, 컨설턴트를 한 팀으로 구성하여 사업 구조와 업무를 단일 프로세스로 통합하고, 모든 참여자가 책임 및 성과를 공동으로 나눈다. 이 두 가지는 본질이나 구체적인 내용 면에서 일맥상통한다.

9·11 메모리얼 파크

9/11 Memorial

미국 뉴욕 맨해튼의 9·11 메모리얼 파크는 9·11 테러 현장인 그라운 드 제로ground zero에 조성된 추모 공원이다. 3만 2368 m^2(약 9,800평)의 녹색 공간에 박물관과 인공 폭포 등을 세워 2001년 세계무역센터 폭탄 테러 의 희생자들을 기리고 있다. 세계에서 최고로 비싼 땅인 뉴욕 맨해튼에 건물 대신 추모 공원을 만들었다는 사실은 그 자체로 찬사를 보낼 만한 일이었다. 그것은 두 번 다시 똑같은 일이 반복되지 않도록 하겠다는 미 국 정부의 굳은 의지를 반영한다.

9·11 메모리얼 파크는 9·11 테러 10주년을 맞은 지난 2011년 9월

개장했다. 2006년 3월부터 공사를 시작하여 5년 만에 완공하였다. 독일의 베를린 유대인박물관을 지은 건축가 다니엘 리베스킨트^{Daniel Libeskind}가 마스터 플래너로 참여해 전체 단지 6만 4736㎡(약 2만 평)에 원 월드 트레이드센터^{One World Trade Center}(프리덤 타워) 등 초고층 건물 7개를 짓고, 전체 면적의 절반 정도에는 추모 공원을 배치했다. 이스라엘 출신의 젊은 건축가 마이클 아라드^{Michael Arad}와 저명한 조경 디자이너 피터 워커^{Peter Walker}가 추모 공원의 설계를 담당했다. 이 추모 공원의 설계 개념^{concept}은 '부재의 반추^{Reflecting Absence}'. 무고한 생명의 희생을 영원토록 기억하겠노라는 살아남은 자들의 약속에 다름 아니다.

9·11 메모리얼 파크의 중심축은 세계무역센터 쌍둥이빌딩이 서 있었던 자리에 만들어진 두 개의 초대형 사각형 인공 폭포다. 이곳이 당초 두 동의 세계무역센터 건물이 서 있던 자리라는 사실을 알고 보면, 마치 두 빌딩을 뿌리째 뽑아낸 것 같다는 느낌도 받을 것이다. 9.14m 깊이에 4,046㎡(약 1,220평) 면적의 이 인공 폭포는 북미에서 가장 큰 규모를 자랑한다. 벽의 골을 타고 빈 공간의 중심부 속으로 쏟아지는 물은 '그날'을 기억하며 흘리는 눈물인 양 보이기도 한다. 이 폭포는 365일 쉬지 않고 가동하며, 겨울에도 얼지 않는다고 한다.

북측, 남측 두 개의 인공 폭포 가장자리를 둘러싸고 있는 76개의 동판에는 2001년 9·11 테러로 쌍둥이빌딩에서 목숨을 잃은 2,753명, 펜타곤(미 국방부)에서 사망한 184명, 1993년 세계무역센터 지하 주차장 차량 폭탄 테러에서 죽은 6명을 포함해 2,983명의 희생자 이름이 적혀 있다. 이들은 93개국 사람들인데, 동판에는 한국계 희생자 이름도 21명이나 있다. 테러 앞에 스러져간 무고한 생명들을 생각할수록 참으로 가슴이 아프다.

9·11 메모리얼 파크는 설계자 마이클 아라드의 인생을 180도 바꾸었다. 추모 공원 공모전에서 무려 5,201대 1의 경쟁률을 뚫고 당선되기 전까지 아라드는 비자가 만료돼 이스라엘로 쫓겨날 신세에 놓인 뉴욕의 실업자였다. 그는 잡화점에서 산 싸구려 분수와 플라스틱 조각으로 모형을 만들어 공모전에 제출했지만, 63개국에서 공모한 5,201개의 작품 중 1등에 당선되며 일약 스타로 떠올랐다. 공모전의 심사위원들은 이런 작품평을 남겼다고 한다.

"이 작품은 파괴에 의해 남겨진 상실의 빈 공간을 표현했다. 우리가 헤아릴 수 없는 삶의 손실에 대해, 또한 위로 받을 수 있는 재생에 대해 말하고 있으며, 한 세대로부터 다음 세대까지 기억될 수 있는 장소를 표현하고 있다."

Part **3**

[프로젝트 혁신과
건설의 미래]

PRECON

10장

비용 30%, 기간 50% 단축은
불가능하지 않다

획기적인 공사 기간 단축

건설 프로젝트의 성공을 판단하는 지표 중 중요한 한 가지는 사업 기
간의 준수 여부이다. 당초 목표한 사업 기간에 맞춰 프로젝트가 수행되
었는지, 혹은 공사 기간을 단축함으로써 이익을 발생시켰는지로 프로젝
트의 성공 여부를 판단할 수 있다.

공정 관리는 건설 프로젝트의 초기 단계인 설계 이전 단계부터 마스
터 스케줄과 마일스톤 스케줄*을 작성하여, 프로젝트 전반의 체계적이
고 지속적인 일정 관리를 수행하게 된다. 각 단계별로 일정을 체계적으

---

* 마스터 스케줄은 사업의 착수에서 인허가 업체 선정, 착공, 사업 완료 전반에 대한 종합 일정표이다. 마일스톤 스케
줄은 프로젝트 진행 과정에서 특기할 만한 사건이나 이정표, 즉 마일스톤을 중심으로 한 개략적인 공정표를 뜻한다.

로 관리하고 지속적으로 모니터링을 실시하면, 상대적으로 공기가 지연될 가능성이 줄어들고 사업 기간을 단축할 가능성은 높아진다.

프리콘 활동은 원가, 품질, 시공성 등을 시공 이전 각 단계별로 철저히 검증함으로써, 시공 과정에서 재작업이나 시행착오를 미리 방지할 수 있어 전체 사업 기간 단축에 크게 기여한다. 미국의 소형 건설 프로젝트(50만~150만 달러 규모)를 대상으로 실험한 결과에 따르면, 계약 이전 프로젝트 검토의 실시 유무가 프로젝트 성과에 지대한 영향을 준 것으로 나타났다. 예를 들어, 불과 21일 간의 계약 이전 프로젝트 검토를 실시한 프로젝트가 검토 과정을 생략한 프로젝트에 비해 비용 감소 54.9%, 일정 단축 70.4%라는 결과를 가져왔고, 발주자 만족도는 33.7% 증가시켰다.[68]

2012년 런던 올림픽 경기장 건설 프로젝트에서도 이 같은 프리콘 활동을 통해 공사 기간을 한 달 이상 앞당기는 성과를 거두었다. 이보다 앞서 우리 회사는 국내 최초로 관공서 발주 건설 프로젝트에 CM을 적용했던 2002년 월드컵주경기장 프로젝트에서 당초 공기를 4개월 앞당겨 월드컵 성공에 기여한 바 있다.[69]

중국의 윈선Winsun이란 업체는 3D프린팅 기술을 도입하여 중국 장쑤성 쑤저우 공업 단지에 6일 만에 5층 아파트를 건설하였으며, 중국의 브로드 그룹Broad Group은 BSBBroad Sustainable Building라는 공장 제작 시스템으로 30층 호텔을 단 15일 만에 완료했다고 주장한다. 2020년 2월에는 코로나19 환자 치료를 위해 우한에 건설한 1,000병실 규모의 병원을 착공한 지 열흘 만에 완공하여 화제가 되기도 했다. 뉴욕의 엠파이어스테이트 빌딩은 지금으로부터 약 90년 전에 102층 규모의 건물을 13.5개월 만에 완료하였고, 2000년대 초 IT 버블 시기에는 20,000㎡(약 6천 평) 규모의 IT기업 물류 창고 건설을 도면 없이 시작하여 3개월(도면 작성은 3개월 기간 안에 포함) 만에 건설하는 프로젝트들이 미국에서 성행하기도 하였다. 이처럼 엄청난 돌관공사 격의 프로젝트 사례는 수없이 많으며, 프로젝트가 극히 짧은 시간 동안 완성될 수 있었던 것은 건설 공기에 대한 상식을 파괴했고 프로젝트 접근 방식을 달리했기 때문이었다.

공사 기간은 나라마다 크게 다르다

하나의 건축물 혹은 시설물을 짓는 데 소요되는 기간은 통상 얼마나 될까? 우리나라는 다른 나라에 비해 얼마나 빨리 건물을 지을까? 평소에 건물이 지어지는 과정에 관심이 있었던 독자라면 한 번쯤은 이런 궁금증을 가졌을 수 있다. 우리나라는 뭐든 빨리 빨리 하는 것에 익숙하니 건물을 짓는 속도도 세계 최고 수준일 거라고 생각했을지 모르겠다. 그러나 안타깝게도 우리나라의 평균 공사 기간은 선진국에 비해 많이 뒤처져 있는 것이 현실이다.

국가별 주요 고층 건물의 층당 평균 공사 기간을 조사한 연구 결과에 따르면, 미국은 층당 평균 12.6일, 일본은 평균 20.3일인 반면, 우리나라는 평균 31.2일이 소요된다. 미국보다 약 2.5배, 일본보다 1.5배의 공사 기간이 소요되는 셈이다. 1930년대 초에 지어진 뉴욕의 엠파이어스테이트 빌딩은 13.5개월 동안 102층을 지었으므로, 마감 공사까지 포함하여 층당 약 4일이 소요되었다. 123층 높이 롯데월드타워의 공사 기간 69개

월(토공사 제외)과 비교해도, 약 1/5 기간에 지어졌다고 할 수 있다.[70]

국가별 초고층 건물의 층당 공사 기간에 대한 조사 결과에서 주목할 만한 점은, 건물의 뼈대가 되는 골조(骨組) 공사를 완료한 후 마감 공사를 포함한 공사 완료까지 소요된 시간이다. 미국의 경우 입주자 공사fit-out work는 일반적으로 별도의 공사로 간주되기 때문에 단순히 비교하기에는 다소 무리가 있지만, 이를 감안하더라도 미국에서 주요 프로젝트 대상으로 조사한 결과, 골조 공사 완료 후 전체 공사가 평균 3.5개월 만에 끝나는 것으로 나타났다. 골조 공사 완료 후 전체 공사 완료가 10.7개월 만에 종료되는 우리나라와 비교할 때 매우 빠른 속도이다. 미국에서는 골조 공사와 마감 공사의 병행 작업이 활발히 이루어지고 있는데 반해 국내에서는 그런 작업이 이루어지지 못하고 있다는 뜻이다.[71]

일본의 최고층 빌딩인 랜드마크 타워Landmark Tower*의 준공 공정표는 공정 관리의 전형이라 할 수 있다. 골조 공사를 비롯한 각종 마감 공사와 설비, 전기 공사가 통제 도표 관리**에 따라 한 치의 빈틈없이 적층되어 병행 작업이 이루어지고 있다. 마치 공장 라인에서 컨베이어 벨트가 돌아가듯 주요 공정이 치밀하게 수행되고 또한 관리되고 있다. 이와 같은 공정 관리가 가능하려면 사전에 치밀한 준비와 효과적인 공정 관리 도구, 그리고 이에 합당한 관리 기술이 필요하며, 협력업체와의 철저한 파트너십/팀워크가 필수로 선행되어야 한다.

---

* 　랜드마크 타워(일본 요코하마 소재)는 1993년 완공 이후 2014년 3월 오사카에 아베노바시 터미널 빌딩이 개장하기 전까지 약 21년 간 일본 내 최고층 빌딩으로 널리 알려졌다.

** 　통제 도표 관리line of balance는 일정하게 유지되는 작업조의 생산성을 기울기로 하는 직선으로 각 반복 작업을 표시하여 전체 공사를 도식화하는 기법이다.

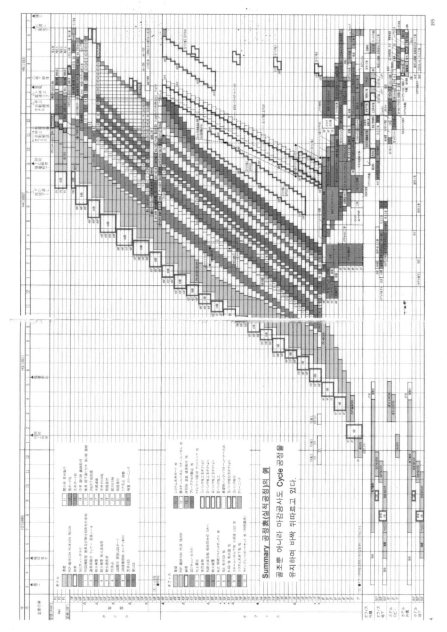

그림 14. 일본 랜드마크 타워 준공 공정표(Mitsubishi Estate Co., Ltd, 1994)

국내 프로젝트는 왜 오래 걸릴까

국내 건설 프로젝트의 공사 기간이 선진국에 비해 매우 길다는 사실을 이미 확인하였다. 예를 들어 30층 아파트를 뉴욕과 서울에서 동시에 짓는다고 가정하면, 지하층 깊이에 따라 공사 기간에 대한 변수가 있긴 하지만 일반적으로 뉴욕에서는 1년 만에 완료하는 데 비해 서울에서는 3년 여의 기간이 걸린다. 대략 3배 정도 더 걸리는 것이다. 왜 이토록 공사 기간이 차이가 나는 것일까. 이러한 현상은 그동안 습관처럼 고착된 오랜 관행에 따른 결과로, 국내의 대다수 발주자와 기술자는 공기가 길다는 사실조차 인지하지 못하고 있다.

국내에서 건설 공사 기간이 긴 이유를 분석해보면, 공기 단축이 곧 부실 공사라는 잘못된 인식이 자리 잡고 있는 것 같다. 부실 공사 사례를 언론이 부각하여 보도할 때마다 "무리한 공기 단축이 불러온 부실 공사"란 말이 빠짐없이 등장하였고, 대중의 뇌리에 '공기 단축 = 부실 공사'라는 등식이 새겨져 있다. 공사 기간 단축은 부정적인 요인이며 부실 공사로 직결된다는 인식 때문에 공기를 적극적으로 단축하겠다는 동기 부여가 되지 않는 것이 첫 번째 이유다.

두 번째 이유로는, 공기 단축과 비용의 상관 관계에 대한 인식이 부족하여 건설 투자자, 개발업체, 시공업체조차도 건설 프로젝트의 관리 포인트로 시간 비용* 개념을 잘 사용하지 않고 있다. 이들은 하루 비용이나

---

*   시간 비용Time Cost은 프로젝트의 일일 또는 한 달의 비용 효과로, 모든 투입 비용의 이자 비용과 기회 비용 Opportunity Cost을 말한다. 기회 비용은 기회 이익Opportunity Profit이기도 하다. 투자한 캐피탈 코스트Capital Cost가 특정 프로젝트에서 하루 비용, 한 달 비용이 얼마가 된다는 것을 산정하여 시간(공기)을 관리한다.

한 달의 시간 비용을 계산하지 않으며, 이를 지표로서 관리하지 않고, 어느 프로젝트가 하루 일찍 또는 하루 늦게 준공된 경우, 하루치 기회 이익(또는 기회 손실)이 얼마인지 관리하지 않는다. 이에 반해 건설 선진국에서는 대부분의 업체가 시간 비용 개념을 주요 지표로 반영하여 하루의 기회 이익을 관리하며, 프로젝트 초기부터 공사 기간을 지키기 위한 체계적인 공정 관리를 수행한다. 국내에서도 지대가 건설비를 훨씬 상회하는 곳이 많으므로 건설 사업 기간을 단축하는 것은 엄청난 기회 이익을 창출하는 기회 요인이 될 수 있다. 그런데도 국내에서는 시간 비용이라는 개념 자체가 아직 매우 희박하다.

프로젝트가 단기간에 완성되어 창출하게 될 부가 가치(기회 이익)는 추가로 투입된 돌관 비용에 비해 큰 이익을 창출하는 경우가 많다. 다소 극단적인 사례이긴 하지만, 마카오가 2001년 카지노 독점 체제를 깨고 외부에 카지노 시장을 개방했을 때, 최초의 투자자는 미국 라스베가스의 샌즈 그룹Las Vegas Sands Corp.이었다. 이 회사는 최초로 마카오 샌즈 카지노에 약 3억 달러를 투자하기로 결정하면서, 투자금을 1년 6개월 안에 회수할 수 있을 것이라는 타당성 검토를 기초로 사업에 착수하였다. 이에 따라 다소간의 돌관 공사비를 추가 투입하면서 가능한 한 최대치로 속도를 높여서 카지노를 완공하였다. 놀랍게도 마카오 샌즈 카지노는 완공 후 영업 6개월만에 투자금 회수를 달성할 수 있었다. 이후 이 회사는 마카오에서 수십억 달러에 달하는 대규모 추가 투자를 할 수 있었고, 이어서 싱가포르 마리나 베이 샌즈Marina Bay Sands 프로젝트에도 투자하게 되었다. 사업 기간 단축이 수익으로 연결되고 시간이 곧 돈이라는 생각은 외국의 전문 투자가들에게는 보편적인 개념이다.

세 번째로는, 정부 조달 체계의 문제점과 프로젝트 관리 부실이 이유다. 공사 시간이 외국보다 많이 긴데도 불구하고 여전히 많은 프로젝트가 당초 계획된 공사 기간조차 지키지 못하여 고객과의 분쟁을 초래하고 있다. 공기 지연이 발생하는 이유는 복합적이다. 프로젝트 매니지먼트PM/CM의 부족, 잦은 발주자의 방침과 설계 변경, 설계 부실과 지연에 따른 설계 변경, 인허가를 포함한 공공 기관과의 문제 해결 능력 부족, 민원에 의한 공사 중단과 공기 지연 요소 발생, 설계자 및 시공자의 공기 관리에 대한 인식 부족과 관리 능력 부족 등을 지적할 수 있다.

하지만 발주자나 시공업체는 기존에 관행적으로 책정된 층당 1개월+α라는 국내의 기준 공사 기간을 깨려고 시도해야 한다.

공공 프로젝트는 공기나 예산의 초과가 더욱 심각한 상황이다. 1999년 건설교통부에서 발표한 '공공 건설 사업 효율화 종합 대책'에 따르면, 공공 프로젝트는 많은 경우 예산과 사업 기간이 초과되고 있다. 건설교통부가 추진한 7대 대규모 SOC사업에서, 사업비는 평균 2배, 사업 기간은 3년 정도 증가하였다.[72]

네 번째로, 공기 단축이 기술력이고 공기 단축 기술이 건설 기업의 차별화 포인트라는 공급업체의 인식이 부족하며, 제도적으로 공기 단축을 촉진하는 인센티브 조항이 없는 점이 문제다. 자체 개발 사업이 아닌 경우에 건설업체는 공기를 단축하더라도 받을 수 있는 혜택이 없고 특수한 경우를 제외하면 오히려 준공 시점까지 관리비만 더 소요된다. 감리업체는 공기를 단축하면 용역비가 깎이는 결과를 가져와 직접적인 수입

Type	사업비(억원)		변동사항	
	계획시(a)	현재(b)	사업비(b/a)	기간연장
경부고속철도	58,462	184,358	315%	5.5년
인천국제공항	34,165	74,486	218%	3년
여수공항	935	1,994	213%	2년
탐진다목적댐	2,200	3,264	148%	1년
서울지하철 2단계2차	25,460	38,016	149%	3년
부산지하철 2호선	12,175	25,307	208%	4년
서해안 고속도로	31,805	48,097	151%	5년
평균증가사항			약 2배 증가	

표 8. 7대 SOC사업 계획 대비 변동 사항

에 영향을 끼치기 때문에 공기 단축에 대한 의지가 전혀 없다. 오히려 공기가 늘어나면 용역비가 늘어나고 수입도 따라 늘어나는 역설적인 결과가 생긴다.

국내에서 공사 기간을 기산할 때 층당 1개월+a의 등식은 과거 주택공사인 LH공사의 공기 책정 정책에 기인한다. 미국 뉴욕에서는 콘크리트 구조의 고층 아파트나 호텔을 여름이든 겨울이든 이틀에 한 층씩 공사하는 2-day 사이클 공법이 보편화되어 있어서, 30층 아파트를 통상 12개월 만에 완료한다. 반면 국내에서 아파트는 아직도 층당 1개월+a의 등식을 적용하여 3년+a의 공기를 고수하고 있다.

뿐만 아니라 건설 선진국처럼 새로운 기술을 적용하여 획기적으로 공기 단축을 촉진한 기술 개발 사례나 현장에 적용된 사례가 거의 없다. 이웃한 일본에서는 수많은 공업화 공법이나 자동화 공법이 개발되었고 실제로도 적용되고 있다. 일본 다이세이^{Taisei} 건설은 1990년대 초 T-UP*

---

*   T-UP은 1991년 일본 다이세이 건설이 발표한 초고층 빌딩 자동화 건축 기술이다.

이라는 획기적인 공법을 개발하여 요코하마에 있는 미쓰비시 중공업 본사 빌딩 건설 공사에 적용하였다. 이 공법은 지상에서 지붕층 구조물을 먼저 조립한 후 지붕 구조물 위에는 이동식 크레인을 장착하고, 지붕 구조 하부에는 제조 공장에서 쓰는 오버헤드 크레인을 설치하여 공장 생산 라인에서처럼 전천후로 시공하는 공법이다. 이 공법은 지붕층 구조체 전체를 유압 장치로 끌어올리면서 하층 구조체 공사를 기후에 관계없이 시행하고 외부 유리벽인 커튼월을 즉시 시공하는 적층 공법*을 적용한다. 마감 공사와 골조 공사를 동시에 병행하여 획기적으로 공기 단축을 실현하는 선진 공법이다. 이밖에도 일본 건설 현장에서는 리프트 슬래브 공법, 설비와 전기의 단위화 공법**, 화장실 단위화 공법 등 공업화 공법이 개발되어 광범위하게 적용되고 있다. 뿐만 아니라 로봇과 성력화 공법 등을 통해 공사 정밀도 확보와 동시에 건설 인력 부족 현상에도 대비하고 있다고 한다.

다섯 번째로, 국내 프로젝트에서 공정 관리 도구를 사용한 체계적인 공정 관리가 이루어지지 않고 있다. 국내에서 수행되고 있는 프로젝트 중 프리마베라Primavera ***와 같은 공정 관리 소프트웨어를 사업 초기부터 공사 완료까지 체계적으로 사용하는 현장은 특수한 몇몇 프로젝트들 외

---

* 적층 공법은 골조공사 중 유닛Unit화된 외벽 커튼월을 시공하여, 마감 및 설비 공사까지 각 공종을 차례로 한 층씩 완성해가는 시스템화된 공법이다. 통상 골조 공사 층 7~8개 층 밑에 커튼월이 시공되므로, 골조 공사와 마감 공사가 동시 진행되어 공기를 단축할 수 있다.

** 단위화Unit 공법은 공장에서 미리 제작된 입방체 형태의 유닛을 제작하여 현장에서 조립 시공하는 공업화 공법이다.

*** 프리마베라Primavera는 1983년 개발된 PC용 공정 관리 소프트웨어이다. PERT/CPM을 기반으로 한 네트워크 기법에 의한 프로젝트 관리 소프트웨어로서 각종 프로젝트의 계획 수립에서 최종 완료 단계까지 일정 관리/진도 관리/자원 관리 등을 수행하는 PC용 소프트웨어이다.

에는 거의 없다. 대부분 바 차트 수준의 공정표로 공정 관리를 하고 있다. 국내 건설 현장은 대부분 여전히 경험적 지식에 의존한 주먹구구식으로 운영되고 있음을 반증한다.

사업 기간 단축 3요소

① 전략

건설 프로젝트 관리의 3대 요소인 사업비, 사업 기간, 품질 중에서 발주자의 의지와 수행 팀의 능력에 따라 크게 차이 나는 요소가 사업 기간, 즉 공기이다. 엠파이어스테이트 빌딩의 사례에서 볼 수 있듯이, 공기는 발주자의 의지와 이에 맞는 수행 계획을 바탕으로 한 체계적인 프리콘 활동에 따라 크게 달라질 수 있다. 프리콘 단계에서 공기 단축을 위한 핵심 사항 중 첫 번째로 '전략'에 대해 살펴보겠다.

건설 프로젝트는 발주자의 명확한 사업 비전과 헌신을 바탕으로 한 프로젝트 전략 목표 수립이 필요하고, 이를 달성할 수 있는 프로젝트 실행 계획이 수립되어야 한다. 공기 단축을 프로젝트의 특별한 목표로 설정한다면, 이를 달성할 특별한 수단이 도입되어야 한다. 패스트트랙이나 IPD, 파트너링과 같이 사업 기간을 단축할 수 있는 검증된 기법을 도입한다든지 인력이나 장비를 더 많이 투입하는 등 프로젝트 가속화 전략이 필요하다.

이를 위해서는 사업의 타당성 검토를 바탕으로 발주자 요구 사항과 설계 요건이 명확하게 작성되어야 한다. 사업이 표류하거나 설계 변경이 빈번하게 발생되는 이유는 프로젝트 자체의 타당성이 부족하거나 발주자 요구 사항 및 설계 요건이 제대로 준비되지 않은 상태에서 프로젝트가 진행됨에 따라 프로젝트의 개념이 흔들리기 때문이다. 또한 프로젝트에 영향을 주는 법규, 제도, 각종 리스크 등 외부 환경 요인이 철저하게 분석되어 실행 계획에 반영되어야 한다. 대규모 프로젝트는 인허가 문제를 포함한 외부 환경 리스크가 매우 크므로, 이를 극복할 수 있는 전략과 대응 조직이 필요하다.

② 조직

프리콘 활동으로 사업 기간을 단축하기 위해서는 프로젝트를 수행할 유능한 발주자 조직 구성이 매우 중요하며, 발주자 역할을 대신할 유능한 PM/CM 팀이 필요하다. 적합한 프로젝트 참여자와 각 분야의 최고 전문가 활용 체계를 구축하고, 의사 결정 체계와 적정한 업무 분장R&R을 통한 위임이 필요하다. 엠파이어스테이트 빌딩 프로젝트에서 시도한 정책위원회는 발주자 최상위층과 프로젝트 참여자의 대표로 구성된 최고 의결 기구로서, 원활하고 신속한 의사 결정을 실현시킬 수 있었다. 프로젝트의 수행은 수많은 의사 결정 과정이기 때문이다. 적절하고 신속한 의사 결정을 위한 발주자의 역할과 위임은 매우 중요하다. 발주자가 중요한 의사 결정은 미룬 채 세세한 실무적인 결정에 관여하게 되면 프로젝트는 성공하기 힘들다.

무엇보다 프로젝트 초기부터 파트너링이나 IPD 등 베스트 프랙티스 기법을 도입하여 프로젝트 참여자 간에 신뢰 구축과 적극적인 의사 소통을 지원하고, 설계와 시공의 통합을 기반으로 프로젝트 참여자들이 발주자가 설정한 '프로젝트 전략 목표'를 달성하기 위해 이해관계를 초월하는 노력을 기울여야 한다. 이를 뒷받침하려면, 프로젝트 참여자가 최상의 역량을 발휘할 수 있도록 능력 있는 주체를 선정하고 운영하는 발주자의 조달 철학과 리더십 정립이 필수적이다.

③ 시스템

프로젝트 수행에 있어 전략과 전략 목표, 조직 구성 외에 중요한 것은 프로젝트 수행 시스템 구축이다. 프로젝트 수행 시스템에는 프로세스, 도구 및 기술, 측정과 평가 시스템이 포함된다. 프로세스는 프리콘 활동의 단계별 검토 및 리스크 관리를 수행하며, 이를 위해 관리 프로세스와 관리 포인트 설정이 필요하다. 프리콘 활동은 주 업무가 설계에 관련된 프로세스라고 할 수 있으므로 디자인 매니지먼트 체제를 구축하여 설계 단계별 원가, 일정, 품질 등을 확인하고 시뮬레이션하는 체계적인 프로세스가 있어야 한다.

도구 및 기술은 건설 관련자들과 의사 소통에 유용한 도구인 PMIS와 BIM 같은 도구의 적극 도입이 필요하고, 린 기법이나 목표 공사비 설계*, 가치 공학^{VE} 등 공기나 원가를 최적화하는 기법을 도입하여 프로젝트 목표 달성에 기여한다. 아울러 분쟁을 최소화하고 분쟁이 발생할 경우에 대비하여 해결 절차와 시스템을 구축한다.

---

* 목표 공사비 설계target cost design란 목표 원가를 설정하여 원가를 고려한 설계를 수행하는 개념이다.

프로젝트 성과를 측정하고 평가하기 위해서 프로젝트 단계별 관리 요소를 모니터링하고 성과 관리 시스템을 도입하여 지속적인 피드백을 하여 문제가 발생할 경우에 즉각적인 대처가 가능한 시스템을 구축해야 한다.

이상으로 프리콘 활동 전반에 관하여 기술하였지만, 공기 단축이 실현되기 위해서는 공기만 따로 떼어 생각할 수 없고 상호 간에 연결되어 있는 프리콘 활동을 통하여 가능하다. 공기 단축은 발주자의 의지와 프리콘 기간에 얼마나 준비를 잘 했는가에 달려 있고, 이를 위해서는 능력 있는 프로젝트 수행 팀을 미리 선정하여 설계 초기부터 조기 참여하는 것이 중요하다.

사업 기간을 단축하려면

사업 기간이나 공기를 단축하기 위해서는 다양한 방법이 존재한다. 여기에서 소개하는 사업 기간 단축 방안이 반드시 정답이라고 할 수는 없지만 공기 단축을 위한 해법으로 참고할 수 있을 것이다.

내가 제안하는 공기 단축의 첫 번째 방법은 인력과 장비 등 자원을 집중 투입하는 것이다. 가장 단순하면서도 확실한 방법이기도 하다. 엠파이어스테이트 빌딩 프로젝트와 같이 인력과 장비를 최대한 투입하여 하루 만에 한 층의 골조 공사가 가능하도록 계획하면 획기적인 공기 단축을 실현할 수 있다. 이와 유사한 사례는 수없이 많다. 앞에서 소개한 뉴욕의 고층 주거 건물이나 호텔 건설에 일반화되어 있는 콘크리트 골조 공사의 2-day 사이클 공법도 인력을 최대한 투입하여 공사 기간을 단축한 사례이다. 실제로 뉴욕의 2-day 사이클 공사 현장에 가보면, 현장 작업자가 너무 많아 사람에 치일 정도다. 목표 사이클 공정에 맞추어 필요한 자원을 최대한 투입함으로써 목표 사이클 공정(예: 1-day 사이클, 2-day 사이클)을 달성하고, 이를 누적한 결과 공기가 단축되는 것이다. 프로젝트의 종류와 규모에 따라 결정되는 프로젝트 투입 연인원은 하루 투입 인원에 관계없이 크게 변하지 않는다.

예를 들어 설명해보자. 연인원 10만 명이 소요되는 아파트 공사가 있다고 가정할 때, 산술적으로 계산해서 하루 100명을 투입하면 1,000일이 걸리고 하루 500명을 투입하면 200일이 걸린다. 물론 실제 공사를 하다 보면, 이런 산술적인 방식에 딱 부합하지 않는 변수가 존재하기 마련이다. 그러나 변수를 잘 관리할 수 있다면, 투입되는 자재, 인력, 장비 등 자원에 따라 예시로 들은 공사 기간이 크게 바뀌지 않는다. 차이가 나더라도 20~30% 수준이지 2배, 3배 차이가 나지는 않는다. 대규모 자원을 투입할 때는 과정에서 발생하는 여러 변수를 잘 관리하는 관리 기술과 물류 계획이 매우 중요한 요소이다. 아울러 인력이나 장비를 많이 투입함으로써 발생할 수 있는 비용 증가 문제와의 트레이드오프* 관계도 잘 고려해야 한다. 아울러 획기적인 공기 단축을 달성하려면, 공사 계획 요소 외에 시공성이 뛰어난 설계 도면이 바탕이 되어야 하며, 관련 기술이 사전에 검토되어 도면에 반영되어야 한다.

---

* 트레이드오프trade-off는 공기를 단축하기 위해 추가 투입되는 자원 때문에 공사비가 상승하는 현상이다. 공기 단축과 공사비 절감이 동시에 이루어질 수 있다는 것이 영국 등에서 사례로 입증되고 있다.

신축 공사는 아니지만 몇 년 전에 있었던 흥미로운 사례를 하나 소개한다. 중국 장시성 난창에서 정상적으로는 수개월의 공사 기간이 걸릴 500m 고가도로 철거 공사를 116대의 중장비를 동원하여 하룻밤 만에 철거했다는 뉴스 보도가 있었다. 자원을 다량 투입하면 공사 기간을 극단적으로 단축할 수 있음을 보여준 사례다.[73]

두 번째는 기술 혁신이나 프리패브prefab 등 공장 제작화를 통해 공사 기간을 단축하는 방법이다. 앞에서 예로 들었던 3D프린팅 기술을 이용해 6일 만에 5층 아파트를 시공한 원선 사례나 15일 만에 30층 호텔을 시공한 BSB 사례 등은, 검증할 필요성은 있으나 획기적인 시도임에는 틀림없다. BSB 시스템은 골조는 물론이고 마감 공사마저도 대부분 공장 제작 방식을 사용했다고 한다. 우리나라에서는 대우건설에서 1990년대에 개발하여 하와이 솔트레이크Salt Lake 아파트 건설에 사용한 DWSDaewoo Building System 공법이 있다. 공장에서 제작된 PCPrecast Concrete* 벽과 바닥의 박스형 콘크리트 구조체에 마감 공사까지 공장에서 완료한 후 단위 블록을 운반하여 현장에서 쌓아서 조립하도록 시도한 획기적 공법이었다. 요사이 한창 유행하고 건설 시공 방식에서 가장 큰 화두가 되고 있는 모듈러Modular 공법인 셈이다. 이밖에도 일본 건설 시장에서 보편화되어 있는 적층 공법, 공업화 공법 등도 현장 작업을 최소화함으로써 공기를 줄일 수 있는 방법이다. 이러한 공장 제작 공법은 조선 산업에서도 많이 사용되고 있는데, 조선소에서 선박을 건조할 때 보편적으로 사용하는 메가

＊　프리캐스트 콘크리트Precast Concrete는 프리패브 공법에서 쓰이는 콘크리트 부재로서 건축 구조물의 주요 요소인 기둥, 보, 슬라브 등의 부재를 공장에서 제작하여 현장에 운반, 설치하는 구조 부재이다.

블록 공법*이나 기가 블록giga block 공법도 선제작을 통해 공정을 단축하는 대표적인 사례이다. 미리 제작된 몇 개의 블록을 조립하면 배 한 척이 완성되는 제조 방식이다.

마지막 세 번째로 제안하는 공기 단축 방법은 프리콘 활동을 통해 설계 기간을 단축하고, 결과적으로 전체 사업 기간을 단축하는 방법이다. 포괄적인 측면에서 볼 때 먼저 이야기한 두 가지 방법을 모두 아우르는 방법이라고도 할 수 있다. 프리콘 활동이나 IPD 등을 통하여 역량 있는 건설 팀이 설계 단계부터 참여하게 되면, 설계에 관한 의사 결정을 조기에 내릴 수 있고, 전문 시공업체나 설비업체의 시스템을 조기에 설계에 반영할 수 있게 되기 때문에 설계 기간을 단축하여 전체 사업 기간을 단축하는 효과를 낼 수 있다. 또한 패스트트랙 기법으로 알려진 설계 시공 병행 공법을 사용하여 사업 기간을 확연히 단축시킬 수도 있다. 패스트트랙의 대표적인 사례로 엠파이어스테이트 빌딩이 있으며, 국내 사례로는 상암 월드컵경기장 건설이 있다. 프리콘과 IPD 또는 파트너링 활동을 접목하면, 공법이나 시공성 등을 미리 검토하여 설계 관련 의사 결정뿐만 아니라 공급 업체 선정 프로세스도 단축하는 효과를 얻을 수 있다.

그림 15에서 볼 수 있듯이 설계 시 IPD 방식을 접목하면 시공업체뿐만 아니라 전문 시공업체가 가지고 있는 영역인 빌딩 시스템이나 시공

---

* 메가 블록mega block은 선박을 축조할 때 적용되는 공법이다. 초대형 선박을 축조할 때 보통 수십 개의 선박 블록을 효율성과 안전에 유리한 육상에서 만들어 도크로 운반, 용접하여 선박을 만든다. 이러한 선박 블록을 10여 개로 대형화해 선박을 만드는 것을 '메가mega(100만배) 공법'이라 하고, 5개로 만드는 것은 '기가giga(10억배) 공법'이라고 칭한다.

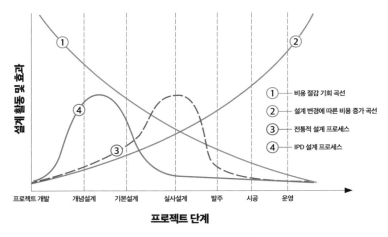

그림 15. IPD 방식을 적용한 의사 결정 조기화에 따른 사업기간 단축[74]

디테일에 대한 상세 설계를 사전에 수행함으로써 설계를 앞당기게 되고, 사업 기간을 확연히 단축할 수 있다. 또한 최근에는 BIM 도구를 이용하여 각 관련자와의 정확한 소통을 돕고 비용, 일정, 시공성 검토에도 크게 기여할 수 있다.

이렇듯 공기나 사업 기간 단축은 발주자의 의지가 뚜렷하고 이를 뒷받침할 수 있는 프로젝트 팀을 잘 확보하면, 경이로운 기록을 창출해낼 수 있다. 이를 위해서는 시공 자체도 중요하지만 사전에 철저하게 계획을 준비하는 프리콘 활동이 필수적이다. 프리콘 활동을 통해 불가능하게만 보이던 프로젝트도 가능하게 만들 수 있다. 공기 단축을 계획할 때에는 이의 반대 급부로 비용이 증가하는 트레이드오프 관계를 검토하여 적정한 공기를 판단하고 결정해야 한다. 하지만 앞에서도 이야기했듯이 공기와 비용이 트레이드오프 관계를 초월하는 사례들이 생겨나고 있기 때문에 공기 단축과 비용 절감의 두 마리 토끼를 모두 잡는 것이 절대 불가능하지 않다는 점을 다시 한 번 강조하고 싶다.

이 장에서 언급하는 공기 단축이나 비용 절감은 품질이나 안전이 저해되지 않는 것을 전제로 하고 있다. 이미 언급한 수많은 사례와 11장에서 좀 더 자세히 살펴볼 엠파이어스테이트 빌딩 성공 사례를 보면, 공기 단축의 무한한 가능성을 확인할 수 있다. 프로젝트 초기 단계에서 치밀한 계획과 좋은 팀을 구성하고 발주자의 지원이 확실히 보장된다면, 50% 공기 단축은 그다지 어려운 일이 아님을 확신한다.

이와 같은 트레이드오프 관계를 뛰어넘은 베스트 프랙티스 사례는 여럿 있다. 영국 건설 산업 혁신의 대표적인 예로 손꼽히는 건설 재인식Rethinking Construction 운동의 7대 개선 목표 중에는, 매년 건설 공기를 10% 단축하면서 건설 사업비도 10% 절감하는 동시에 생산성을 10%

목표 부문	연간 달성 목표
건설사업비(capital cost)	-10% (절감)
공기(construction time)	-10% (단축)
예측도(predictability)	+20% (향상)
하자(defects)	-20% (감소)
안전사고(accidents)	-20% (감소)
생산성(productivity)	+10% (향상)
매출 및 이윤(turnover & profits)	+10% (향상)

표 9. 건설 재인식 운동의 7대 개선 목표

올려, 결과적으로 건설 기업의 이익을 10% 향상시키겠다는 목표가 있다.(표 9 참조)[75] 건설 재인식 운동에서는 다양한 시범 프로젝트를 통하여 원가와 공기를 동시에 줄이는 베스트 프랙티스 사례들을 만들어내고 있다.

공사비를 절감하려면

일반적으로 발주자는 싸고 좋은 건축물을 원하지만, 보통의 경우에 싸고 좋은 건축물은 없다고 보는 것이 맞다. 2장("우리나라에서 건설하기는 고행길인가 – 최저가의 함정")에서 싼 게 비지떡이고 건설 선진국에서는 국가 방침으로 싼 업체를 선정하지 말라는 조달 지침을 갖고 있다고 설명한 바 있다.

하지만 비싸게 짓는 것에 끝이 없듯이 싸게 짓는 것도 얼마든지 가능하다. 일반적인 상가의 평당 건설비가 600~700만 원이라고 하면, 세계적인 명품 회사 쇼룸은 평당 3,000만 원, 5,000만 원까지도 투자한다. 이렇게 극단적인 단가 차이는 그 건축물이 갖는 성격에 주로 좌우되고 발주자의 의지에 맞춰 설계에 마감 공사와 시방이 어떻게 반영되는가에 따라 크게 차이가 난다. 평당 5,000만 원짜리 명품 샵은 층고도 높고 각종 인테리어 자재나 조명 등도 최고급을 쓰게 된다. 이와는 반대로, 일반 상가가 평당 600~700만 원이라고 하지만 평당 300~400만 원으로 공사를 완료할 수도 있다. 나는 다소 민감한 이슈지만 특수한 지역에서 반값 아파트도 충분히 가능하다고 확신하고 있으며, 수많은 사례와 증거를 제시할 수도 있다. 한 예를 들어 국민주택 규모인 전용 면적 85제곱미터 강남의 아파트는 분양가가 최고 평당 4,900만원이었고, 시가 1억 원을 돌파한 아파트 사례도 있지만, 아직도 강원도나 전라남도는 평당 시세가 700만원 수준으로 약 2억 원이면 같은 규모의 아파트 한 채를 구할 수 있다. 단위 평당 비교하면 15배나 차이가 난다. 이런 차이의 주요 원인은 토지가에 있으나 설계와 품질 수준에서도 차이가 날 수 있다.

일본의 세계적인 건축가 안도 다다오는 젊었을 때 조그만 교회 설계를 의뢰받았는데, 건축주가 돈이 없다고 극도로 예산을 절약한 건물을 요구하였다. 안도는 고심 끝에 교회 설계를 완료했고, 이 교회의 이름을 '빛의 교회'라 붙였다. 이 건축물의 특징은 노출 콘크리트exposed concrete 마감인데, 노출 콘크리트란 콘크리트 자체가 마감이고 따로 다른 마감재

를 쓰지 않는 건설 기법으로 안도 다다오의 전매 특허라 할 만하다. 그는 이 교회당에 모든 마감 자재를 생략하고 오로지 노출 콘크리트 구조체를 골조와 마감으로 사용했다. 더 나아가 조그만 화장실 등 극히 일부를 제외하고는 모든 설비, 전기 공사, 심지어 조명조차도 생략했다. 대신 전면 설교대 부근 구조체 벽을 십자가 형상으로 뚫어 놓았다. 이 십자가 오프닝opening 덕분에 교회당은 조명이 없더라도 그런대로 밝고 십자가에서 들어오는 빛이 건물 내부에 숭고함을 더하여 교회가 성스러운 분위기를 띠게 되었다. 이 조그만 교회당은 안도의 설계 해법 때문에 일약 세계적인 건축물이 되었다.

이 같은 사례는 수없이 많지만, 한 가지 사례만 더 들어보겠다. 1990년대 국내에서 이마트와 같은 대형 할인점이 처음 소개되기 시작했던 즈음에 국내 대형 할인점의 건축비는 평당 300만 원 정도였다. 그런데 프랑스의 세계적인 할인점 체인인 까르푸Carrefour가 일산에 매장을 지었는데 반값도 안되는 평당 120만 원이 들었다고 알려지면서 건설 관계자들 사이에서 난리가 났었다. 도면을 구해도 보고 현지 조사도 해보니 결론은 간단했다. 까르푸는 할인점 매장을 창고형으로 지은 것이다. 바닥은 콘크리트 마감 그대로였고, 벽면은 블록을 쌓고 페인트 마감도 없이 블록 그대로였고, 천장은 설비, 전기 파이프와 냉난방에 사용하는 덕트가 그냥 노출되어 있는 상태였다. 이와는 달리 국내 할인점 업체는 백화점에서 약간 변형된 형태로 건물을 지었기 때문에 평당 가격이 300만원 대 120만 원으로 크게 차이가 났던 것이다.

사례들에서 알 수 있듯이, 설계에 따라 건설비는 엄청나게 달라질 수 있다. 국내에서는 일반적으로 비싼 설계는 잘하지만 싼 설계는 잘하지 못하고, 발주자조차 그런 시도를 거의 하지 않는다. 국내 건축비가 세계적으로 비싼 이유는, 안도 다다오의 빛의 교회나 까르푸와 같은 설계를 받아들일 수 있을 만큼 발주자가 경제적 건축에 대한 확고한 철학이 없고, 설계와 건설 관련자의 치열한 원가 절감 노력이 부족해서라고 생각한다.

한 가지 더 살펴보자. 유튜브에서 3D프린팅 하우스3D Printing House를 검색하면 수많은 사례를 접할 수 있다. 3D프린팅 소형 주택 한 채 가격이 대략 1만 5,000달러(약 1,800만 원) 정도인데, 미국의 한 업체는 집 없는 사람에게 4,000달러에 보급하겠다고 설명한다.[76] 미국에서 집 한 채 가격이 이렇게 싸게 판매되고 있다는 사실에 우리는 눈을 감아도 될까? 국내 아파트 가격은 세계적으로 매우 높다. 지가 문제가 연동되긴 하지만, 서민들에게 싼 가격의 아파트를 공급하겠다는 생각은 뒷전이고 어떻게 하면 개발업체와 건설업체가 더 많은 돈을 받을지만 지속적으로 추구한 결과다. 당연히 공기를 획기적으로 줄이거나 공사비를 획기적으로 절감하려는 시도는 부족했고, 설계업체도 별다른 의식 없이 이들의 지시에 순응해온 결과이다. 물론 고급 아파트도 필요하지만 지금 아파트 반값 수준의 아파트도 존재해야 하며, 이는 택지를 싸게 공급하는 동시에 혁신적인 원가 절감 노력을 기울인다면 불가능한 일이 아니다. 설계할 때에 반드시 필요한 기법인 목표 공사비 설계 기법이 필요하고 철저한 공사비 관리가 필수적이다.

유통 구조가 중요하다

또 다른 관점으로 유통 구조 문제를 들 수 있다. 채소나 해산물의 산지 가격과 소비자 가격 사이에는 몇 배의 차이가 발생한다. 원인은 여러 가지가 있지만 유통의 구조적 문제가 크다. 채소나 해산물 못지않게 유통 구조가 복잡한 산업이 건설이다. 건설 관련법 상에는 1차 하도급까지만 적법이고 2차 하도급부터는 불법이다. 하지만 전국 어디든 2차, 3차 하도급을 하지 않는 건설 현장은 하나도 없다고 단언할 수 있다. 오래전 일본 건설 현장에 견학 갔을 때, 가설 사무실 출입구 옆에 비상연락망 조직도와 연락처가 게시되어 있는 것을 보고 놀랐던 적이 있다. 일본에서는 재하도급이 불법이 아니긴 하지만, 게시판에 1차부터 6차 하도급 책임자까지의 연락처가 버젓이 걸려 있었던 것이다. 이같은 중층 하도급 때문에 일본의 건설 단가는 매우 비싸고 해외 공사에서도 경쟁력이 없다. 국내에서는 몇 차 하도급까지 이루어지고 있는지에 대해 제대로 실태가 조사된 적은 없지만, 2차, 3차 하도급은 흔히 볼 수 있는 일이다.

국내에서는 몇 차의 하도급이든지 마지막에는 대부분 소위 작업반(팀)이라는 최종 도급 단위가 인력을 몇 명에서 몇십 명을 고용하여, 이들이 공사를 담당한다. 실제 공사 주체인 이들은 노출되지 않고 숨어 있기 때문에 관리가 제대로 안 되는 관리 사각지대에 놓이게 된다. 따라서 원가 문제뿐만 아니라 안전·품질 관리 문제도 이들로부터 발생된다.

이와 같이 중층 하도급을 줄이기 위해, 외국에서는 사업 관리형 CM^CM for Fee 방식이나 지정 하도급^NSC, Nominated Sub-Contractor, 지급 자재^NS, Nominated supplies 방식을 흔히 쓴다. 사업 관리형 CM 방식은 미국 동부나 영국, 동남아시아 일부에서 성행하는 방식으로, 능력 있는 CM 회사가 도급이 아닌 용역 형태로 발주자를 대신하여 종합 건설업체 없이 전문 건설업체를 직접 고용하여 공사를 완료하는 방식이다.(그림 16 참조) 이 방식은 건설 회사에게 가는 간접비와 이윤Overhead & Profit을 줄이고 실제 시공하는 전문 업체를 직접 고용하는 만큼, 당연히 시공업체의 소통을 개선하는 효과가 있다. 발주자 주도의 직영 공사 시스템을 좀 더 체계적으로 보강한 버전이라고 볼 수 있겠다. 직접 시공하는 전문 건설업체와 계약함으로써 중간 마진을 줄이고 이들과 소통을 개선하는 효과가 있는 방식이다.

이와 같이 건설에서 유통 구조를 개선하는 방식도 원가를 줄이는 좋은 대안이 될 수 있으나, 국내에서는 발주자의 의지가 부족하고 시장 구도가 건설 회사 위주라서 사업 관리형 CM 사례가 극히 드물다.

사업비 관리의 전문성을 확보하려면, 시공 단계에 치우친 원가 관리에서 벗어나 프리콘 활동을 통해 다양한 설계안에 대한 비용을 고려하

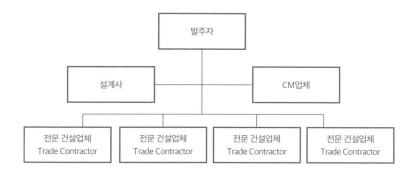

그림 16. 사업 관리형 CM 방식 (※종합 건설업체가 없다는 점이 특징이다)

고, 사업성과 시공성을 반영한 설계안을 제시할 수 있는 선진화된 사업비 관리 시스템을 갖춰야 한다. 지금까지 우리나라에서는 사업비 관리의 중요성에 상당히 소극적으로 대처해왔다. 영국 건설 시스템의 영향을 받은 동남아시아에서는 오래전부터 원가 관리의 중요성이 강조되어 왔고, 중국에서조차 원가 관리자QS, Quantity Surveyor는 전문 분야로 자리 잡고 있다. 이제 우리에게도 사업비 관리의 선진화는 선택이 아닌 필수 사항이라고 할 수 있다. 아울러 PM/CM 용역에 애매하게 원가 관리 역할이 부여되고 있는 부분을 개선하여, 건설 선진국 같이 원가 관리 용역을 별도로 발주하는 제도적 개혁이 함께 수반되어야 한다.

미국은 1994년 클린턴 대통령 시절부터 국가 건설 산업 목표NCG*를 수립하여 건설 기간 50% 단축, 시설물의 운영, 유지 관리, 에너지 비용 50% 절감 등 7개의 거대 목표를 수립하여 이를 달성하기 위해 노력해왔다.

영국에서 건설 혁신의 신호탄이 된 1994년 레이섬 보고서Latham report의 핵심 내용은 5년 내 30% 원가 절감을 달성하자는 사업비 혁신 비전이었다. 2013년에 영국은 2025년까지 공사비 33%, 건설 기간 50% 등의 목표를 내세웠고, 이를 달성하려는 건설 혁신을 지속하고 있다. 건설 강국인 영미권의 건설 혁신 운동을 살펴보면, 공사 기간 50% 단축, 사업비 30% 절감 등이 허황된 주장이라고 할 수 없다. 이들은 실현 가능성이 충분히 있다고 믿고 혁신을 지속하고 있는 것이다. 우리나라는 이들에 비해 공사 기간이 매우 길고 사업비 관리가 제대로 되고 있지 않기 때문

---

* NCGNational Construction Goals는 1994년 미국 건설 산업이 국가 차원에서 추구해야 할 목표를 정한 것이다. 건설과 관련된 연구 개발은 물론 건설 산업 발전을 위한 각종 활동의 근간이 되고 있다. 총 7개의 목표로 구성되어 있다.

에, 건설 선진국인 영미권보다 오히려 쉽게 이 목표를 달성할 수 있다고 본다.

우리는 개혁과 개선을 통해 너무나 많은 기회 요인을 창출할 수 있다. 영국의 사업비 30% 절감 운동의 배경에는 절약된 예산을 다른 곳에 투자할 수 있겠다는 사업적인 마인드가 작용했다. 우리는 더 많은 사업에서 사업비 절감, 사업 기간 단축 등을 통해 더 많은 성과를 낼 수 있으며, 이 예산을 좀 더 나은 공간 창조에 재투자할 수 있다고 확신한다. 그 시발점은 정부의 역할 변화, 공공 발주자의 혁신이 되어야 한다.

10장을 요약하면

건설 프로젝트는 목표한 사업 기간에 맞춰 프로젝트가 수행되었는지, 공기 단축으로 이익이 발생했는지로 성공 여부를 판단할 수 있다. 프리콘 활동은 원가, 품질, 시공성 등을 시공 이전에 철저히 검증함으로써, 시행착오를 미연에 방지하여 사업 기간 단축에 크게 기여한다. 상식을 파괴하는 새로운 프로젝트 접근 방식을 더하면, 공사 기간을 획기적으로 단축할 수 있다.

우리나라의 평균 공사 기간은 선진국에 비해 많이 뒤처져 있어서, 미국은 층당 평균 12.6일, 일본은 평균 20.3일, 우리나라는 평균 31.2일이 소요된다. 미국보다 약 2.5배, 일본보다 1.5배의 공사 기간이 걸린다.

국내 공사 기간이 긴 이유는 다음과 같다. 첫째, 공기 단축이 부실 공사로 직결된다는 잘못된 인식 때문에 공기 단축에 동기 부여가 되지 않는다. 둘째, 공기 단축과 비용의 상관 관계에 대한 인식이 부족하여 타임 코스트 개념이 희박하다. 셋째, 공사 시간이 외국보다도 많이 긴데도 불구하고 당초 계획된 공기조차 지연된다. 넷째, 공기 단축이 기술력이고 건설 기업의 차별화 포인트라는 인식이 부족하며, 공기 단축에 대한 인센티브가 없어서, 오히려 공기가 늘면 용역비가 늘고 수입이 증가한다. 다섯째, 공정 관리 도구를 사용한 체계적인 공정 관리보다 경험적 지식에 의존한다.

프리콘을 통한 사업 기간 단축 핵심 사항으로 전략, 조직, 시스템 3가지를 들 수 있다. 공기 단축을 위해 검증된 기법을 도입하거나 인력, 장비를 추가 투입하는 가속화 전략과, 프로젝트에 영향을 주는 법규, 제도, 각종 리스크를 극복할 수 있는 전략이 있어야 한다. 프로젝트를 수행할 유능한 발주자 조직을 구성하여 최상의 역량을 발휘할 수 있도록 운영하는 발주자의 조달 철학과 리더십 정립 또한 필수적이다. 프로세스, 도구 및 기술, 측정과 평가 시스템을 포함하는 프로젝트 수행 시스템도 빼놓을 수 없는 사항이다.

공기 단축 방법으로는 첫째로 인력과 장비 등 자원을 집중 투입하고, 둘째로 기술 혁신이나 프리패브 등 공장 제작화를 도입하고, 셋째로 프리콘 활동으로 사업 기간을 단축하는 방법이 있다. 모든 방법은 품질이나 안전이 저해되지 않는 것을 전제로 한다. 프로젝트 초기 단계에서 치밀한 계획과 좋은 팀을 구성하고 발주자의 지원이 확실하다면, 50% 공사 기간 단축도 가능하다.

건축물의 성격이나 발주자의 의지에 따라 공사비는 크게 차이가 난다. 세계적인 건축가 안도 다다오가 설계한 빛의 교회나 대형 할인점 매장 까르푸 건설 사례들에서도 알 수 있듯이, 설계에 따라 건설비는 크게 달라진다. 발주자가 경제적 건축에 대한 확고한 철학이 있고, 공사비를 철저히 관리하고, 중층 하도급을 줄이고, 유통 구조를 개선하면 공사비를 줄일 수 있다. 영국의 건설 혁신이 내세우는 사업비 30% 절감도 충분히 실현 가능한 목표다.

요른 웃손의 시드니 오페라하우스
Sydney Opera House

1956년 시드니 오페라하우스 국제 공모전의 심사위원은 총 4명. 3명의 심사위원이 어느 정도 안을 추려 놓았을 때 뒤늦게 도착한 심사위원 에로 사리넨Eero Saarinen이 탈락한 안들을 살펴보다가 덴마크 신예 건축가 요른 웃손Jørn Utzon의 조금은 허술해 보이는 디자인을 골라냈다. 웃손이 제출한 디자인은 투시도도 없고, 도면이 건립 부지와 맞지 않는 등 공모 전 규정에 부합하지 않았지만, 사리넨의 적극적인 추천으로 결국 웃손이 1등에 당선됐다. 사리넨은 웃손이 제시한 셸 구조, 즉 조개 껍데기 모양의 건축물에 큰 호감을 보였다. 그리하여 경험과 기술은 다소 부족하지만 디자인적으로 뛰어난 감각을 지닌 웃손이 38세의 나이에 시드니 오페라하우스 설계를 맡게 된다.

1958년 3월 오베 아룹Ove Arup과 함께 시드니를 방문한 웃손은 '레드북Red Book'이라 불리는 시드니 오페라하우스 디자인의 초안을 공개했으며, 이듬해 3월 기공식이 열렸다.

레드북 발표 이후 웃손은 2년 동안 설계를 발전시키면서 도면과 모델 이미지, 스케치를 지속적으로 제시하며 자신의 안을 구체화했다. 당시 빠른 착공을 위해 이른바 '패스트트랙' 방식으로 3단계 공사가 진행됐다. 1단계 기초 및 토대 공사, 2단계 셸 모양의 지붕 구조체를 만들고 타일을 붙이는 공사, 3단계 벽체와 내부 공사로 나눠 설계를 부분적으로 완성해 가기로 했다. 그러나 설계와 시공을 병행하는 과정에서 오류와 시행착오가 많이 발생했다.

이 과정에서 공사 기간이 길어지고 비용은 기하급수적으로 증가하였다. 초기에 예상했던 예산 700만 호주달러로는 어림도 없었다. 준공 이후 1974년 호주 정부가 공식 발표한 보고서에 따르면, 이 공사에 들어간 총 비용은 1억 200만 호주달러였다. 당초 예산 대비 15배 정도로 비용이 늘어난 셈이다. 공사 기간은 당초 계획보다 6년이나 늘어났다.

공사 기간과 예산이 엄청나게 초과된 이 프로젝트는 매니지먼트 측면에서 보자면 실패작이다. 하지만 역설적이게도 시드니 오페라하우스의 실패 사례는, 대규모 프로젝트를 추진할 때 어떻게 하면 당초에 세웠던 일정과 예산을 준수할 수 있을 것인가에 대한 방법론으로서 프로젝트 매니지먼트 기법이 발전하는 계기가 됐다. 그리고 오베 아룹은 구조 설계와 엔지니어링 분야에서 세계적으로 가장 탁월한 회사로 성장했고, 현재 37개국에 17,000여 명의 인원을 거느린 회사가 되었다.

시드니 오페라하우스는 프로젝트 매니지먼트의 성패에 따라 예산과 공기가 대폭 증가할 수도 있고 절감도 가능하다는 산 교훈을 제공한 프로젝트였다. 2007년에는 현대 건축물로는 이례적으로 유네스코 세계문화유산으로 지정되는 영예를 안았으며, 2013년 기준으로 누적 1억 명 이상의 관광객이 방문해 총 공사비의 몇 배 수익을 올렸고, 현재에도 해마다 1천만 명 이상이 방문[77]하는 시드니의 랜드마크로 관광객의 발길을 끌어들이고 있다. 시드니 오페라 하우스는 월등한 설계를 바탕으로, 사업 관리 측면에서 대표적인 실패작이라도 장기적으로는 사업적인 성공을 거둘 수 있다는 패러독스를 제공한 프로젝트였다.

11장

기적 같은
프로젝트 사례로 배운다

앞서 Part2에서는 프로젝트 성공의 5가지 핵심 요인을 살펴보았다. 이 장에서는 전 세계적으로 대표적인 건설 성공 사례로 손꼽히는 미국의 엠파이어스테이트 빌딩 프로젝트의 성공 요인에 대해 알아보고자 한다. 높이 381.6m, 102층 높이의 초고층 건물을 짓는 데 국내에서 2층짜리 고급 주택 하나 짓는 정도인 불과 13개월 남짓한 공사 기간이 소요되었다. 뿐만 아니라 당초 예산을 획기적으로 절감한 이 프로젝트는 지어진 지 약 90년이 지난 지금까지도 여전히 건설 역사에 경이적인 기록으로 남아 있다. 엠파이어스테이트 빌딩 프로젝트 사례를 보며 건설 프로젝트에 적용 가능한 성공방정식은 무엇인지에 대해 생각해 보자.

90년 동안 깨지지 않은 경이적인 기록

1930년 4월 7일 첫 번째 철골 기둥이 세워지면서 본격적으로 시작된 엠파이어스테이트 빌딩 공사는 불과 6개월 만에 57,000여 톤의 철골 구조물을 86층까지 완료하였다. 이 빌딩은 102층이지만 실제 거주층은 86층까지기 때문에 이로써 대부분의 철골 공사가 완료된 것이다. 테헤란로에 서 있는 20층 내외의 고층 빌딩에 소요되는 철골 구조물이 2,000~3,000톤이니 57,000톤이면 이런 건물을 약 20~30개 건설할 수 있는 물량이다. 얼마나 엄청난 규모인지 대략 짐작할 수 있을 것이다.

1930년대 초는 뉴욕에서 초고층 건설 붐이 일어났던 시기로, 도시의 마천루는 하늘 높은 줄 모르고 점점 높아져가고 있었다. 엠파이어스테이트 빌딩은 건립 과정에서 비슷한 시기에 지어진 크라이슬러 빌딩과 흥미로운 눈치 작전을 펼쳤다. 뉴욕의 자산가였던 크라이슬러의 월터 크라이슬러와 제너럴모터스^{GM}의 존 래스콥은 과연 누가 세계에서 가장 높은 건물을 지을 것인가를 두고 치열한 경쟁을 벌였다. 당초 이 빌딩의 건설 계획안을 보면 높이가 1,050피트(315m)로, 크라이슬러 빌딩 1,048피트(314.4m)보다 고작 2피트(60cm) 정도 높았다. 하지만 실제 완공된 크라이슬러 빌딩은 1,130피트(339m)로 엠파이어스테이트 빌딩의 계획안보다 80피트(24m) 정도 높았다. 크라이슬러 측이 고층 경쟁에서 이기겠다는 계획을 가지고 비밀리에 높이 56m짜리 첨탑을 조립해 뒀다가 완공 바로 직전에 올린 것이었다. 그러나 엠파이어스테이트 빌딩 발주자인 존 래스콥도 여기에 굴하지 않았다. 크라이슬러 빌딩이 애초 계획보다 높아질 것을 미리 예상해 첨탑을 높여 1,250피트(381.6m)로 완성했다. 그렇게 두 빌딩의 건축주는 머리를 써가면서 마지막 순간까지 치열한 높이 경쟁을 벌였다. 이 싸움에서 결국 최후의 승리를 거머쥔 엠파이어스테이트 빌딩은 1973년 세계무역센터가 건립되기 전까지 세계 최고 높이의 빌딩 자리를 42년 동안 유지할 수 있었다.

처음 이 빌딩 건설 프로젝트의 아이디어를 낸 사람은 제너럴모터스를 이끌던 존 래스콥이었다. 그는 동료인 피에르 뒤퐁과 함께 이 건설 사업의 주요 투자자가 되었다. 이 건설 사업에 인허가를 내준 사람은 전 뉴욕 주지사이자 민주당 대통령 후보였던 앨프리드 E. 스미스로, 그 후 엠파이어스테이트 법인의 대표가 되어 대외관계를 총괄했다.

설계는 슈리브, 램, 하먼이 속한 뉴욕의 설계 회사Shreve, Lamb and Harmon Associates가 맡았다. 이들은 유명 시공업체인 스타렛 브러더스&에켄Starrett Brothers and Eken사와 긴밀히 협력했다. 설계사와 시공사인 이들은 환상의 호흡을 자랑하며 1930년 3월 17일 착공부터 1931년 5월 1일 준공식까지 불과 13.5개월 만에 엠파이어스테이트 빌딩이라는 '명작'을 만들어냄으로써, 현대 건축 역사상 가장 성공적인 프로젝트를 완수한 팀이 되었다.

당시에는 현재 우리가 건설 현장에서 항상 보게 되는 타워크레인이 개발되지 않았기 때문에 상대적으로 장비 효율이 떨어지는 기중기derick를 사용해야 했다. 콘크리트를 타설하는 콘크리트 펌프카도 없었기 때문에 인력과 자재를 운반하는 가설 엘리베이터로 콘크리트를 고층까지 운반하고 인력으로 콘크리트를 타설했다.

공기 단축을 하려면 일반적으로 사람과 장비가 추가 투입되어 돌관

공사비라는 추가 경비를 요구하는 것이 업계의 관행이다. 그러나 이 공사에서는 시공 이전 단계의 프리콘 활동과 체계적인 원가 관리를 통해 오히려 공사비 200만 달러(현재 가치로 환산하면 약 1억 2천만 달러)를 절감하여 최종적으로는 2,500만 달러에 공사를 마무리했다. 90년이 지난 현재까지도 이 같은 경이적인 기록은 깨지지 않고 있다.

팀 디자인과 시공사의 관리 능력

엠파이어스테이트 빌딩 건설은 대공황 시기에 수행되었기 때문에 작업자 확보나 장비, 자재 조달이 안정적이었다. 이 공사가 시작될 무렵인 1900년대 초반 건설에서는 대부분 건설사가 직접 고용하는 직영 노무자에 의해 공사가 이루어졌다. 그러나 이 공사에는 절반 이상의 노무자가 하도급 형태로 공사에 참여하였고, 이는 당시에 비정상적인 형태로 받아들여졌다. 그러나 시공사는 하도급 업체의 전문적인 지식과 기능을 최대한 활용하여 권한의 분배와 관리의 분권화를 기했다. 또한 타 공종과의 협업에 있어서도 협력업체들에게 재량권을 주었다. 현대의 관점에서 해석하자면, 당시 시공을 맡았던 스타렛 브러더스&에켄이 CM의 역할을 했다고 볼 수 있다.

이같이 경이적인 공사 기간 단축을 실현한 성공의 이면에는 팀 디자인 방식team design approach이 있었다. 팀 디자인은 발주자, 설계자, 시공자, 엔지니어가 함께 프로젝트를 계획하고 문제를 해결하는 기법이다. 설계 이전의 주요 결정과 디테일을 사전에 합의하는 방식으로 프리콘 활동과 일맥상통하는 개념이다. 프로젝트 초기 단계부터 시공사 및 엔지니어가 조기에 참여함으로써 시공성 및 공종별 작업 순서 등을 고려한 완성도 있는 설계 도면이 만들어질 수 있었던 것이다. 이 방식이 엠파이어스테이트 빌딩 공사의 혁신적인 공기 단축에 아주 중요한 부분을 담당했다고 할 수 있다.

또한 시공사의 탁월한 관리 능력을 성공 요인 중 하나로 꼽을 수 있다. 시공사인 스타렛 브러더스&에켄은, "프로젝트 초기부터 사업에 관여하지 않으면 아예 시공에 참여하지 않는다"는 사업 원칙이 확고했다. 이 회사에는 1차 세계대전 당시 건설산업위원회 소속 비상건설부 책임자였던 막내 동생인 빌 스타렛*이라는 전문가가 있었다. 그는 군대 생활 중, 단기간에 군 시설을 건설했던 경험을 기반으로 획기적인 공기 단축에 대한 노하우를 축적해왔다.[78] 특히 1930년에 지어진 맨해튼 은행 빌딩The bank of Manhattan building**은 1,111,675평방피트(약 3만 1천 평)의 연면적과 283m 높이에 72층 규모의 초고층 건물이었다. 이 건물을 불과 11개월 만에 완공함으로써 엠파이어스테이트 빌딩 건설을 위한 리허설 성격의 프로젝트를 미리 경험했다.

공사의 성공에는 발주자의 역할 또한 매우 중요했다. 주 투자가인 존 래스콥과 뉴욕 주지사 출신으로 엠파이어스테이트 빌딩의 CEO가 된

---

* 스타렛 브러더스Starrett Brothers의 막내 동생인 빌 스타렛Bill Starrett은 대령 출신으로 1차 세계대전 당시 비상건설부 책임자로 활동했는데, 당시 180만 명의 군인을 대상으로 기지, 병원, 비행장 등을 초고속으로 건설한 경험과 대규모 군 막사를 90일 만에 건설한 경험을 보유하고 있었다.

** 이 빌딩은 완공 당시 세계 최고층 빌딩 지위를 차지했지만, 얼마 지나지 않아 크라이슬러 빌딩에 추월당했다. 1990년대 중반부터 트럼프 빌딩The Trump Building으로 이름을 바꾸었다.

앨프리드 F. 스미스^{Alfred F. Smith}는 리더십, 대외 문제 해결 능력과 탁월한 의사 결정 능력을 소유하고 있었다. 그들은 프로젝트 팀 구성 및 권한 위임 등을 통하여 적기에 의사 결정을 내릴 수 있는 환경을 만들었다. 특히 존 래스콥은 자동차 회사인 GM 출신이었기 때문에, 건설 현장도 제조 공장처럼 운영이 가능하다고 믿었고, 제조업 개념을 현장에 도입하였다.

설계자였던 슈리브, 램, 하먼의 설계 능력과 코디네이션 능력 역시 프로젝트의 성공을 이끌어낸 주된 성공 요인이라고 할 수 있다. 그들은 공사의 속도를 낼 수 있도록 패스트트랙으로 설계와 시공을 동시에 추진하는 방식을 취했다. 공사가 완료된 후 시공사는 "건설 역사에서 이처럼 시공 속도에 최적화된 건축 디자인은 다시는 없을 것이다"라며 설계사의 능력을 극찬하면서 프로젝트 성공의 공을 설계자에게 돌리는 아름다운 모습을 보였다.

엠파이어스테이트 빌딩 공사의 성공에는 뛰어난 발주자의 리더십과 능력 있는 설계자와 시공사의 탁월한 프로젝트 매니지먼트^{PM} 능력이 밑바탕이 되었다. 그리고 프로젝트 초기부터 팀을 구성하여 시공 과정 중 발생할 수 있는 제반 문제를 조기에 해결했던 프리콘 활동이 결정적인 역할을 했다. 이는 오늘날 우리가 추구하는 프리콘 활동의 성공을 여실히 보여주는 베스트 프랙티스라 할 수 있다.

명확한 발주자 요구 사항

초고층 건설 역사에 새로운 장을 연 이 프로젝트는, 사업에 참여한 모든 이해관계자들이 운명 공동체라는 인식 하에 오로지 하나의 목표에 집중함으로써 달성한 팀워크의 산물이라고 할 수 있다.

프로젝트 계약 전부터 설계사와 시공사에게 발주자가 요구했던 첫 번째 사항은 반드시 1931년 5월 1일에 준공식이 거행되어야 한다는 점 이었다. 당시 사무실 임대료 기산일이 5월 1일이었기 때문에 이를 넘기 면 1년치 임대료를 손해 보게 될 상황이기 때문이었다. 목표 일정에서 하루만 늦어져도 임대에 차질이 생겨 수백만 달러의 손해가 발주자 측 에 발생하며 하루가 늦춰질 때마다 1만 달러(현재 화폐 가치로 약 58만 달러) 이상의 비용이 발생한다는 사실을 프로젝트 참여자들은 처음부터 명확 히 인지했다. 이들은 탁월한 능력과 일체된 팀워크로 목표한 일정 내 에 공사를 마무리할 수 있었다. 또한 가능한 한 최소한의 비용으로 세계 최고의 빌딩을 짓고자 했던 발주자의 요구 사항을 실현하기 위해 공기 단축뿐만 아니라 공사비 절감에도 관리 역량을 집중하였다. 그 결과 당 초 예산인 5,000만 달러(토지비 1,600만 달러 포함)보다 약 900만 달러(현재 화폐 가치로 약 5억 2천만 달러)를 절약한 4,100만 달러 수준에서 사업을 종 료할 수 있었다.[79]

패스트트랙 기법과 공업화 설계

엠파이어스테이트 빌딩 건설은 설계, 설계 관리, 조달, 현장 조직과 현 장 관리, 물류와 장비 등 건설과 관련한 거의 모든 부문에서 혁신적인 도 전을 단행했다. 프로젝트 수행에 앞서 공사 준공 목표 일정이 명확히 정해져 있었으나, 준공일 내에 공사를 완료하기 위해서는 설계 기간이 절대적으로 부족했다. 이에 따라 전술한 바와 같이 당시로서는 매우 혁신적인 방법인 설계와 시공을 동시에 병행하는 패스트트랙 기법이 필연적으로 도입되었는데, 이 프로젝트 이후 많은 건설 공사에서 패스트트랙 기법이 적용되기 시작했다. 특히 건설 기간 중 단 17차례의 설계 변경만이 발생했다*고 하는 점은 발주자, 설계자, 시공자, 엔지니어가 혼연일체가 되어 하나의 팀으로서 사업을 수행했음을 짐작케 하는 부분이다.

또한 공사에는 현장이 아닌 공장에서 건축 부위별 유닛unit을 제작하는 공업화 시공 방식이 도입되었다. 건물의 외장재인 창호 공사와 창호를 지지해주는 부재인 스팬드럴, 스틸 멀리언과 석재 공사는 현장 밖에서 제작이 가능하도록 설계되었다. 이를 표준화, 대량 생산함으로써 원가 절감 및 현장 시공 생산성 향상에 기여했다. 일례로 여기에 적용된 금속 스탠드럴 5,704개는 18개의 유형으로 표준화되었고, 바닥 콘크리트 슬래브는 철근 대신 롤 카펫 형식으로 된 롤 철망을 사용하여 철근 배근 시간을 획기적으로 단축하였다. 그 결과 엠파이어스테이트 빌딩 건설의 공정 관리에서 가장 성공적인 요체라고 일컬어지는 네 개의 핵심 공정pace maker인 철골 설치, 콘크리트 바닥 공사, 외부 금속 마감 및 알루미늄 스팬드럴(커튼월), 외벽 석재 공사가 마치 공장의 컨베이어 벨트가 돌아가듯이 한 치의 오차 없이 성공적으로 수행되었다. 골조 공사와 외벽 공사가 조기에 완료됨에 따라 설비, 전기, 마감 공사 등의 후속 공사들 역

---

*　엠파이어스테이트 빌딩 정도 규모의 건물 건설에서는 흔히 설계 변경이 수천 건, 많게는 수만 건이 벌어지기도 한다.

시 바로 진행될 수 있었고, 덕분에 추운 겨울 동안에 실내에서 내부 공사를 진행할 수 있게 되었다. 결과적으로 4개의 핵심 공정에서 모두 당초 계획 대비 4일에서 17일까지 공기를 단축하였고, 그 결과 당초 준공일인 1931년 5월 1일보다 한 달 앞선 4월에 실질적인 공사가 완료되었다. 공기 13.5개월조차도 다시 한 달을 더 단축한 것이다.

린lean 건설과 대물량 시공

엠파이어스테이트 빌딩 건설 과정에는 공사 기간을 단축하려는 다양한 시도가 이루어졌는데, 이는 오늘날에도 건설을 보는 시각과 철학 측면에서 많은 시사점을 던져주고 있다. 그 중에서도 린 건설과 대물량 시공mass construction 개념 도입에 주목해볼 수 있다. 이는 1990년대 일본 도요타의 생산 방식에서 출발한 린 생산을 건설에 도입한 건설 최적화 개념으로서, 린 건설의 철학은 낭비를 최소화하고 가치를 더하여 업무의 흐름을 원활하게 하는 데 있다. 린 건설 이론은 1990년대에 정립되어 발전한 것이지만, 1930년대에 이미 엠파이어스테이트 빌딩 현장에 이와 같은 개념이 적용되었던 것이다.

린 건설의 개념은 다음과 같다.

- 자재는 적기just-in-time에 도착한다.
- 현장 내에서 자재는 한 번만 운반한다.
- 도착된 자재는 3일 안에 시공을 완료한다.

이와 같은 원칙에 따라 자재 생산 및 운송, 현장 제작 등의 과정이 물 흐르듯 진행될 수 있었으며, 그밖에도 표준화 설계, 공업화, 작업자 동선 최소화 등의 린 개념이 프로젝트 곳곳에 반영되었다.

대물량 시공 역시 주목해볼 만하다. 엠파이어스테이트 빌딩 프로젝트는 연면적 257,211㎡의 102층 건물 규모로 57,480톤의 철골재, 48,000㎥의 콘크리트, 1천만 개의 벽돌, 6,400개의 창문, 3,500명의 피크 타임 인력이 투입된 대규모 현장이었다. 1년여 만에 대규모 물량의 공사를 완료하기 위해서는 프로젝트 관리나 프로덕트product 관리 차원의 새로운 전형이 필요했다. 이를 위해 대물량 시공의 개념이 도입되었는데, 그 주된 개념은 현장을 4개의 핵심 공정에 따라 공장 조립 라인처럼 운영하는 것이었다. 동일하고 반복적인 공간 및 모듈, 택 타임*을 고려한 업무 흐름, 원활한 자재 운송을 위해 설계된 물류 조달 시스템, 그리고 표준화된 업무 등을 골자로 하는 개념이다.

당시의 공사 현장 사진을 살펴보면 철골 공사가 가장 상층부에서 시공되면 그보다 3~4개 층 아래에서 콘크리트 바닥 공사가 진행되었다. 외장재는 9개 층 아래, 그리고 외부 석재와 유리창은 다시 6개 층 아래까지 완료되어 4개의 핵심 공정을 구성하는 골조 공사와 외벽 공사가 공장 조립 라인처럼 시스템화되어 작동되고 있음을 알 수 있다. 이러한 연계 작업이 공사 전체 과정에서 한 치의 오차 없이 유지됨으로써 이 모든 공정이 1년여 만에 완벽하게 완성될 수 있었다.

---

*   택 타임Tact time이란 공정 관리 용어로서 제품 한 개를 생산하는 데 필요한 시간이다. 'Tact time=일일 가공 시간÷일일 필요 생산 수량'으로 표현할 수 있는데, 예를 들어 하루 8시간 동안 8개의 제품을 생산한다면, 8시간÷8개=1시간이다. 엠파이어스테이트 빌딩 공사에서는 철저하게 과학적인 생산 공장의 공정 관리 이론이 도입되었다.

특별한 로지스틱스

엠파이어스테이트 빌딩의 성공 사례에 대해 저술한 윌리스Willis와 프리드먼Friedman은 대규모 건설 프로젝트에서 물류는 언제나 성공의 열쇠라고 주장했다.[80] 이 빌딩 공사에 적용된, 자재와 사람의 이동을 지원하는 물류Logistics 계획은 지금 이 시대에도 상상하기 힘든 완벽한 수준이었다. 피크 타임에 인력 3,500여 명*의 이동을 효율적으로 지원할 수 있는 충분한 숫자의 가설 리프트와 본 공사용 엘리베이터를 조기에 가동하였다. 인력 이동을 최소화하기 위해 적정한 숫자의 간이 식당과 가설 화장실을 몇 개 층 단위로 설치 운영하였다. 이러한 조치들은 초고층 건설에서 인력 이동에 따른 손실을 막고 효율을 극대화하는 결과를 가져왔다. 또한 콘크리트 생산 공장을 지하 1층에 설치하여 콘크리트를 자체 생산하여 공급했으며 철골 설치용 기중기 9대, 별도의 장비 인양용 기중기 2대를 설치했다. 아울러 자재 인양용 각종 호이스트 17기를 별도 설치함으로써 철골 및 자재의 수직 운반을 적기에 할 수 있도록 계획하였다.

그 결과 하루에 한 개 층의 골조 공사를 완료하는 공정이 가능하게 되었고 피크 타임에는 하루에 철골 구조물 포함 500대의 트럭이 현장에 도착했으나 이를 무리 없이 소화하였다. 이들은 하루 8시간밖에 일하지 않았으므로, 1분에 1대꼴로 각종 중차량의 자재를 하역하고 운반하기 위해 공장에서 쓰는 오버헤드 크레인Over head crane을 1층에 설치하였고, 각

---

* 이 정도 규모의 프로젝트를 현재 국내에서 시공한다면 공기는 3~5배 길어지고, 출역 인원수는 10,000여 명이 넘어갈 것이다. 참고로 삼성이 시공한 2020년 현재 세계 최고 빌딩인 부르즈 칼리파는 피크 타임 시 12,000명, 롯데월드타워는 5,500명이 투입되었다. 이와 비교해 보면 엠파이어스테이트 빌딩 프로젝트의 생산성이 얼마나 대단했는지 짐작할 수 있다.

종 하역 장비를 풀가동했다. 또한 각 층에 임시 철도 궤도를 설치하여 자재들을 각 층에서 보관 장소까지 열차 화차로 신속하게 운반하였다. 철골 자재는 440마일(약 700킬로미터) 떨어져 있는 피츠버그 공장에서 제작되었는데, 한 달에 1만 톤의 철골을 조립하기 위해서는 매일 엄청난 물량의 철골을 운반해야 했다. 이를 위해 특별한 물류 계획이 필요하였고 그 해답으로 도심의 교통 혼잡을 피하여 허드슨강을 통해 현장 인근까지 철골을 운반한 후 트럭으로 현장까지 철골 자재를 운송하는 방식을 채택함으로써 적기에 자재들을 현장에 공급할 수 있었다.

프리콘 활동

① 팀 디자인 방식

엠파이어스테이트 빌딩의 발주자에게는 프로젝트 계획 당시에, 1931년 5월 1일 빌딩을 개장한다는 뚜렷한 목표가 있었고, 이 목표를 달성할 수 있는 유능한 팀을 선정하는 것이 관건이었다. 설계자가 선정된 1929년 9월을 기준으로 목표 준공일은 20개월도 채 남지 않았다. 발주자는 계획설계도 완료되지 않은 시점인 설계사 선정 2주 만에 시공사를 선정하였다. 시공사가 초기 설계 단계부터 조기 참여할 수 있는 환경이 자연스럽게 조성되었다. 시공사 선정 즉시 발주자는 설계와 시공에 관한 정책위원회policy committee를 설치하였다. 이 위원회에는 발주자, 설계사, 시공사의 핵심 인원이 참석하여 1주일에 수차례씩 강도 높은 회의가 진행되었고, 평면 확정, 외관 확정 등 모든 주요 의사 결정이 이 자리에서 결정되었다.

② CM 역할을 담당한 시공사

시공사인 스타렛 브러더스&에켄은 오늘날의 시공사와는 다른 역할을 수행하였다. 이들은 모든 공사에 있어 시공 이전 단계인 설계 초기부터 참여가 가능해야 프로젝트에 참여한다는 원칙을 고수해왔다. 즉 프리콘의 중요성을 완벽히 인지한 회사였다. 이들은 엠파이어스테이트 빌딩 공사에 50만 달러의 용역비^{fee}를 매달 1/n로 동등하게 받는 조건으로 계약을 했고, 총 공사비에 대한 별도 계약을 체결하지 않았다. 공사비는 발주자가 직불하는 방식을 채택한 것이다. 그들의 역할은 시공사보다는 사업 관리자인 CM에 보다 가까웠다고 할 수 있다. 그들은 설계 업무 수행 경력을 가진 설계 지식이 있는 시공자들이었고, 리허설이라 할 만한 72층의 맨해튼 은행 빌딩을 11개월 만에 완공한 경험도 가지고 있었다. 무엇보다 탁월한 공정 관리 능력과 물류 관리 능력, 그리고 건설 관리에서 매우 중요한 요소로 간주되는 도면 없이 원가를 산출하는 능력 또한 보유하고 있었다. 설계 초기에 예산과 연계하여 도면의 품질을 결정하였고, 설계의 주요 의사 결정 과정에 적극 참여하여 프리콘 활동을 수행하였다. 이들은 예산 절감을 위한 VE(당시에는 VE라는 용어 자체가 존재하지 않았는데도 불구하고) 활동에도 적극 참여하여 상당한 원가 절감을 실현하였다. 따라서 발주자, 설계사, 시공사 등이 참여한 정책위원회 활동은 사업 관리자 역할을 한 시공사가 주도했다.

이 프로젝트에서 프리콘 활동으로 얻은 주목할 만한 성과를 몇 가지로 정리하면 다음과 같다.[81]

- 초기 단계의 설계안에는 저층부에 백화점을 입점하는 계획이 있었는데, 백화점에는 개방된 대공간이 필요하므로 구조적 측면에서 많은 변화를 초래하여 예산과 공기에 큰 영향을 미칠 수 있다는 점을 지적하여 원안에 있던 백화점 계획을 취소시켰다.

- 외부 마감재로 당시 유행이었던 테라코타 벽돌 마감 대신 미관과 향후 하자 보수를 고려하여 석재 마감으로 변경하였다.

- 설계 초기 저층부 5개 층은 석재 마감, 나머지는 벽돌 마감으로 계획하였으나, 벽돌은 원가 측면에서 비싸고 공정을 지연시키기 때문에 석재 마감(석회석)으로 변경하였다.

- 착공 당시 뉴욕시가 철골 부하 계산 지침을 제곱인치당 16,000psi*에서 18,000psi로 변경하는 기준 변화를 준비 중이었으나, 실제 착공 시점과는 시차가 있었다. 그럼에도 불구하고 엠파이어스테이트 빌딩 팀은 정확한 정보를 수집하여 리스크를 감수하고 18,000psi 부하 계산으로 철골 도면을 준비하였고, 그 결과 철골량을 10~12.5% 절감하고, 철골 원가를 15~20% 절약하는 성과를 달성하여 결과적으로 50만 달러(현재 시세 기준 약 2,900만 달러)의 공사비를 절감하였다.

- 가능한 한 많은 부재를 공장에서 사전 제작하고 현장에서는 조립만 하도록 노력하였으며, 공기를 절약할 수 있는 단순하고 경제적인 디테일이 되도록 설계사와 지속적인 협력을 수행하였다.

---

* psi는 프사이 또는 피에스아이라고 읽으며, 압력의 단위로 1제곱인치의 면적이 받는 파운드를 기준으로 하는 무게pound per square inch이다. 1psi는 6.894733킬로파스칼kPa이다.

③ 빠른 의사 결정과 문제 해결

정책위원회 멤버들 모두가 설계 초기 프리콘 활동의 중요성에 대해 인지하고 있었기 때문에, 설계의 원가, 공정, 시공성, 품질 등의 문제점을 사전에 검토하였다. 그 결과물과 디테일을 도면에 반영하는 등 철저한 설계와 시공의 통합을 꾀했다. 일반적인 건설 공사에서 설계 도면에 문제가 있을 경우 이를 해결하기 위해서는 설계자의 도면 작성 → 시공사 검토 → 설계 오류 전달 → 설계자 수정 → 발주자 승인 등의 복잡한 과정을 거치지만, 이 프로젝트에서는 이 모든 의사 결정 과정이 정책위원회의 회의를 통해 신속하게 진행되었기 때문에 프로젝트 성공에 기여했다. 프리콘을 통하여 모든 중요한 사항과 디테일이 면밀히 검토되고 나서야 공사가 진행되어 시행착오를 최소화할 수 있었다.

11장을 요약하면

42년 동안 세계에서 가장 높은 빌딩이었던 102층의 엠파이어스테이트 빌딩은 1930년 3월 17일 착공부터 1931년 5월 1일 준공식까지 불과 13.5개월이 걸렸다. 90년이 지난 현재까지도 이 같은 경이적인 기록은 깨지지 않고 있다.

뛰어난 발주자의 리더십과 능력 있는 설계자와 시공사의 탁월한 프로젝트 매니지먼트 능력이 성공의 밑바탕이 되었다. 그리고 프로젝트 초기부터 팀을 구성하여 시공 과정 중 발생할 수 있는 제반 문제를 조기에 해결했던 프리콘 활동이 결정적인 역할을 했다.

발주자의 요구 사항은 프로젝트 계약 전부터 명확했다. 반드시 1931년 5월 1일에 준공식이 거행되어야 한다. 가능한 최소한의 비용으로 세계 최고의 빌딩을 짓겠다. 목표 일정에서 하루만 늦어져도 발주자에게 수백만 달러의 손해가 발생한다는 사실을 프로젝트 참여자들은 처음부터 명확히 인지했고, 공기 단축과 공사비 절감에 모든 역량을 집중하였다.

준공일 내에 공사를 완료하기 위해서는 설계 기간이 부족했으므로, 혁신적인 공사 방식인 패스트트랙 방식을 채택하였고 건설 기간 중 단 17차례의 설계 변경만이 발생했다. 현장이 아닌 공장에서 건축 부위별 유닛을 제작하는 공업화 시공 방식이 도입되었고, 이를 표준화, 대량 생산함으로써 원가 절감 및 현장 시공 생산성 향상에 기여했다.

공사 기간을 단축하려는 다양한 시도가 이루어졌는데, 이는 오늘날에도 건설을 보는 시각과 철학 측면에서 많은 시사점을 던져주고 있다. 린 건설 기법 도입으로, 자재 생산 및 운송, 현장 제작 등의 과정이 물 흐르듯 진행될 수 있었으며, 표준화 설계, 공업화, 작업자 동선 최소화 등이 프로젝트 곳곳에 반영되었다. 대물량 시공으로, 현장을 4개의 주요 공정에 따라 공장 조립 라인처럼 운영하였다. 이러한 작업이 공사 전체 과정에서 한 치의 오차 없이 유지됨으로써 1년여 만에 완벽하게 완성될 수 있었다.

물류 계획은 지금도 상상하기 힘든 완벽한 수준이었다. 인력 이동을 최소화하고 효율을 극대화하였다. 지하 1층에 생산 공장을 설치하여 콘크리트를 자체 생산 공급했으며, 적기에 자재의 수직 운반을 계획하였다. 엄청난 물량의 철골을 운반하기 위해 도심의 교통 혼잡을 피하는 특별한 물류 계획을 수립하여 적기에 자재들을 현장에 공급하였다.

뚜렷한 목표의 빠른 실행을 위해 시공사가 초기 설계 단계부터 조기 참여할 수 있는 환경이 조성되었다. 설계 지식을 갖추고 프리콘의 중요성을 완벽히 인지하는 시공사가 설계 초기부터 참여하여 CM 역할을 담당하였다. 정책위원회 멤버들이 설계 원가, 공정, 시공성, 품질 등의 문제점을 사전에 검토하였고, 철저한 설계와 시공의 통합을 꾀했다. 프리콘 활동의 성공을 여실히 보여주는 베스트 프랙티스다.

12장

미래 전망과
혁신적 변화

4차 건설산업혁명

지난 2016년 2월 다보스 포럼World Economic Forum의 의제로 '4차 산업 혁명4th Industrial Revolution'이라는 개념이 채택된 후에 국내에서 4차 산업 혁명은 뜨거운 감자이자 유행어가 되었다. 건설 산업도 예외는 아니어서 산업계, 연구계, 학계 등 최근 발표되고 있는 자료들과 학회의 세미나 주제로 빠지지 않고 등장하는 개념이 바로 4차 산업혁명이다. 4차 산업 혁명은 사물인터넷IoT, Internet of Things, 빅데이터Big Data, 인공지능AI, Artificial Intelligence 등과 같은 '정보'에 의한 혁명을 가리킨다. 지금껏 변화와 혁신에 상대적으로 동떨어져 있었던 건설 산업에서 어찌 보면 지금이야말로, 4차 산업혁명 시대를 맞이하여 앞으로의 건설 산업이 어떻게 바뀌게 될

지 진지한 고민이 필요한 시기라고 할 수 있겠다.

　4차 산업혁명을 다른 말로 정보화 혁명이라고도 하는 만큼, 오늘날 경쟁력 있는 기업으로 살아남기 위해서는 정보 활용 능력을 확보하는 일이 무엇보다 중요하다. 건설 산업은 하나의 프로젝트를 수행하기 위해 소요되는 시간이 길고, 참여하는 주체가 매우 다양하기 때문에 타 산업에 비해 생산되는 정보의 유형과 규모가 방대하다. 그리고 정보의 유형도 텍스트 문서 형태의 정보에서부터, 설계 도면 및 3D 모델링 데이터와 같은 그래픽 형상 정보, 현장의 관리를 위한 영상 비디오 정보 등 비정형 형태의 데이터를 다양하게 다루게 된다. 건설은 방대하고 다양한 형태의 정보들 속에서 의미 있는 지식을 습득하고, 이를 건설의 생산 과정에 활용함으로써 경쟁력을 향상시킬 수 있는 가능성이 매우 높은 산업이다.

　그러나 건설 프로젝트에서 생산되고 있는 오늘날의 정보 대다수는 재사용, 재활용되지 못하고 사장된다. 수백, 수천 페이지가 넘는 공사 시방서, 매주 작성되는 회의 자료, 현장 공사 일보, 품질 관리 문서 등 현장 캐비닛을 빼곡히 채우고 있는 문서 꾸러미들은 활용보다는 보관을 목적으로 하는 것 같다. 정보를 통해 얻은 의미 있는 결과를 사용자의 경험과 결합하여 현실에 적용함으로써 부가가치를 창출할 때 비로소 '정보'가 '지식'이 될 수 있는 것인데, 건설 산업에서 사용되고 있는 데이터는 대부분 지식화되지 못한다. 가치 있는 지식으로 재생산되지 못하고 사장되는 것이다.

　건설 산업의 정보가 지식화된다면 우리가 꿈꾸는 새로운 건설 산업을 예측할 수 있을 것이다. 보스턴컨설팅그룹은 2018년 세계경제포럼(다보스포럼) 보고서에서 건설의 미래를 3가지 시나리오로 제시하고 있다.[82] 첫 번째 시나리오는 가상 세계 속의 건물Building in a virtual world이다. 미래에 가상 현실 기술이 생활화되어 건설 사업이 지능형 시스템이나 로봇에 의해 운영된다. 로봇 공학과 인공지능이 발전하여 건설 생산 체계가 로봇에 의해 자동화되는데, 이때 필요한 정보는 클라우드를 통해 활용된다는 것이다. 시설물의 계획부터 유지 관리까지 전 가치 사슬이 빅데이터Big Data기반으로 통합되고 인공지능을 통해 현재의 3D BIM은 시설물의 생애 주기에 필요한 모든 정보를 갖춘 7D BIM 모델*로 발전된다[83]는 것이다. 건설 현장에서 생성된 정보를 BIM을 통해 지식 체계로 구축해 나가는 것을 의미한다.

두 번째 시나리오는 공장에서 모든 것이 이루어진다Factories run the world는 것이다. 건설 산업에 사전 제작, 모듈화가 전면 적용되면서 공장 주도의 시설물 생산 체계가 도래한다는 것이다. 발주자나 사용자의 인식은 시대 변화로 인해 우수한 품질의 설계 못지않게 비용 최소화가 최우선 가치로 고려되고, 공장에서 높은 강성 및 경량의 모듈을 대량 생산하여 현장으로 운반하고 건설 부지에서 조립하는 방식을 선호하게 된다. 비용 효율적인 급속 시공을 위해 린Lean 생산 방식, 물류 관리에 있어 적시 생산 방식Just-In-Time이 확대될 것이다. 전통적인 건설 생산 방식의 전환을 의미한다.

마지막 시나리오는 친환경의 재부상a Green Reboot이다. 친환경 공법 및 친환경 건설 자재를 활용하여 환경 변화 속에서 건설 산업의 지속 가능

---

* 7D BIM은 준공 BIM 모델을 활용한 유지 관리 도구Facility Management Tool로 정의한다.

성이 확보될 것이다. 심각한 기후 변화와 자연 재해로 글로벌 환경 규제는 지속적으로 엄격해지고 건축 자재에 대한 재사용, 재활용을 확대하고 소비를 줄이는 공유 경제 개념의 도입이 친환경적 관행으로 보급될 것이다. 신규 사업은 감소하겠지만 풍력, 태양열 등 친환경 에너지원을 활용한 기존 철도 등 교통 인프라 업그레이드에 대한 수요는 증가할 것이다.

스마트한 프로젝트를 만드는 새로운 기술

4차 산업혁명은 우리 사회의 일하는 방식에 많은 변화를 일으키고 있다. 그러나 건설 현장은 아직까지 노동자, 협력업체 등의 인력 중심으로 운영되고 있어 새로운 변화에 유연한 대응이 이루어지지 못하고 있다. 새로운 변화의 요구에 건설 산업이 스마트하게 적응하기 위해서는 스마트한 건설 관련 업무를 수행할 수 있어야 한다. 이를 위해 건설 산업이 해결해야 할 과제는 기술의 필요성을 파악하고, 정보 분류 체계와 데이터베이스를 구축하여, 이를 지속적으로 활용하는 것이다. 변화하는 고객의 니즈를 파악하고 방대한 양의 정보를 효과적으로 관리할 수 있는 시스템을 구축하여 현장에 적용한다면, 건설 산업이 스마트 건설로 전환하기 위한 디딤돌이 마련될 것이다.

아직까지 건설 업무 전반적으로 스마트한 기술들이 적용되고 있지는 않지만, 건설 현장에도 스마트 장비를 도입하여 일부 작업들의 점진적 선진화를 꾀하고 있다. 흔히 ICBM^{Internet of Things, Cloud, Big Data, Mobile}이라고 불리는 기술뿐만 아니라 드론, 3D프린팅, 가상현실 및 증강현실^{Virtual}

Reality & Augmented Reality, 인공지능Artificial Intelligence과 같이 보다 직접적인 기술 도입을 위한 다양한 시도가 진행되고 있다.

먼저 드론을 활용한 건설 현장의 변화에 대해 살펴보겠다. 드론은 무선 전파로 조종할 수 있는 소형 무인 항공기를 의미하며, 여기에는 카메라, 센서, 통신 시스템 등이 탑재되어 있다. 25g부터 1,200kg에 이르기까지 무게와 크기도 다양하다. 현재 드론은 도시 안전, 재난 구조, 환경 감지, 해양·산림 감시, 시설물 관리, 측량 등에 활용되고 있는데, 건설 산업에서도 단시간 내에 광범위한 지역 또는 시설물의 이미지와 데이터를 수집할 수 있어 적용 사례가 늘고 있다. 드론에 일반 카메라를 장착할 경우 영상을 통해 현장 정보를 쉽게 파악할 수 있어 관리 업무의 효율성을 증가시킬 수 있으며, 높은 가성비로 효과적인 현장 관리가 가능해진다. 현장의 안전 관리, 현장 검측 등의 업무에 드론을 도입하고 있으며, 레이저 스캐너를 드론에 탑재하면 정확한 3D 모델을 생산하는 것이 가능해진다. GPS를 활용해 촬영 위치 좌표를 파악하여 3차원 데이터로 표현하는 포인트 클라우드Point Cloud 모델 구축도 가능하다. 구축된 모델은 현장 검측이나 품질 관리를 위한 시각화 자료를 생성하는 데 활용될 수 있다. 또한 토공사 등에서 시공 물량을 검측하여 건설 기업의 기성금 지급에도 활용되고 있다.

3D프린팅 기술도 최근 건설 산업의 생산 방식을 혁신적으로 변화시킬 스마트 기술로 주목받고 있다. 3D프린팅은 플라스틱 액체와 같은 원료를 사출해 3차원 모양의 고체 물질을 자유롭게 찍어내는 기술로, 제조업, 항공우주, 패션, 교육 등 다양한 분야에 걸쳐 적용되고 있다. 건설 분야에 3D프린팅 기술을 적용하려면 풀어야 할 여러 현안들(구조 안전성 확

보, 구현 가능한 3D프린터 크기의 한계 등)이 존재하지만, 여러 성공 사례들
이 계속 소개되고 있다. 특히 중국의 윈선이라는 업체는 2015년에 3D
프린팅 기술로는 세계 최대 규모인 6층 규모의 빌라를 건설하였고, 길이
32m, 높이 10m, 폭 6m의 주택을 하루에 10채 이상 인쇄하듯 건설함으
로써, 공사 기간 70%, 재료 60%, 노동력 80% 절감이라는 획기적인 결
과를 가져왔다. 또한 네덜란드의 MX3D사는 3차원 금속 사출(동시 용접)
기술을 강철을 이용한 무인 시공에 적용하여, 사람이 보행으로 건널 수
있는 철제 다리를 암스테르담에 건설하였다. 이 브리지 프로젝트the Bridge
Project 84에는 3D프린팅 로봇 2대만을 사용하여 금속을 사출하는 무인 시
공 기법이 도입되었다. 이처럼 3D프린팅 기술은 장기적인 측면에서 건
설의 패러다임을 변화시킬 혁신 기술로 성장할 가능성이 높아 보인다.

가상현실과 증강현실도 최근 건설 산업에 많이 활용되고 있는 기술
이다. 가상현실과 증강현실의 차이는 현실 세계와의 합성 정도에 의해
구분된다. 가상현실은 인공적인 기술로 현실과 유사하게 만들어졌지만
실제가 아닌 어떤 특정한 환경을 만들거나 상황을 구현하는 기술 자체
를 의미한다. 반면에 증강현실은 실제 환경과 가상의 객체가 혼합되어
사용자가 실제 환경을 볼 수 있어 현실감과 부가 정보를 제공하는 기술
이다. 가상현실은 가상 공간에서 동일 프로젝트를 사전에 수행할 수 있
기 때문에 의사 결정자 또는 사업 참여자 간 소통을 목적으로 주로 활용
되고, 증강현실은 프로젝트 수행 중에 업무의 효율성을 향상시키기 위
해 앱App이 인식할 수 있도록 미리 지정해둔 특정 표시인 마커를 활용하
여 실제와 비교하는 데 도입되고 있다. 건설 프로젝트에서는 기계 설비

와 같은 복잡한 설계 도면을 3D 모델로 즉시 열람할 수 있기 때문에 역시 의사 결정에 용이하다. 발주자가 이해하기 쉽게 입체적으로 시각화된 모델을 제시할 수 있으므로, 발주자, 설계자, 시공자의 의견을 사전에 조율하는 도구로서 효과적이다.

그밖에도 인공지능이 있다. 인공지능은 인간의 학습 능력과 추론 능력, 지각 능력, 언어 이해 능력 등을 컴퓨터 프로그램으로 실현하는 기술을 의미한다. 맥킨지는 인공지능을 다양한 건설 업무에 적용할 수 있으며 이를 통해 고객, 프로젝트, 기업을 위한 가치를 창출할 수 있을 것으로 분석하고 있다.

세계의 많은 국가들이 미래의 스마트시티를 계획하고 있다. 미래의 스마트시티는 빅데이터와 사물인터넷 기반의 인공지능 기술의 경연장이 될 것이라고 판단하여 세계적인 ICT, AI 업체들이 스마트시티 시장에 뛰어들고 있다. 심지어 차량 공유업체인 우버조차도 자신들의 향후 비전이 '스마트시티'라고 공개하고 있다. 건설 현장에서는 작업 공간에 센서를 장착하여 작업자가 작업 중 위험한 상태에 놓였거나 위험한 위치에 접근하였을 때 알려주고, 건설 로보틱스를 통해 노무자를 대신하여 반복적인 업무를 자동 수행하여 생산성을 향상시키고 전반적인 비용 절감 효과를 달성할 것으로 예상된다. 실제 연구 중인 사례로 현장에 설치된 CCTV를 활용하여 촬영된 영상 정보를 인공지능이 분석하여 위험한 행동, 부적합한 행동 여부를 파악하여 그 정도에 따라 위험 신호를 자동 경고한다. 현재 이 기술은 시범적으로 적용되고 있는데, 건설 현장의 안전 관리에 용이하게 활용될 수 있는 기술이다.

새로운 대안이 되는 상호 협력적 계약 방식

건설 사업의 발주자와 참여 주체 간의 관계는 법적으로 구속력을 지닌 계약에 의해 정의된다. 이러한 계약은 단순하고 명확해야 하는 것이 핵심이다. 상호 협력하여 프로젝트를 수행하기 위해서, 계약은 팀 작업을 가능하게 해야 하고, 모든 참여 주체가 공통된 목표 하에 일할 수 있는 환경을 제공해야 하며, 프로젝트에 잠재된 불확실성에서 발생하는 불가피한 설계 변경을 반영할 수 있어야 한다.

건설 프로젝트의 전통적인 계약 방식은 발주자와 설계자, 발주자와 시공자 간의 계약이다. 설계와 시공이 분리되어 발주되는 방식에서 주로 도입되는 계약 방식이다. 그러나 이와 같은 계약 방식에서 설계자와 시공자 상호 간에는 계약 관계가 부재하며, 이로 인해 발생하는 설계 변경과 관련한 이슈는 여러 부작용을 발생시켰다. 이러한 문제를 해결하기 위해 파트너링, IPD와 같은 상호 협력적 계약 방식이 등장하게 된 것이다. 이 방식에 대해서는 앞에서 충분히 살펴보았다.

건설 공사에서는 설계 및 계약 변경이 흔히 발생하며, 주요 원인으로 설계자와 시공자의 분리 계약이 거론된다. 분리 계약은 구조적으로 시공성이 진지하게 고려되지 못한 설계와 설계 의도를 충분히 반영하지 못하는 시공으로 이어질 가능성이 높기 때문이다. 이를 극복하는 방안으로 시공 책임형 CM$^{CM-at-Risk}$ 형태의 계약 방식이 적극적으로 활용된다.

CM/GC 계약 방식은, 디자인 빌드처럼 설계자와 시공자가 하나의 조직이 되지는 않지만, 시공을 책임지는 건설업체가 설계 단계부터 깊이 관여한다. 이 방식은 시공 책임형 CM과 유사하며, 시공 책임형 CM

의 다른 이름이기도 하다. 기존의 전통적인 발주 방식의 취약점을 극복하고, 시공성이 강력히 반영되는 설계를 가능하게 하는 조달 방법이다. 시공 책임형 CM은 미국 정부가 건설 업계의 낮은 수익률을 초래한 최저가 낙찰제 등의 문제를 해결하기 위해 추진한 국가 건설산업 목표 NCG 운동이 시발점이 되어 마련된 입찰 방식이다. 글로벌 건설 전문지인 『ENR』에서 발표한 미국 100대 CM/GC 기업의 CM/GC 사업 매출은, 2018년 기준 1,430억 달러 규모로 집계되었다. 미국의 건설업체 매출 규모 대비 CM/GC 기업의 매출 규모는 최근 10년간(2009년~2018년) 약 31.2%에 달하며 그 비중은 점차 증가하는 추세이다.

시공 책임형 CM은 최대 공사비 보증 가격GMP을 설정하고, 공사비가 초과되면 업체가 책임을 지고 공사비가 절감되면 발주자와 사전 계약에 의해 일정 비율로 나눈다. 시공 과정에서 발생하는 모든 공사 비용(재료비, 노무비, 경비)에 대해 발주자에게 모두 공개하고 공유하는 오픈북 방식은 프로젝트에 참여하는 주체 간의 신뢰성을 바탕으로 한다. 오픈북 방식은 실제 시공 비용을 투명하게 관리할 수 있기 때문에, 프로젝트 종료 후 절감된 비용을 분배할 때에도 중요한 역할을 하게 된다. 협력사 집행 비용, 현장 경비 및 간접비와 상호 합의된 이윤을 기성을 청구할 때마다 발주자에게 제출하고 발주자의 승인 금액 기준으로 기성을 청구해서, 준공 때에 발생될 수 있는 분쟁을 예방하는 것이 오픈북 방식에서 궁극적으로 지향하는 방향이다.

시공 책임형 CM은 종합 건설업체의 사업 영역이기도 하고, CM 전문업체의 사업 영역이기도 하다. 종합 건설업체가 시공 이전 단계로 가치 사슬을 확대한 것이기도 하고, CM 업체가 시공 단계로 가치 사슬을 확대한 것이기도 하다. 시공 책임형 CM 또는 CM/GC 계약 방식은 기존의 건설 산업이 갖고 있던 설계와 시공의 단절, 설계 오류 및 재시공, 재작업 증가로 인한 공사비 증가 등의 고질적인 문제를 해결할 수 있다는 점에서 중요하며, 건설 주체들의 가치 사슬이 확대되고 있다는 점에서도 의의가 있다.

최근 건설 프로젝트는 높은 난이도와 복잡한 공사로 기술적, 관리적 도전에 직면해 있다. 발주자들의 다양한 요구 사항은 프로젝트의 성공적 발주에 더욱 도전적인 환경을 만들고 있다. 이러한 환경에서 건설 관련자들은 발주자에게 투자 대비 최대의 가치를 얻을 수 있는 계획, 설계, 시공을 제공하도록 요구받는다. 그리고 이와 같은 변화의 요구는 건설 산업에 진화된 발주 방식, 계약 방식의 출현을 불러왔다. 이 책에서 소개한 프리콘 활동과 이를 뒷받침하는 IPD, 시공 책임형 CM과 같은 계약 방식은 오늘날 변화하는 건설 산업에서 프로젝트의 가치를 향상시키고 프로젝트를 성공적으로 이끌 열쇠가 될 것이다.

커뮤니케이션 도구를 활용한 사전 리허설

스마트 기술을 도입하고 상호 협력적 계약 방식을 적용하면 건설 사업의 핵심인 프리콘 활동이 보다 효과적으로 가능해진다. 프리콘 활동은 시공 이전 단계부터 사업의 모든 주요 참여 주체들이 조기에 투입되는 방식으로, 서로 다른 경험과 전문성을 가진 주체들이 상호 협업하기 위해서는 그들 간의 커뮤니케이션을 지원하는 도구가 필수적이다. 따라서 프리콘에서 활용되는 주요 커뮤니케이션 도구를 소개하고자 한다.

건설 프로젝트의 성공적인 프리콘 활동을 위해서 BIM과 같은 3D 모델링 도구는 합리적인 의사 결정을 지원하는 중요한 커뮤니케이션 도구이다. BIM은 건축, 구조, MEP^{Mechanical, Electronic, Plumbing}(기계, 전기, 설비 공사)등 다양한 분야의 모델을 하나로 통합하여 공종 간의 간섭, 설계 오류, 시공성 검토 및 사용성 개선을 위한 의사 결정 도구로 사용될 수 있다. BIM은 시각화된 형상 모델을 제시하기 때문에 발주자, 설계사 및 시공사가 설계 및 시공 과정에서 발생할 수 있는 리스크를 사전에 감지하고 제거할 수 있다. 여러 주체들이 한데 모여 진행 중인 프로젝트의 설계안을 함께 검토하는 빅룸^{Big Room} 미팅으로 다양한 공종 간의 상호 협력 및 협업이 가능해진다. 빅룸 미팅을 통해 각 공종별 그룹은 설계 수행 과정에서 발생하는 질의 사항, 협의 사항 및 의사 결정 사항을 동일한 공간에서 빈번하고 쉽게 나눌 수 있다. 따라서 BIM과 같은 도구의 개발은 프리콘 활동의 효과를 더욱 배가시키며, 반대로 프리콘 활동을 할 때 BIM의 효과는 더욱 두드러진다. BIM의 또 하나 큰 장점은 설계, 시공 시 축적된 모든 영상, 3차원 데이터가 건설이 끝난 후 고스란히 유지 관리, 운영^{Operation}단계에서 활용될 수 있다는 점이다.

프리콘 활동을 수행하는 데 있어 목표 가치 설계는 핵심적이다. 설계안을 완성한 후 비용을 산정하고 검토하는 과거의 방식과 달리 설계안을 만들어가는 과정에서 공사비를 고려한 비용 검토를 주기적으로 수행함으로써 경제적으로 최적화된 설계안을 도출할 수 있기 때문이다. 목표 가치 설계를 통해 완성된 설계안은 경제적으로도 기능적으로도 발주자에게 최적의 대안을 제공할 수 있으며, 이는 궁극적으로 발주자의 만족과 프로젝트의 성공을 가능하게 한다. 미국에서 목표 가치 설계가 적극적으로 활용된 12개 프로젝트의 결과를 살펴본 결과, 시장 가격 대비 대략 6~34%의 비용 절감 효과가 있는 것으로 보고되었다.[85] 미국 내에서 경쟁력 있는 초대형 설계 회사인 CH2M은 20여 년간의 목표 가치 설계 프로세스 노하우를 웹 기반 도구로 만들어 '협력 기반 설계 및 범위 확정 프로세스 Collaborative Design and Scoping(CDS) Process'라는 이름으로 사용하고 있다.

공장 생산형 건설 방식으로의 전환

최근 들어 건설 기능 인력의 고령화, 미숙련·외국인 근로자의 증가 추세가 두드러지면서 건설 산업의 전반적인 품질 저하 및 안전 사고 증대 등의 문제점이 대두되고 있다. 대부분의 건설 과정이 현장에서 이루어지기 때문에 현장의 불확실성에 따라 건설 생산성이 결정되는 문제가 있다. 이에 따라 현장 작업을 최소화하고 대부분의 생산 과정을 공장에서 제조하는 방식이 선호되고 있다. 이처럼 공장에서 주요 부재를 미리 제조, 가공하고 현장에서는 조립하는 방식을 사전 조립pre-assembly 또는 프리패브라고 부르며, 총칭해서 공장 생산형 건설 방식OSC, Off-Site Construction이라 부르기도 한다. 미국의 공장 생산형 건설 방식 위원회Off-Site Construction Council에 의하면 공장 생산형 건설 방식은 다른 지역에서 사전 제작하여 현장으로 운송하거나 건설 현장 내에서 사전 제작하여 최종 설치 장소로 이동하는 것을 모두 의미한다.

OSC는 현장의 불확실성으로 야기되는 비효율성을 최소화하고, 노동 집약적인 전통적인 건설 생산 방식을 제조업화하는 방식으로서, 과거의 건설이 현장에서 '짓는' 방식이었다면, OSC는 공장에서 '만드는' 방식이라고 할 수 있다. 최근에는 모듈 박스 형태로 공장에서 유닛을 제작한 후 현장에서 설치, 완성하는 모듈러 공법이 숙소, 주택, 호텔 등에 적용되고 있으며, 건물을 이동시켜 재설치할 수 있는 이동형 건축물Relocatable Building 개념도 등장하고 있어 OSC 적용의 폭은 더욱 넓어질 것으로 보인다.

2015년에 설립된 미국의 카테라*는 주거 분야를 대상으로 표준화와 주문 제작과의 균형, 글로벌 공급 사슬, 공장-현장 간의 통합적 접근을 통해 OSC 방식을 적용하고 있다. 전통적인 프로젝트 수행 순서는 자재 구매 및 제작, 운송, 유통, 자재 확보, 시공사의 시공, 그리고 발주자 인계 과정이다. 카테라는 자재 구매 및 제작에서 단위 모듈 생산까지를 카테라 통합 공장Katerra Integrated Factory에서 수행함으로써 기간 및 비용을 효과적으로 단축하고 있다. 2008년에 설립된 SLI**는 설계사로서 새로운 형태의 맞춤형 주거 시설을 제공하기 위해 출범한 기업이다. 주로 중간 규모의 사전 조립형 건축물 시공을 전문적으로 수행한다. SLI는 다양한 네트워크를 활용하여 OSC 프로젝트의 대표자 역할을 수행한다. 자신만의

---

* 카테라Katerra는 2015년에 설립되었고 2018년 1월에 소프트뱅크로부터 8억 3,500만 달러의 투자를 받으면서 유명해졌다. 다세대 목조 주택을 대상으로 오프사이트에서 건물 구성품을 만들어 현장에서 조립하는 방식의 사업을 영위한다.

** SLISustainable Living Innovation는 설계사 기반의 OSC 기업으로, 발주자를 대신하여 OSC 프로젝트를 기획하고 네트워크를 활용하여 사업을 추진한다.

OSC 모델에 전문 기업과의 네트워크를 결합하여 발주자가 요구하는 품질의 모듈러 주택을 제공하는 것이다.

건설 산업의 생산 방식이 공장 생산 방식으로 바뀌면서 현장에서 시공하는 도중 발생했던 여러 제약들이 해소되고, 인력 투입이 감소됨에 따라 공사 기간과 공사비를 절감하는 효과를 도모할 수 있게 되었다. 하지만 분명한 점은 공업화 건축과 같은 생산 방식의 혁신이 있기 위해서는 공장에서 이루어지는 생산 작업에 대한 철저한 사전 검토와 정확하고 디테일한 설계 도면이 필수적으로 요구되며, 이는 프리콘 활동을 통해 달성될 수 있다는 사실이다.

지속 가능성과 친환경 건축물

도시화가 급속히 진행되면서 세계 인구 중 도시 인구는 2018년 기준으로도 약 55%의 비중을 차지하고 있다. 2050년에 이 비중은 약 68%로 크게 늘어나고, 이로 인한 메가시티Mega City의 급격한 출현은 환경 문제를 포함한 도시 인프라의 한계를 초래할 것으로 예상된다.[86] 한편 미국 국가정보위원회NIC, National Intellignece Council에서는 기후 변화와 자원 부족이 갈수록 심각해지고 있으며, 2030년까지 세계 인구가 83억으로 늘면서 에너지 수요는 50%, 수자원은 40%, 식량은 35%가 더 필요해질 거라는 전망을 내놓은 바 있다.[87]

이러한 지구 환경 문제를 해결하기 위하여 2015년 9월에 '지속 가능한 개발을 위한 어젠다Agenda'가 반기문 총장 주도로 유엔UN에서 채택되

그림 17. UN의 지속 가능한 개발 목표

었다. 이 어젠다의 핵심이 '지속 가능한 개발 목표SDGs, Sustainable Development Goals'인데, 17개의 주요 목표와 169개의 세부 목표가 국제 사회의 공동 목표로 선정되었다. 17개 주요 목표 중 건설 산업과 직접적으로 관련이 있는 항목으로는, 목표 11의 도시, 목표 7의 에너지, 목표 6의 수자원 등을 들 수 있다.(그림 17)

한편 2015년 12월에 개최된 COP21(제21차 유엔 기후변화 협약 당사국 총회)을 통해 2020년 이후부터 지구 온난화 대책으로 기존 교토의정서 체제를 대체할 파리협정이 채택되었다. 파리협정은 지구 온난화에 의한 기온 상승을 산업화 이전 대비 2℃ 이상 오르지 않도록 유지하고, 나아가 1.5℃이내로 제한하도록 한 국제적 합의이다.

특히 건설 산업은 자재 생산부터 설계, 시공, 운영, 유지·보수 및 해체라는 건물의 생애 주기에서 지구 환경 부하에 매우 큰 영향을 미치고 있기 때문에, 지속 가능한 건축물에 대한 요구는 점점 더 높아지고 있다. 전 세계적으로 상당히 많은 지속 가능한 건설 프로젝트가 진행 중이며, 지속 가능성을 고려한 설계·시공이 점차 필수적인 요소로 자리 잡고 있다. 우리나라는 2030년도까지 온실가스 37% 감축을 목표로 하고 있으며, 2020년부터 공공 건축물을 대상으로 제로 에너지 빌딩* 인증 의무화가 시작되고, 2025년부터는 민간 건축물로 확대될 예정이다.

지속 가능한 건축물이란 지구 생태계가 수용할 수 있는 범위를 넘지 않도록 ① 건축의 전 생애 주기에서 에너지 절감, 자원 절약, 재활용 및 유해 물질 배출 억제를 꾀하고 ② 건축물이 위치한 지역의 기후, 전통, 문화 및 주변 환경과 조화를 이루며 ③ 재실자의 쾌적성을 유지하거나 향상시킬 수 있는 건축물을 말한다.

특히 제로 에너지 빌딩을 비롯하여 건축물 단위에서 지속 가능성을 구현하기 위해서는 ① 건축물의 수명을 늘리고 ② 단열과 기밀 성능을 높여서 에너지 소비를 줄이고 ③ 전기·기계 설비의 에너지 효율을 높이고 ④ 냉난방 부하를 감소시켜 단위 면적당 소요되는 열량을 낮추고 ⑤ 전기, 가스 등 1차 에너지 활용을 최적화하고 ⑥ 태양광, 태양열, 풍력 등 재생 에너지를 이용하고 ⑦ 건물 운영을 효율화하는 일이 필요하다. 모든 항목을 반영하기 위해서는 프리콘 단계에서 시공 및 운영 단계까지를 고려하여 최적화하는 것이 중요하다.

---

* 제로 에너지 빌딩은 단열재, 이중창 등을 적용하여 건물 외피를 통해 외부로 손실되는 에너지량을 최소화하고 태양광·지열과 같은 신재생 에너지를 활용하여 냉난방 등에 사용되는 에너지로 충당함으로써 에너지 소비를 최소화하는 건물을 말한다.(한국에너지공단 기준)

위와 같은 범국가적인 추세와 더불어, 지속 가능한 건축물을 구현하기 위한 해외 주요 트렌드와 기술을 살펴보면 다음과 같다.[88]

- **에너지 성능 최적화**: 단순한 에너지 절감을 넘어 넷 제로 빌딩Net Zero Building 도입이 확대되고 있으며, 마이크로 그리드* 시스템 구축을 기반으로 에너지 사용을 최적화할 수 있도록 하는 시스템 도입이 추진되고 있다.
- **재실자의 쾌적성 증진**: 웰빙well-being에 대한 개념이 확대되면서 빌딩 재실자의 건강과 업무 효율성 증진을 위한 시스템 도입이 필수적으로 고려되고 있다. 예를 들어 재실자의 개별 선호도에 따라 온도, 습도 및 조도를 조절할 수 있는 시스템이 적용되고 있다. 최근 크게 이슈가 되는 미세 먼지를 걸러내는 시스템 도입도 그중 하나다.
- **가변성**Flexibility: 건물의 용도 변경 및 향후 리모델링을 고려한 가변형 평면 등의 적용을 의미한다. 프리콘 단계에서 이러한 개념 및 설계가 적용되면 운영 단계에서 발생할 수 있는 재실자들의 요구에 최소한의 비용으로 대응할 수 있게 된다.
- **자재의 생애 주기 영향**Life Cycle Impacts: 건축 자재 선정 시 초기 비용뿐만 아니라 생산과 운반, 시공 과정에서 환경에 미치는 영향을 고려하고, 더 나아가 재실자의 건강에 미치는 영향까지 고려한 자재를

---

* 마이크로 그리드Micro Grid는 기존의 중앙 집중식 전력망Grid에 의존해 전력을 공급받는 것이 아니라, 기존의 광역적 전력 시스템으로부터 독립된 분산 전원을 중심으로 하는 국소적인 전력 공급 시스템, 즉 소규모의 '자급자족' 전력 체계를 말한다.

적용하는 것이 주요한 트렌드이다. 특히 건물이 소비하는 에너지와 관련된 장비에 대해서는 운영 단계에서 절감할 수 있는 에너지 비용까지 고려하여 선정하는 것이 중요하다.

- 도시 관점에서의 그린 스마트 빌딩Green & Smart Building: 이제는 단순히 건물 차원을 넘어, 도시 차원에서의 지속 가능성을 고려한다. 스마트 시티 개념과 연동하여 개별 건물이 도시에 환경 및 에너지 측면에서 기여할 수 있도록 하며, 사물인터넷 기술과 연계하여 도시와 유기적으로 기능할 수 있도록 한다.

도시 차원의 지속 가능성을 고려한 친환경 건축의 대표적인 최근 사례로 이탈리아 밀라노에 있는 보스코 베르티칼레Bosco Verticale 프로젝트를 좀 더 살펴본다. 이탈리아 밀라노는 패션의 최첨단 도시이고, 밀라노 대성당을 비롯한 유명한 석조 건물이 많은 도시이지만, 대기 오염이 심각한 도시이기도 하다. 밀라노시의 40,000 ㎡의 포르타 누오바Porta Nuova 재개발 지구에 있는 보스코 베르티칼레는 대기 오염을 해소하려는 도시 녹화 프로젝트 중 하나로, 숲을 쌓아올린 것 같은 외관이 특징인 고층의 주거용 건물이다. 이탈리아어로 '수직의 숲'이란 뜻의 이 건축물은 이탈리아 건축가인 스테파노 보에리의 건축 설계 사무소Stefano Boeri Architetti 가 설계하였다. 2009년에 착공하여 2014년 10월에 준공한 27층의 높이 111m인 타워 ETorre E와 19층의 높이 76m인 타워 DTorre D로 구성된 트윈 타워이다.

이 건물은 식재로만 외부와의 온도차를 2℃ 정도 낮출 수 있고, 냉난

111m 높이 아파트 외부에 약 900여 그루의 나무를 심은 보스코 베르티칼레

방비를 30% 절감할 수 있다고 한다. 보스코 베르티칼레 프로젝트는 도심에서는 어려운 녹화 면적을 건물 내로 도입하여 에너지를 절약하고 이산화탄소를 흡수하는 역할을 하고 있다. 아울러 20여 종의 야생 조류가 공생하고 있어 도심 내 인공 숲의 역할을 적절히 하고 있다.

12장을 요약하면

4차 산업혁명 시대에 미래의 건설 산업을 고민해야 하는 시기이다. BCG는 세계경제포럼 보고서에서 건설의 미래를 3가지 시나리오로 제시하였다. 가상 세계 속의 건물Building in a virtual world, 공장에서 모든 것이 이루어진다Factories run the world, 친환경의 재부상a green reboot이 그것이다.

건설 현장에 스마트 장비를 도입하여 일부 작업들의 점진적 선진화를 꾀하고 있다. 흔히 ICBMInternet of Things, Cloud, Big Data, Mobile이라고 불리는 기술뿐만 아니라 드론, 3D 프린팅, 가상현실 및 증강현실, 인공지능과 같은 보다 직접적인 기술 도입 시도가 진행 중이다.

최근 건설 프로젝트는 높은 난이도와 복잡한 공사로 기술적, 관리적 도전에 직면해 있다. 건설 관련자들은 발주자에게 투자 대비 최대의 가치를 얻을 수 있는 계획, 설계, 시공을 제공하도록 요구받는다. 프리콘 활동과 이를 뒷받침하는 IPD, 시공 책임형CMCM-at-Risk과 같은 계약 방식은 오늘날 변화하는 건설 산업에서 프로젝트의 가치를 향상시키고 프로젝트를 성공적으로 이끌 핵심이다.

스마트 기술을 도입하고 상호 협력적 계약 방식을 적용하면 건설 사업의 핵심인 프리콘 활동이 보다 효과적으로 가능해진다. 서로 다른 경험과 전문성을 가진 주체들이 상호 협업하기 위해서는 커뮤니케이션 지원 도구가 필수적이다. BIM과 같은 3D 모델링 도구, 여러 주체들이 한데 모여 진행 중인 프로젝트의 설계안을 함께 검토하는 빅룸 미팅, 목표 가치 중심 설계는 설계안을 만들어가는 과정에서 공사비를 고려한 비용 검토를 주기적으로 수행함으로써 경제적으로 최적화된 설계안을 도출할 수 있다.

현장의 불확실성에 따라 건설 생산성이 결정되는 문제를 해소하고자, 현장 작업을 최소화하고 대부분의 생산 과정을 공장에서 제조하는 공장 생산형 건설^{OSC} 방식이 선호되고 있다. 모듈러 공법 적용이나 이동형 건축물 등 생산 방식의 혁신으로 OSC 적용 폭은 더욱 넓어질 것이다. 철저한 사전 검토와 정확하고 디테일한 설계 도면이 필수적이며, 이는 프리콘 활동을 통해 달성될 수 있다.

도시 인프라의 한계, 기후 변화와 자원 부족, 환경 문제가 대두되는 상황에서, 지속 가능한 건축물에 대한 요구는 더욱더 높아지고 있다. 건축물의 수명을 늘리고, 에너지 소비를 줄이고, 에너지 효율을 높이고, 단위 면적당 소요 열량을 낮추고, 1차 에너지 활용을 최적화하고, 재생 에너지를 이용하고, 건물 운영을 효율화하는 일이 요구된다. 이를 위해서는 프리콘 단계에서 시공 및 운영 단계까지를 고려하여 최적화하는 것이 중요하다.

훈데르트바서 하우스
Hundertwasser House

훈데르트바서Hundertwasser의 독특하고 규칙에 얽매이지 않는 예술적 성향과 자연주의 철학은 그의 회화, 건축, 디자인 등 모든 분야에서 잘 나타난다. 그의 작품은 공통적으로 밝은 색, 유기적인 형상, 인간과 자연의 조화, 직선 거부 등의 특징을 지닌다. 그는 오스트리아 화가인 구스타브 클림트의 영향을 받아 과감한 색채의 회화를 선보이며 처음 주목을 받게 됐지만, 후에는 비정형적인 형태와 자연에서 따온 요소들을 지닌 건축물로 더 명성을 떨쳤다.

훈데르트바서는 인간의 불행이 오스트리아 건축가 아돌프 로스의 전통에 근거한 합리적이고 메마르며 단순 반복적인 건축에서 비롯됐다고 믿었다. 그래서 그는 이러한 형태의 건축을 보이콧했으며, 그 대신 건축의 자유로움과 독자적인 구조를 창조할 권리를 요구했다. 나선형에 매료된 그는 직선을 '악마의 도구'라고 불렀다고 한다. 1972년 '당신의 창문권–당신의 나무 의무your window right-your tree duty' 선언문에서는 도시 환경에서 나무를 심는 것은 의무 사항이며, 만약 자연과 더불어 살려는 자는 자연의 손님임을 인식하고 그에 합당하게 행동하는 법을 배워야 한다고 강조하기도 했다.

빈의 제 3구역에 세워진 시영아파트 '훈데르트바서 하우스'는 그의 영혼이 살아 숨 쉬는 최고의 건축물이다. 구 중심가의 도시 블록에 넓게 자리 잡은 이 건물은 대지 면적 1,543㎡에 벽돌 구조로 되어 있고, 총 주택 수는 52호, 상점은 5호이며, 각 주택의 규모는 30~150㎡다. 어린이 놀이터 두 곳과 윈터 가든, 카페 등 공공 시설이 있다.

벽을 작은 단위로 잘라 서로 다른 색과 질감으로 처리했고 지붕 정원을 만들어 그 안에 250종의 나무를 심었다. 훈데르트바서는 '획일적이지 않은 불규칙함', '창문의 다양함', 그리고 '아름다운 장애물'이라고 부르는 것들을 기준으로 전체 구조를 만들었다.

직접 건축물 앞에 섰을 때엔 절로 입이 벌어졌다. 화려하고 형이상학적인 디자인은 마치 동화 속에 들어와 있는 듯한 착각을 불러일으켰다. 실제 디즈니사에서도 이 건물의 디자인을 애니메이션에 차용했다고 하니, 그런 생각은 나만의 것이 아니었던 듯하다.

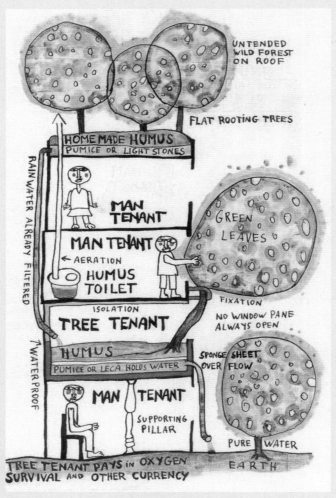

훈데르트바서 하우스의 개념도

훈데르트바서 하우스는 색다른 입면으로 주변 건물과 뚜렷하게 차별
화된다. 퀼트 작품같이 빨강, 파랑, 노랑, 하양, 그리고 회색의 요소들이
하나의 화려한 집합체를 이루고 있다. 밖으로 내민 창, 발코니, 건물 안에

서 밖으로 길게 나온 나무, 타일, 유리 조각, 서로 다른 크기와 모양의 창들은 건물 입면에 독특함을 불어넣는다. 각 세대들은 서로 다른 색으로 칠해져 어느 하나 같은 것이 없는데, 이를 통해 건축가는 거주자들이 '집 안의 집'을 밖에서도 구별할 수 있기를 바랐다고 한다.

이 건물의 개념도를 보고 감탄을 금할 수 없었다. 땅과 나무와 사람이 잔뜩 그려진 개념도는 우스꽝스럽게 보이기도 했지만, "풀 한 포기, 나무 한 그루 역시 건축의 하나이며 같이 가야 한다"는 그의 철학을 고스란히 담고 있었기 때문이다. 훈데르트바서 하우스는 그가 일생 동안 탐구한 친자연주의 건축을 실현한 대표적인 프로젝트이며, 현대 건축이 지향하는 녹색 건축Green Building 운동의 효시라고 할 만하다.

エピローグ → 에필로그

"경험을 유산으로 남긴다"

3년 전, 그러니까 2017년 2월 나는 모교에서 그해 졸업자 중 최고령의 나이로 박사 학위를 받았다. 14년이란 짧지 않은 세월 동안 노심초사하면서 수없이 중도 포기하고자 하는 유혹을 물리치고 취득한 박사 학위였다. 기업에 몸담고 있으면서 동시에 대학에서 수업을 듣고 박사 학위 논문을 쓴다는 게 보통 일이 아니구나 체감했고 내 자신의 한계를 절감했다. 이 나이에 박사학위는 왜 필요한가라는 생각에 포기하고 싶은 마음이 들 때도 여러 번이었다. 그럴 때마다 '내가 박사학위 논문을 쓰는 이유'라는 나만의 선언문을 읽어보면서 마음을 다시 추슬렀다. 선언문 중에 "나는 44년 간의 다양한 실무 경험을 정리하여 후배들에게 나의 경험을 유산으로 남긴다"라는 사명Mission statement이 있었다. 이 소명 의식이 흔들리던 순간마다 나를 붙들어주었다.

사실 내가 쓰고 싶었던 논문 주제는 '어떻게 하면 건설 프로젝트가 성공하는가?'였다. 그렇지만 학위 논문 특성상 이런 주제는 너무 광범위하고 이론적인 입증이 어렵기 때문에, 주제의 범위를 좁히고 구체화해야 했다. 하지만 논문을 쓰는 동안에도 관심은 늘 프로젝트 성공이란 주제로 향하고 있었다. 이 때문에 논문 심사 과정에서 지도 교수들로부터 궤도를 벗어났다는 지적을 꽤 많이 받았다. 그중 한 교수님으로부터 우선은 조건에 맞는 논문을 쓰고, 나중에 책을 내보는 건 어떻겠냐는 조언을 들었다. 하고 싶은 이야기는 책에서 마음껏 써보라는 교수님의 충언이었다. 다행히 주위 많은 분들의 도움과 격려, 지도 교수님들의 도움에 힘입어 논문을 완성할 수 있었고, 시작한 지 14년 만에 마침내 박사 학위를 끝맺게 되었다.

졸업 후 일 년쯤 쉬고 나서 2018년 초부터 책을 쓰려고 시작했지만, 회사 업무와 여러 활동을 병행하다 보니 시간 내기가 쉽지 않았고 정리에 드는 노력도 생각보다 만만치 않았다. 여러분들의 도움으로 끝까지 끈기를 잃지 않고 마무리하게 되어 기쁘다. 책 발간을 준비하는 과정에서 그간의 활동을 되돌아보게 되었다.

내가 2003년 공동 창립한 '건설산업비전포럼'은 지금도 매달 포럼을 개최하고 있다. 다양한 활동을 활발히 펼치며 건설 산업에서 가장 영향력 있는 단체로 성장하는 과정에 일조한 데에 큰 자부심을 느낀다. 2008년에는 정부 조직으로 '건설산업선진화위원회'가 결성되었고, 국토부 장관과 공동위원장으로 100여 명의 전문가와 함께 약 1년 간에 걸쳐 건설 선진화를 위한 정책 제안 활동을 하였다. 2014년에는 기금을 출연하여 대한민국 공학한림원 산하에 '한반도국토포럼'을 창립하였다. 이렇듯 내가 벌여온 일련의 활동은 우리 건설 산업의 선진화와 글로벌 경쟁력 제고를 통한 국민의 삶의 질 향상이라는 큰 뜻을 담고 있다. 이 모든 게 우리 건설 산업에 대한 애정과 관심에서 비롯된 일이라고 감히 이야기하고 싶다.

나는 숨이 붙어 있을 때까지 봉사의 여생을 살겠노라고 10년 전 졸저 『우리는 천국으로 출근한다』에서 이미 밝힌 바 있다. 이 책의 발간도 같은 생각의 연장선상에 있다. 나름대로 좋은 책을 만들기 위해서 혼신의 노력을 기울였지만 여전히 부족한 점은 전적으로 나의 몫이다. 독자들의 애정 어린 질책을 기대한다.

세상사 모든 일이 그렇지만 이 책 또한 나 혼자 힘으로만 쓴 것이 아님을 명확히 인식하고 있다. 많은 분들의 아낌 없는 지지와 격려, 우리 회사의 핵심 간부들과 출판사 편집진의 노력 덕분에 이 책이 세상에 나오게 되었다. 고마운 마음을 담아 이 책의 인세는 전작 『우리는 천국으로 출근한다』 때와 마찬가지로 장애인 공간 복지 지원을 주 사업으로 하고 있는 사회복지법인 '따뜻한 동행'에 100% 기부하기로 했다는 점도 함께 밝혀둔다.

특히 이지희 박사, 서울대학교 이현수, 박문서, 지석호 교수님과 성균관대학교 김예상, 세종대학교 김한수 교수님에게 큰 도움을 얻었다. 이분들께 다시 한번 감사를 드린다. 아울러 한미글로벌 구성원 모두에게 이 지면을 빌어 평소에 품고 있는 특별한 감사와 애정을 표현하고 싶다.

좋은 책을 만들어 주신 MID출판사의 최성훈 사장과 이승연 편집자에게도 감사의 뜻을 전한다.

　누구보다 이 책을 끝까지 읽은 독자 여러분들께 심심한 감사를 보낸다.

부록 **A**

[HG프리콘
성공 사례]

CM의 역사를 열다
월드컵주경기장

20년 집념의 프로젝트
롯데월드타워

교외형 신개념 쇼핑 문화 개척자
스타필드 하남

세계 10대 골프장
사우스케이프 오너스 골프 클럽

영토 확장의 새로운 지평
남극 장보고과학기지

— HG프리콘 프로젝트 사례 모음

월드컵주경기장

2002년 5월 31일, 드디어 60억 세계인의 축제 월드컵대회가 시작되었다. 개막식을 지켜본 나의 감회는 다른 사람들의 그것과는 사뭇 달랐다. 온 세계의 이목이 쏠린 서울 월드컵주경기장을 우리 회사가 주축이 되어 완성하였다는 뿌듯함과 함께 이 프로젝트에 관여했던 지난 3년의 세월이 주마등처럼 뇌리를 스치며 보람으로 승화되어 가는 것을 느꼈기 때문이다.

월드컵주경기장의 신축 여부를 둘러싼 논란이 있기 훨씬 전인 1997년 여름, 나는 우리 회사 임원 한 사람과 전문가 두 명으로 '월드컵주경기장 CM 발주 준비팀'을 구성하고 외국의 유명 경기장 건설 사례들을 벤치마킹하기 시작했다. 월드컵주경기장을 CM^{Construction Management}(건설사업 관리) 방식으로 발주하도록 설득, 유도하고 또한 그 용역을 수주하기 위해서였다.

이후 나는 사내외 전문가들의 조언과 토론 등을 통해 축구 전용 경기장 건설이 가져올 경제적 파급 효과와 건설 산업에 끼칠 긍정적 영향을 확신하고 있었고, 이러한 나의 소신을 행동으로 옮기고 있었다. 유력 신문에 기고 활동을 전개함과 동시에 뜻이 맞는 몇몇 교수와 함께 여론 형성을 위해 동분서주하고 있었다. 날이 갈수록 신축 여부를 둘러싼 논란이 가열되자 결국 주무부처인 문화관광부는 전문가 11인을 위촉해 월드컵 후보지 선정 평가단을 구성하게 되었고, 나도 평가단의 일원으로 참여하게 되었다.

평가위원들을 상대로 신축의 당위성은 물론 그로 인해 파생될 상암 지역 개발과 건설 경기 진작 효과, 인천 문학경기장이 월드컵주경기장이 될 수 없는 이유 등을 꾸준히 역설해나갔다. 초기에는 비록 일부 지역성 발언이나 주장이 제기되기도 했으나, 결국은 평가위원 전원이 축구 전용 경기장의 필요성을 공감하게 되었고 만장일치로 신축안을 공식 의견으로 확정했다.

최고의 품질을 자랑하는 상암동 월드컵주경기장이 마침내 개장하던 그날은 한미글로벌(구 한미파슨스)과 내 개인에게 있어 결코 잊을 수 없는 날이었다. 설립 이래 우리 회사가 줄기차게 주창해온 CM의 장점과 효과가 입증된 날이었기 때문이다.

상암동 월드컵주경기장 건설은 큰 성공을 거둔 프로젝트였다. 공기 측면에서 보면 당시 국내에서는 이 정도 경기장 건설이라면 보통 5~6년이 소요되었는데, 이보다 훨씬 짧은 계획 공기 38개월을 다시 4개월 더 단축하여 2001년 11월에 시범 경기를 상암동 월드컵주경기장에서 개최할 수 있도록 실질적인 완공을 하였다.[89]

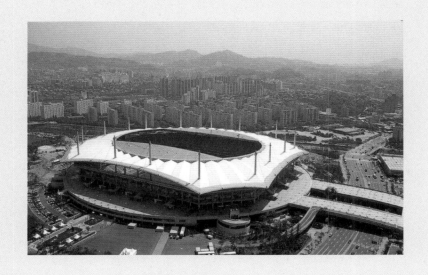

공사비 측면에서도 통상 당초 계획 예산 대비 30~50% 늘어나는 것이 보통의 관례였지만, 30억 원을 오히려 절약하였다. 설계나 품질 수준에서 세계적으로 자랑할 만한 명품 경기장을 건설하면서, 공기 단축과 원가 절감을 동시에 만들어낸 것이다.[90]

이같은 성공의 배경으로는 무엇보다도 발주자의 헌신과 기여가 으뜸이었다. 그 당시 담당 국장, 담당 과장은 국내 관공사 역사에서 처음 발주된 CM 방식에서 CM단의 의견을 존중해주었고 항상 지지해주었다. 그리고 외부 청탁 등을 철저히 차단해주었다. 고건 시장은 일주일이 멀다 하고 현장을 방문하여 경기장의 주변 정비 공사 추진과 현장 지원을 챙겼다. 당시 김대중 대통령도 기공식, 준공식 포함 3번이나 현장을 방문하여 공사 관계자를 격려하였다.

두 번째로는 탁월한 설계를 해준 류춘수 이공건축 소장의 공이 컸다.

세계적인 명품 설계를 시공에 무리 없이 설계했고 디테일도 잘 챙겨주었다.

세 번째로는 CM의 위력이 있었다. 우리 회사는 CM단의 리더로서 프리콘을 주도했고, 기획 단계부터 아이디어를 내어 관공사 국내 최초로 조달청의 협조를 받아 패스트트랙 방식을 도입하여 사업 기간을 단축했다. 아울러 대형 경기장이 대회가 끝난 다음에 유지 관리비 때문에 애를 먹는다는 사실에 착안하여 사후 관리 시설, 즉 각종 수익 시설(할인점, 예식장, 수영장, 체육 시설 등)을 설계에 반영하여 전국에서 유일하게 흑자 운영을 하는 경기장을 만들어냈다. PM/CM과 프리콘의 위력을 확실하게 보여주는 프로젝트로 국내 건설 산업에 이정표로 삼을 만한 좋은 사례였다. 하지만 이 프로젝트에서 우리 회사는 30% 이상 적자를 볼 것으로 예상되었다. 그럼에도 나는 이것이 미래 PM/CM의 마케팅 비용이라는 생각을 품고 직접 일주일에 한 번씩 현장을 방문하면서 공사 끝까지 프로젝트를 진두지휘했다. 그 결과 이 프로젝트가 끝난 후 나는 2002년 김대중 대통령으로부터 체육포장을 수여받았고, 우리 회사의 CM사업은 날개가 달린 듯 성장을 향해 질주했다.

롯데월드타워

2017년 4월 나는 롯데월드타워 준공식에서 롯데그룹 신동빈 회장과 황각규 부회장, 초청받은 VIP들과 함께 준공을 축하하는 행사에 처음부터 끝까지 참석하였다. 117층에서 123층까지 7개 층의 전망대를 VIP들과 맨 앞쪽에서 시찰하는 영광을 누렸고, 신동빈 회장과는 셀카도 찍고 많은 이야기를 나누었다. 20여 년의 집념이 완성되는 시간이었기 때문에 참으로 감회가 새로웠다.

우리 회사가 설립된 1996년 후반부터 경험도 없는 회사가 롯데월드타워를 수주하겠다고 간 큰 도전에 나섰다. 하지만 그저 무모하다고만 여길 일은 아니었다. 회사 창립 전 다른 회사에 근무할 때 나는 세계 최고 빌딩인 말레이시아 페트로나스 빌딩(일명 쌍둥이 빌딩)의 건설 총책임자였고, 당시 삼성그룹에서 도곡동 시너지파크Synergy Park라는 삼성전자의 102층 글로벌 본사 프로젝트(IMF 외환위기를 겪으며 타워팰리스로 바뀜)를 수주하였기 때문이다. 도곡동 시너지파크 프로젝트를 수주하기 위하여 말레이시아 페트로나스 빌딩의 프로젝트 매니저였고 초고층 최고 전문가인 존 던스폰드Jon Dunsford씨와, 그와 같이 호흡을 맞추었던 디자인 매니저 론 시커Ron Sikor씨를 말레이시아까지 찾아가 삼고초려 끝에 영입하였다. 이들을 중심으로 하여 프로젝트가 본격화되면 세계적인 초고층 전문가를 추가 영입하는 계획을 세웠다. 이들 전문가를 앞세워 여러 차례 프리젠테이션을 하고, 개인적인 인맥도 동원하고, 발주자를 설득하였다. 그와 더불어 최고 경영자인 내가 초고층 건설 1세대라는 점을 어필하였기 때문에 삼성전자 102층 사옥 프로젝트를 수주할 수 있었다. 아쉽게도 삼성전자 사옥 프로젝트는 지어지지 못했고 타워팰리스로 변했지만, 우리 회사는 타워팰리스 프로젝트와 함께 그 당시 우리나라에서 지어지고 있었던 초고층 프로젝트에 압도적인 시장점유율M/S을 유지하고 있었기에 롯데 측에서도 점차 관심을 갖게 되었다.

롯데월드타워 수주 활동은 초기에는 거의 나 혼자서 다녔지만 나중에 프로젝트가 가시화되면서부터는 회사의 전문가 그룹을 배치하여 발주자에게 수많은 자료도 제공하고 프리젠테이션도 하고 설득도 하였다. 20여 년간 설계사도 여러 번 바뀌었고 초고층의 가장 중요한 구조 시스템도 철골 구조에서 콘크리트(수평재는 철골)로 바뀌었다.

아쉽게도 처음부터 이 프로젝트에 참여하는 것은 실패하였지만 시공 직전에 감리자로서 참여하게 되었다. 하지만 프로젝트 수주 전에 많은 설명과 자료 제공을 통하여 직·간접적으로 프리콘 단계에 참여했고, 우리가 프로젝트에 참여한 시점부터는 본격적으로 설계 검토와 각종 프리콘 항목들을 챙겨나갔다. 하지만 구조 시스템이나 주요 의사 결정이 이

미 완료되어 도면화된 뒤였기 때문에 역할이 다소 제한적일 수밖에 없었다. 그렇지만 시공 전 각종 공사 계획, 초고층의 핵심 사항인 구조 시스템과 진동 문제, 커튼월(외벽), 스택 효과Stack effect* 등 초고층 건설 시 맞

닥뜨리게 되는 수많은 난제들을 발주자 팀과 다시 검토하고 제언도 하였다.

우여곡절 끝에 공사 기간도 늘어나고 공사비도 많이 초과되어 프로젝트가 끝났다. 롯데월드타워는 사업 관리 측면에서는 성공했다고 보기 어렵지만 일약 한국의 랜드마크로 부각되어 서울 방문의 필수 관광 코스가 되었다. 우리 회사는 제한된 역할에서도 최선의 노력을 기울여 제반 기술 업무를 수행하였고 이로써 준공에 크게 기여하였다.

＊ 스택 효과Stack effect는 건물 내외부 온도차 및 빌딩고Height로 인해 발생하는 압력차에 의해 바람이 역류하는 현상으로 굴뚝 효과라고도 한다. 그 결과 엘리베이터 하강 시 강한 바람이 엘리베이터홀로 불어온다. 이 문제는 프리콘을 통해 기술적으로 충분히 극복 가능하다.

스타필드 하남

스타필드 하남 프로젝트는 하남시의 경제 활성화를 위해 그린벨트 지역의 도시 계획을 새로이 정비하고, 외국 자본 유치를 바탕으로 교외형 복합 쇼핑 시설을 유치하기 위한 경기도와 하남시의 야심찬 계획으로 탄생한 프로젝트이다.

규모로 보면, 부지 면적 3만 5천 평에 축구장 70개와 맞먹는 연면적 13만 9천 평에 달하는 국내 최대 규모의 복합쇼핑몰로, 외국 자본인 미국 터브먼Taubman사와 신세계그룹이 50:50으로 합작해 추진되었다. 전 매장에 지붕 천창을 통한 자연 채광 속에서 쾌적한 쇼핑이 가능토록 한 점이 가장 두드러진 설계 특징으로, 쇼핑 시설 내 신세계백화점, 창고형 할인 매장인 트레이더스, 스포츠몬스터와 아쿠아, 메가박스 영화 상영관 등 핵심 매장과 신세계 이마트의 모든 브랜드 및 300여 개의 브랜드숍이 혼합되어 있는 체험형 쇼핑몰이다.

우리 회사는 그간 신세계그룹의 다수 프로젝트를 수행한 경험을 바

출처 : 정림건축

탕으로 2013년 8월 프리콘 단계부터 CM 업무에 착수하였으며, 일정 단축을 위해 설계와 시공이 병행되는 패스트트랙 방식으로 프로젝트가 진행되었다.

사업 초기 발주처의 핵심 목표는 800억 원의 원가 절감이었다. 이에 설계 각 단계별 공사비 절감을 위해 발주자와 CM단은 구분 없이 합심 노력하여 VE$^{Value Engineering}$를 수행하였으며, 공사비 예산을 사업 초기 예산 대비 8.5%(약 504억 원) 절감하는 성과를 거두게 되었다. 절감액을 단계별로 분석해 보면, 절감 총액의 93%가 프리콘 단계인 설계 과정에서 가능하였고, 시공 과정에서 7%를 절감하여, 설계 단계에서의 사업비 절감 기회가 훨씬 크다는 점을 입증하였다.

공사 일정 면에서 시공사는 사업 초기 공사 기간을 36개월로 산정하였으나, 우리 회사는 33개월에 가능할 것으로 판단하여, 3개월 단축된 33

개월로 제안하여 발주자가 시공사와 도급 계약하였으며, 철저한 공정 관리를 통해 이를 준수하여 33개월에 준공할 수 있도록 리더십을 발휘하였다. 대규모 물량 공사Mass Construction라는 점을 감안하여 지하 터파기 공사에서 일일 700대 이상 토사가 반출되도록 중장비를 투입하면서 핵심 공정을 중점 관리한 결과, 공사 기간을 2개월 단축하였다. 기초 공사 및 지하층 골조 공사를 구역Zone별로 세부 일정을 수립하여 관리함으로써 1개월이 단축되는 결과를 가져왔고, 당초 목표한 3개월 단축을 실현하였다. 이로써 대규모 복합 쇼핑 시설로는 최초의 공사였는데도 예정된 일정에 차질 없이 매장을 오픈함으로써 매출 증대 및 기회 비용을 절감하면서 기회 이익 발생이 가능하게 하였다.

공사비 및 공기 관리도 중요하지만 안전 관리 또한 매우 중요한 관리 항목으로 CM단과 시공사가 합동으로 추락 예방, 화재 예방, 중장비 사용의 규정 준수 등을 중점 관리 사항으로 선정하였고, 일일 점검 및 매주 정기적인 테마 안전 패트롤을 실시하였다. 이처럼 안전 사고 예방을 집중 관리하였으며, 기술 안전 사고가 발생하지 않도록 사전 구조 검토를 철저히 수행하였다. 이로써 스타필드 오픈 시까지 한 건의 중대 안전 사고 및 화재 발생도 없이 시공사와 합심하여 무재해 5배수(4,500,000시간)를 달성하면서, 성공적인 개장에 이르렀다.

마침내 2016년 9월 9일 오전 스타필드 하남에서 열린 개장 기념 행사에서 발주처인 정용진 신세계그룹 부회장 및 로버트 터브먼 회장으로부터 본 프로젝트의 성공적 완수를 위한 한미글로벌의 역할과 노고에 대해 감사와 축하를 받았다. 스타필드 하남은 개장 후 1개월 만에 300만

명(하루 평균 10만 명)이 방문하는 명품 쇼핑 시설이 되었다. 이 프로젝트의 성공으로 한미글로벌은 신세계그룹에서 지속해나갈 스타필드 사업에서 동반자 및 파트너로서의 새로운 계기를 마련하였다.

사우스케이프 오너스 골프 클럽

남해군 창선 섬의 장포 해안 끝자락에 위치하고 있기에 사우스 케이프South Cape라는 이름이 붙었다. 리아시스식 해안 절경, 해상 국립공원 인근이라 아직 훼손되지 않은 자연 그대로의 풍광을 간직하고 있었기에 건축주께서는 소개받는 자리에서 곧바로 프로젝트의 시작을 결심하셨다고 한다. 실제로 이 부지는 국내에 얼마 남지 않은 비치 코스Beach Course 골프장 개발 가능 대지였지만 국립공원 인근인 탓에 많은 제약 조건이 있었다. 주변 어업보호구역 오염 방지와 자연 원형 보존이라는 강력한 조건이 있었기에 초기 개발 계획 수립과 인허가 과정이 순탄치 않았다. 하지만 오지 균형 개발과 지역 발전 개념을 추진하던 지방 자치 단체와 뜻이 맞닿으면서 인허가가 잘 진행되었고, 건축주의 개발 비전 제시와 주변 참여 전문가 조직들의 열정에 힘입어 본격적으로 프로젝트가 착수되었다.

우리 회사는 골프 코스 조성 공사 CM으로 초기 참여하여 시공사를 두지 않는 사업 관리형 CM^{CM for Fee} 조직을 적용하여 전문 회사들로

만 구성된 공사팀 조직을 구성하였다. 공사 자체를 슬림하게 운영하면서 해외 코스 디자이너와 협업을 진행하였다. 클럽하우스 건설은 책임형 CM$^{CM-at-Risk}$으로 추진하였는데, 당시 국내에서 떠오르는 작가로 주목받던 매스스터디스의 조민석 건축가가 설계자로 선정되었다. 1차 설계안은 해안 절벽 경사를 그대로 이용한 테라스식 클럽하우스였으나, 프리콘 과정에서 사용자의 동선 불편이 예상되었다. 주상절리식의 내부 노출 콘크리트 구조 기둥 마감은 샘플$^{Mock\ up}$ 시공까지 진행해 본 결과 공사 디테일 실현에 어려움이 예상되었으며, 소요 비용 또한 과투자로 판단되어 과감히 그동안의 설계안을 포기하고 신규 설계에 착수할 것을 제안했고, 이 제안이 건축주에 의해 승인되었다.

　2차 설계안은 건축물이 자연을 압도하지 않으면서 처마의 곡선미 변형이 마치 주변 섬의 구릉들처럼 솟았다가 해안으로 소멸되는 경사로

미리 지어보기. 가장 어려운 디테일 구간 실물 목업(Mock up) 진행 결과

이어지는 비정형 백색 노출 콘크리트였다. 특히 오픈 로비에는 하늘로 향해 열린 지붕과 수반이 어우러지고 여기에 노출 콘크리트의 시공 난점들이 극한 곡면으로 만나도록 설계되었기에, 2차에 걸쳐 실물 목업 과정을 거치면서 미리 지어보기를 선행하였다. 이로써 설계자의 의도를 충분히 살릴 수 있다는 점을 인식시켰고 건축주가 기대하는 눈높이에 맞출 수 있음을 확인했다. CM이면서 시공자였던 우리 입장에서도 설계도라는 밑그림을 미리 지어보기 과정에서 실제 시공 가능한 상태로 발전시킬 기회를 가졌기에, 복잡한 디테일을 하나하나 빚어낸다는 정성으로 디테일에 혼을 부어넣어 명작을 완성해낼 수 있었다.

골프 코스는 잔디가 푸르러지기 전부터 이미 입소문을 탔고, 글로벌 5대 골프장 안에 랭크될 수 있다는 자신감을 갖게 되었다. 프로젝트의

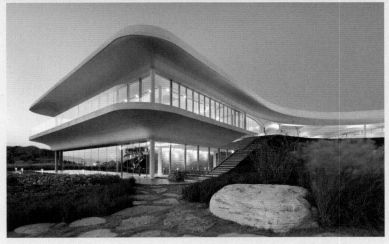

많은 참여자들 상호 간에 열정이 넘치다 보니 때로는 치열한 갈등의 혼

돈들도 있었지만, 우리 CM팀이 프로젝트의 중심이라고 신뢰를 보내준

건축주 덕분에, 리조트는 당초의 목표와 기대 이상으로 더욱 큰 빛을 내

며 명품으로 완성되었다.

골프장이 포함된 리조트는 건축주가 직접 기획한 프로젝트 비전이었던 'Ultimate Healing Resort'로서 명실상부하게 자리잡았다. 매년 세계 100대 골프장에 선정되고 있으며, 'World Top10 Course, Asia No.1 Course!'로 선정되었다. 대중 골프장이지만 일반 대중 대상이 아니라, 분명한 초고가 전략으로 VVIP 하이엔드 고객을 유치하는 마케팅 목표를 갖고, 명품 브랜드들의 신상품 런칭 기념 행사가 열리고 상류 한정 고객이 찾는 최상급 리조트가 되었다. 예를 들어 이미 알려진 것처럼 '욘사마(배우 배용준)의 신혼여행지'였고, 유명인들의 숨은 휴식처 역할을 해내며, 각종 드라마의 촬영지나 광고 매체들의 배경 화면으로 등장하고 있다. 누구라도 로비에 도착하여 차에서 내리는 바로 그 순간, 극적인 장면을 마주하게 되는 환상적인 건축물이다.

남극 장보고과학기지

출처 : 조선일보

장보고과학기지는 동남극 테라노바만Terra Nova Bay의 브라우닝산 인근 남동쪽으로 돌출한 반도형 지형(동경 164°12′, 남위 74°37′)에 위치하고 있다. 1988년 2월 건립된 세종과학기지는 남위 62°의 남셰틀랜드 군도의 킹조지섬에 있다. 최근 전 세계적으로 관심이 고조되고 있는 환경 변화를 포함한, 빙하. 천문. 우주. 운석 연구 등은 남위 70° 이상 지역(남극 대륙이라 칭함)에서 중점적으로 수행되는 연구 분야들이다. 세종과학기지는 지리적인 한계로 이러한 연구들이 불가능할 뿐만 아니라, 남극 대륙 주변 대륙붕 지역에 대한 연구 활동 역시 동일한 이유로 부족함이 있어, 국립 극지연구소의 주관 아래 본격적인 남극 대륙 연구를 위한 장보고과학기지 건설을 기획한 것이다.

장보고과학기지 공사는 남극의 하계를 이용하여, 1단계(2012.12~2013.3), 2단계(2013.12~2014.3)로 나누어 진행되었다. 과학 기지는 가장 규모가 크고 중심이 되는 본관동과 유지, 운영 및 저장 시설 4개동, 부대 시설 6개동, 독립 연구 시설 8개동으로 구성되었다. 극지 공사를 진행할 때 가장 중요한 부분은 각종 자재 및 필요 인력의 적절한 투입이다. 이를 위해 자재 및 장비는 본국 평택항에서 화물선을 이용하여 운송하였고, 공사 관계자 및 근로자는 항공편으로 뉴질랜드 남섬 크라이스트처치Christchurch 까지 이동 후 그곳에서 쇄빙 연구선인 아라온호에 승선하여 현장으로 이동하였다. 참고로 쇄빙 연구선은 일반 선박이 항해할 수 없는 결빙 지역에서 항로를 개척하는 역할을 수행한다.

우리 회사는 프로젝트 초기 설계 단계에서부터 CM사로 참여하였으며, 초기 설계 관리 단계에서 설계 및 자재 조달, 현장 시공 공법까지 세밀한 검토를 수행하였다. 또한 미국의 남극 관측 기지(맥머도 기지) 근무 경험이 있었던 사내 구성원 칼튼 워커Carlton Walker 씨를 통해 각종 정보를 발주자에게 제공하였다. 또한 외국 극지 관련 연구소의 협조로 풍력 발전기와 관련된 기술 지원을 받고, 세종과학기지에서 근무했던 각 직종별 월동 대원들을 대상으로 기지 건설 환경에 대한 워크숍을 실시하는 등 공사 수행을 위한 사전 정보 수집에도 많은 노력을 기울였다.

본 공사는 건설 위치가 갖는 특수성 때문에 부속 자재 1개라도 놓치거나 접합 등에 문제가 발생하면 준공에 절대적인 차질이 빚어질 수 있기에, 사전에 예상되는 시공상의 문제를 발견하여 미리 조치하는 것이 제일 중요한 과제였다. 따라서, 한국 송도에서 본관동에 사용될 골조 시스템에 대한 시공 계획 수립과 동시에 철골 660톤, 모듈러 93개 및 안전 시설물 대상으로 OSC^{Off Site Construction} 개념을 적용하여 미리 지어보기를 했고, 이로써 시공 단계에서 발생할 수 있는 많은 문제점을 사전에 해결할 수 있었다. 모든 부재를 조립식으로 공장에서 제작하여 한국에서 조립한 후 해체하여 남극으로 운반한 후 재조립하는 방식을 썼기 때문이다.

이런 여러 노력에도 불구하고, 남극이라는 지리적 위치에 따른 공사 수행 과정의 어려움은 적지 않았다. 한국에서 남극이라는 원격지까지의 물자와 작업자 수송 능력의 한계로 가급적 다기능을 가진 기능 인력을 선별하여 투입해야 했으며, 직종별 배타심으로 작업 진행에 어려움을 겪지 않도록 상호 간의 원활한 관계 유지에 많은 노력이 필요했다.

프로젝트의 수행 환경이 어려울수록 사전 준비의 중요성은 더욱 배가되며, 초기 단계에서의 프리콘 활동이 결국 프로젝트의 성패를 좌우하는 가장 중요한 업무라고 판단되었다. 우리 회사는 이러한 어려운 환경에서도 운영 장비의 기술적 검토와 해수탱크 재질 등 관련 자재의 세부 검토 등 초기 설계 단계 프리콘 활동과 VE 활동을 통해 20억원의 사업

비 절감의 성과를 거두었다.

남극의 여름은 백야가 4개월 정도 진행되며, 낮은 온도에 '카타바틱'이라는 초속 15m 이상의 강풍이 불어 서 있기조차 힘들다. 작업 가동일이 여름철 월 평균 20일뿐으로 매우 짧았기 때문에 백야를 활용하여 아침 7시부터 오후 10시까지 시공이 진행되었고, 긴 작업 시간 외에는 잠자는 것밖에 할 수 있는 일이 전혀 없는 단순 반복되는 생활 탓에 참여 인력이 받는 스트레스는 엄청났다. 이런 어려운 환경에서도 프로젝트를 성공적으로 수행하기 위해서 가장 중요한 것은 서로를 배려하는 마음이었다. 국가적 프로젝트를 성공적으로 완수해야 하겠다는 사명감은 험난한 작업 환경을 이겨내는 원동력이 되었다.

프로젝트가 완수된 시점에서 돌이켜보면, 남들이 갈 수 없는 남극에서 온갖 어려운 환경을 이겨내고 국가 연구 시설을 준공했다는 보람과 실적은 무엇보다 값진 회사의 자산이 되었다. 지금도 장보고과학기지 연구자들의 근무 상황을 뉴스 또는 각종 매체 화면으로 접할 때면, 우리가 했던 노력들을 되새겨보게 된다. 프리콘 활동을 통한 미리 지어보기는 극지의 어려움은 물론 건설 현장의 난제들을 풀어나갈 수 있게 하여 프로젝트를 성공으로 이끈 가장 중요한 요인이었다.

+ HG프리콘 프로젝트 사례 모음

과천 국립과학관

삼성전자 우면동 R&D 센터

마카오 베네시안 호텔

알펜시아 리조트　　　(출처 : 강원도 개발공사)

국립현대미술관 서울관

네이버 데이터센터 `각`

사우디 ITCC

영종도 파라다이스시티 1단계(1차,2차)

제주 신화역사공원 리조트　　　(출처 : 람정제주개발)

필리핀 마닐라 베이 리조트

이외 프로젝트 사례에 관심 있는 독자는 http://www.hmglobal.com/kr/report/report.asp에서 확인할 수 있다.

[성공적인 프로젝트를
위한 평가서]

프리콘 단계의 업무가 제대로 수행되고 있는지 여부를
누구나 직접 확인해볼 수 있는 체크리스트로서, 내가 직
접 개발한 수행평가서와 설명서를 첨부한다. 이 표는 성
공적인 건설 프로젝트를 위한 수행 평가서로 활용할 수 있
다. 프리콘 단계뿐 아니라, 시공 단계에서도 간단히 변형
만 하면 적용해볼 수 있다. 각자 진행하고 있는 프로젝트
를 평가표를 놓고 엄정히 평가해서, 각 항목의 합계를 낸
결과값이 80점 이상이면 프로젝트는 안정적으로 진행
되고 있다고 판단해도 좋지만, 60점 이하일 경우 신속히
비상 조치를 취해야 한다.

성공 프로젝트를 위한 평가서							

SECTION I - 전략

CSF(Critical Success Factor)	CSF 평가 수준						점수
	0	1	2	3	4	5	
CSF1. 전략 목표 설정: 프로젝트의 명확한 전략과 방향설정							
Sub-CSF 　1-1. 발주자 최고 경영층의 명확한 사업 비전과 프로젝트 수행철학							0
1-2. 프로젝트 목표 수립과 발주자 최고 경영층의 지원							0
[소계]							0
CSF 2 실행 계획 수립: 실질적이고 달성가능한 프로젝트 실행계획 수립							
Sub-CSF 　2-1. 명확한 발주자 요구사항과 설계 요구 사항 작성							0
2-2. 체계적인 사업 추진 전략과 실행 계획 수립							0
[소계]							0
CSF 3. 외부 환경 분석: 프로젝트에 영향을 주는 외부 환경요인에 대한 능동적 대처							
Sub-CSF 　3-1. 대내외경제, 사회, 정치적 환경분석과 각종 리스크 분석							0
3-2. 관련 법규나 제도의 적정성 검토							0
[소계]							0

SECTION II - 조직

CSF(Critical Success Factors)	CSF 평가 수준						점수
	0	1	2	3	4	5	
CSF 4. 조직 구조: 유능한 조직 구성과 프로젝트 수행 체계							
Sub-CSF 　4-1. 전문성을 갖춘 유능한 발주자 조직(팀)의 적기 구성							0
4-2 역량 있는 프로젝트 참여자의 선정 및 각 분야 최고 전문가의 활용 체계 구축							0
4-3. 업무 분장(R&R)과 의사 결정 체계 확립							0
[소계]							0
CSF 5. 참여자의 역량: 최상의 역량을 발휘 할 수 있는 능력 있는 참여 주체							
Sub-CSF 　5-1. 프로젝트 관리자(PM/CM)의 리더십과 수행 역량							0
5-2. 설계자의 디자인 능력과 프로젝트 수행 능력							0
[소계]							0
CSF 6. 팀 빌딩(팀워크): 명확한 커뮤니케이션을 기반으로 참여 주체 간 상호 신뢰 구축							
Sub-CSF 　6-1. 참여자들 간 상호 신뢰 구축과 적극적인 의사 소통 체계							0
6-2. 설계와 시공의 조기 통합							0
6-3. 파트너링 방식의 적극 도입							0
6-4. 이해관계자별 커뮤니케이션 전략과 시스템 구축							0
[소계]							0

SECTION III - 시스템

CSF(Critical Success Factors)	CSF 평가 수준						점수
	0	1	2	3	4	5	
CSF 7. 프로세스: 건설 생애 주기 간의 상호 연계성 확보							
Sub-CSF 　7-1. 프로젝트 단계별 리스크 사전 대처							0
7-2. 프로젝트 단계별 관리 포인트 설정과 관리 프로세스 확립							0
7-3. 디자인 매니지먼트 체계 구축							0
7-4. 분쟁 해결 절차 수립(계약/분쟁/클레임 관리)							0
[소계]							0
CSF 8. 도구 및 기술: 원활한 사업 수행을 위한 향상된 도구 및 기법							
Sub-CSF 　8-1. 단계별 체계적 원가 관리 및 일정 관리 도구(Tool) 도입							0
8-2. 프로젝트 관리 정보 시스템(PMIS)과 3차원 도면정보 모델(BIM)							0
[소계]							0
CSF 9. 측정과 평가: 성과 측정 및 평가를 통한 지속적인 피드백							
Sub-CSF 　9-1. 프로젝트 단계별 관리 요소의 주기적 모니터링							0
9-2. 프리콘 단계별 검토 시스템 구축							0
9-3. 프로젝트 성과 관리 시스템 도입과 지속적인 성과 측정 및 평가							0
[소계]							0
[합계]							0

전략

CSF*1. 전략 목표 설정:
프로젝트의 명확한 전략과 방향 설정

'목표 설정'은 프로젝트 성공의 판단 기준이 되는 목표를 정하고, 이러한 목표의 달성을 위해 프로젝트의 명확한 의도와 방향을 설정하는 것을 의미한다. 이때, '목표'는 사업 목표Business Objectives와 프로젝트 목표 Project Objectives로 구분할 수 있다. 사업 목표란 발주자가 해당 프로젝트를 통해 달성하고자 하는 비즈니스적 목표를 의미하며, 이는 사업 유형, 프로젝트 성격, 발주자의 의도 등에 따라 달라질 수 있다. 이에 반해 프로젝트 목표란 프로젝트 유형에 상관없이 공기, 공사비, 품질 등 공통적인 성과 지표에 대한 관리 목표를 의미한다.

---

*   Critical Success Factor

1-1. 발주자 최고 경영층의 명확한 사업 비전과 프로젝트 수행 철학

프로젝트의 성공은 결국 발주자 목표와 대비하여 측정되는 것이기 때문에 발주자 최고 경영층은 해당 프로젝트를 통해서 얻고자 하는 사업 비전과 프로젝트 수행 철학을 명확히 설정해야 한다. 발주자는 프로젝트 시작과 동시에, 비전과 프로젝트 수행 철학을 설정함으로써 프로젝트 수행 과정에서 우선순위를 명확히 할 수 있으며, 프로젝트에 참여하는 모든 사람들에게 발주자가 무엇을 요구하는지 분명히 해야 한다. 또한 이를 프로젝트 참여자들에게 이해시키고 공유할 필요가 있다.

1-2. 프로젝트 목표 수립과 발주자 최고 경영층의 지원

프로젝트 목표^{Goal}란 공기, 공사비, 품질 등 공통적인 성과 지표로 구성되지만, 목표치는 발주자 요구 조건이나 최고 경영층의 철학이나 지원에 따라 달라질 수 있다. 최고 경영층의 지원이란 프로젝트 팀이 최선의 역할을 할 수 있도록 하는 물적, 정신적, 공간적 지원을 말하며, 계약적으로 상호 윈윈$^{win-win}$ 할 수 있는 계약의 틀을 만들어주는 것이다.

CSF 2. 실행 계획 수립:
실질적이고 달성 가능한 프로젝트 실행 계획 수립

프로젝트가 성공하려면 발주자의 사업 목표와 프로젝트 목표를 동시에 달성하기 위한 실질적이고 달성 가능한 프로젝트 실행 계획이 사전에 수립되어야 한다. 실행 계획 수립은 발주자가 소요되는 자원을 효율적으로 배분하여 프로젝트 성공 가능성을 극대화하는 데에 필요한 전략적 정보를 도출하는 필수 프로세스이며, 사업 계획과 프로젝트 수행 계획으로 구분될 수 있다.

2-1. 명확한 발주자 요구 사항과 설계 요구 사항 작성

발주자 최고 경영자의 명확한 사업 비전과 지원을 바탕으로 프로젝트 전략 목표가 설정되어야 하고, 이를 달성할 수 있는 각종 계획이 초기에 작성되어야 한다. 이를 위해서는 발주자의 요구 사항Owner's Requirements과 설계 요구 사항Design Requirements이 명확하게 작성되어야 한다. 이와 함께 프로젝트에 영향을 주는 법규, 제도, 각종 리스크 등 외부 환경 요인이 철저하게 분석되고 실행 계획에 반영되어야 한다.

2-2. 체계적인 사업 추진 전략과 실행 계획 수립

원활한 프로젝트 추진을 위해서는 본격적인 사업 착수 이전에 체계적인 사업 추진 전략을 수립해야 한다. 또한 주어진 기한 내에 프로젝트를 완료하기 위해서는 설계 단계에서 시공, 유지 관리 단계에 이르기까지 각 단계를 아우르는 마스터플랜의 수립이 필요하다. 실행 계획에는 프로젝트 조직 구성 계획, 설계 및 엔지니어링 발주 계획, 공사 발주 계획, 시설물 운영 계획 등이 있다. 실행 계획에는 각 주체별로 책임과 권한R&R을 명기한 의사 결정 체계가 작성되고 상호 공유되어야 한다.

CSF 3. 외부 환경 분석:
프로젝트에 영향을 주는 외부 환경 요인에 대한 능동적 대처

성공적인 프로젝트 수행을 위해서는 프로젝트에 영향을 미칠 수 있는 경제, 사회, 정치적 환경 요인에 대한 예측과, 이에 대한 적절한 대응이 중요하다. 일반적으로 이와 같은 환경 요인들은 프로젝트의 타당성을 평가하는 데 있어서도 중요한 변수들이며, 프로젝트 추진 과정에서도 프로젝트의 지연 또는 중단까지도 야기할 수 있는 요인들이다. 환경 변화에 지속적인 관심을 기울이고 문제를 유발하는 요인이 발생할 경우 민첩한 대응 전략이 필요하다.

3-1. 대내외 경제, 사회, 정치적 환경 분석과 각종 리스크 분석

대내외 경제, 사회, 정치적 환경은 프로젝트 착수 여부, 착수 시점 등을 결정하는 데 영향을 미치며, 최종적인 사업의 성공에도 영향을 미칠 수 있다. 이러한 이유로 프로젝트 추진 과정 내내 프로젝트를 둘러싼 환경의 변화를 사전에 예측하고, 변동 사항이 발생할 경우 민첩하게 대응하는 것이 중요하다. 대내외 경제, 사회, 정치적 환경 분석, 인허가, 민원 등을 포함한 각종 리스크 분석을 주기적으로 실시해야 한다.

3-2. 관련 법규나 제도의 적정성 검토

건설 프로젝트는 착수 단계에서부터 완료 단계에 이르기까지 수많은 법규와 제도의 영향을 받으며, 이러한 요인들은 프로젝트의 방향을 설정하는 데 가장 기본적인 고려 사항들이다. 프로젝트와 관련된 법규나 제도에 의한 적정성 검토가 잘 이루어졌는지 여부는 프로젝트와 관련된 법규나 제도에 대한 이해와 프로젝트에 미치는 영향 분석을 통해 확인한다. 우리나라에서는 법규를 완전히 지켰는데도 불구하고, 지방 정부에서 추가로 특별한 조건을 요구함으로써 인허가 절차나 준공 절차가 늦어지는 사례가 비일비재하다.

조직

CSF 4. 조직 구조:
유능한 조직 구성과 프로젝트 수행 체계

성공적인 건설 프로젝트의 수행을 위해서는 발주자, 설계자, 시공자 및 건설 사업 관리자 등 프로젝트의 중요 이해관계자가 참여하는 의사 결정을 위한 조직 구조가 필요하다. 이를 위해서 프로젝트 업무 수행에 필요한 책임, 역할, 보고 체계 등을 정의하고 프로젝트에서 어떤 형태의 조직 구조를 적용하고, 발주자 조직을 포함한 외부 조직들이 어떻게 역할을 할 것인가 하는 점을 명확히 해야 한다. 이러한 조직 구성에 따라 해당 프로젝트에 적합한 참여 조직별 업무 분장과 수행 절차가 결정된다.

4-1. 전문성을 갖춘 유능한 발주자 조직(팀)의 적기 구성

프로젝트의 비전과 목표를 달성하기 위해서는 발주자가 적기에 내부 팀을 구성하는 것이 필요하다. 팀의 규모는 프로젝트의 규모와 복잡성

정도에 따라 달라지는데, 다양한 전문적 능력을 지닌 인원들로 팀을 구성해야 한다. 이를 자체적으로 구성하거나 외부 PM팀을 발주자 대리인으로 채용한다. 경우에 따라서는 프로젝트에 전문적인 경험을 지닌 외부 전문가들의 부분적인 참여도 필요하다.

4-2. 역량 있는 프로젝트 참여자의 선정 및
각 분야 최고 전문가의 활용 체계 구축

원활한 프로젝트 수행을 위해서는 역량이 있는 PM/CM을 참여시켜서, 이들을 통해 역량 있는 프로젝트 참여자 선정 및 각 분야 최고 전문가의 참여를 유도하는 것이 프로젝트 성공을 위한 좋은 대안이 된다. 예를 들어 초고층 프로젝트라면 세계적인 수준의 토질, 구조, 진동, 커튼월, 엘리베이터, 설비, 전기, 외벽 청소, 풍동 실험 등 분야 전문가가 설계부터 참여하고 공사가 진행되는 동안에도 자문으로 참여해야 한다.

4-3. 업무 분장R&R과 의사 결정 체계 확립

프로젝트 참여자 선정이 완료되기 전에, 전체적인 프로젝트 조직 구성과 각 조직의 특성에 맞게 프로젝트 업무 수행에 필요한 각자의 책임과 역할을 분명히 해야 한다. 발주자는 각 조직별 담당 업무와 역할에 맞게 의사 결정을 위임함으로써 불필요한 중복 업무를 줄이고 효율적으로 조직을 운영해야 한다. 발주자 자체 조직의 PM이나 또는 발주자의 대리인으로서 발주자 업무를 대행하는 PM/CM에게 권한을 부여하고 적절한 의사 결정을 위임하여 원활한 프로젝트 관리를 가능하게 해야 한다.

CSF 5. **참여자의 역량:**
최상의 역량을 발휘할 수 있는 능력 있는 참여 주체

성공적인 프로젝트를 위해서는 명확한 비전과 목표를 설정하고 이를 달성하기 위한 상세 계획을 수립하여 프로젝트를 수행해야 하는데, 이러한 전반적인 업무는 발주자를 포함한 다양한 프로젝트 참여자의 역할이다. 결국 프로젝트의 성공적인 수행은 최상의 역량을 발휘할 수 있는 능력 있는 참여자에 의해서 결정된다.

5-1. 프로젝트 관리자의 리더십과 수행 역량

프로젝트 관리자는 발주자 또는 발주자를 대신하는 PM/CM 기업의 책임자로, 프로젝트 관리자의 리더십과 수행 역량은 프로젝트의 성공 여부를 판가름하는 바로미터다. 사업 초기에 프로젝트가 목표를 달성할 수 있도록 이끌어 나갈 수 있는지 프로젝트 관리자의 리더십과 역량을 확인해야 한다.

5-2. 설계자의 디자인 능력과 프로젝트 수행 능력

프로젝트의 성공은 프로젝트의 목표를 제대로 설정하고 진행하는 것과 함께, 무엇보다 발주자의 의도와 목적을 충분히 반영하고 시공성을 고려하고 목표 예산 내에 품질 높은 설계안을 도출하는 것이 중요하다. 설계자의 디자인 능력은 프로젝트 성공을 위한 핵심 성공 요인 중 하나이다. 이를 위해서는 설계 조직 참여 인원의 능력, 협업 및 설계 품질 관리를 포함한 프로젝트 수행 능력을 잘 검증해야 한다.

CSF 6. 팀 빌딩(팀워크):

명확한 커뮤니케이션을 기반으로 참여 주체 간 상호 신뢰 구축

팀 빌딩(팀워크)이란 프로젝트 팀 구성원 간의 공동 목표, 상호 존중, 신뢰 및 헌신과 책임을 개발하는 프로세스이다. 팀 빌딩 프로세스의 핵심 요소로는 상호 신뢰, 프로젝트 목표 공유, 팀 구성원 간의 상호 보완적 관계 형성 등이 있으며, 이는 프로젝트 전 기간 동안에 서로 다른 환경에 있던 사람들이 모여 한 팀One Team이 되고자 하는 노력이다. 팀 빌딩을 위해서 프로젝트 참여자들은 공동 업무를 수행하는 각 참여자들의 역할과 의무를 공유하고 있어야 하며, 팀 구성원으로서의 책임을 명확히 알고 있어야 한다. 또한 열린 의사 소통 및 피드백을 반복하며 의견을 공유하고, 긍정적인 태도를 바탕으로 프로젝트에 대한 로열티loyalty를 지니고 있어야 한다. 이 같은 팀 빌딩으로 프로젝트 성과를 확연히 향상시킬 수 있다. 세부적으로는 문제를 조기에 발견하고, 조직 내/외부의 관계를 개선하여 적대적 관계를 감소시키고, 신뢰 기반 구축, 열린 의사 소통, 협력/응집력/문제 해결 능력을 향상시킴으로써, 프로젝트 전 단계 동안 품질 향상을 꾀할 수 있다. 미국, 영국 등에서는 파트너링Partnering 협약을 작성하고 모든 참여자들이 서명을 한다.

6-1. 참여자들 간 상호 신뢰 구축과 적극적인 의사 소통 체계

프로젝트 참여자들은 프로젝트 수행 과정에서 지속적으로 협력하며 업무를 진행하게 되는데, 이들의 팀워크를 증진하기 위해서는 기본적으로 상호 간의 신뢰가 기반이 되어야 하고 적극적인 의사 소통이 가능한 체계가 구축되어야 한다. 이를 위해 프로젝트 참여자의 프로젝트 수행 철학, 윤리 의식, 공동 책임 의식, 모든 참여자들과 더불어 문제 해결 방안을 도출하려는 의지, 약속 사항의 명확한 이행, 파트너 신뢰 등이 필요하다. 상호 간에 윈윈win-win하는 생태계 구축이 바탕이 되어야 함은 물론이다.

6-2. 설계와 시공의 조기 통합

프로젝트의 성공을 위해서는 설계와 시공의 통합이 매우 중요하다. 대표적인 설계 시공 조기 통합 방식인 IPD 방식의 도입은 발주자의 의지 또는 수행 철학이 필요한 계약 방식의 혁신이다. 각 프로젝트 참여 주체별로 역할과 의무를 이해할 수 있는지 여부는 모든 프로젝트 참여자들이 공통의 프로젝트 목표를 공유하는지, 계약 시 부여되는 의무는 실현 가능성이 있는지, 부여된 목표는 명확한지에 달려 있다. 프로젝트 사정상 설계와 시공이 분리 발주될 시에는 역량 있는 PM/CM 업체에서 전문 건설업체의 협조를 받아 시공 부분의 역할을 대신할 수 있다.

6-3. 파트너링 방식의 적극 도입

프로젝트 참여자 간의 열린 의사 소통과 협력적인 분위기는 프로젝트 조직의 응집력과 문제 해결 능력을 향상시킨다. 파트너링은 여러 이해당사자Stakeholder들이 특정 프로젝트에서만큼은 같은 팀, 파트너로서 일을 한다는 팀스피릿Team Sprit이고 계약 방식이기도 하다. 파트너링 도입을 통해 프로젝트 참여자 간 의사 소통 및 협력 여부는 프로젝트 목표Goal의 명확한 이해와 어떻게 협력적 업무 문화Collaborative Culture를 구축하고 서로 적대적 관계를 떠나 원원win-win하는 생태계를 잘 구축하는가에 있다. 파트너링 성공 여부 또한 발주자의 철학과 리더십에 크게 좌우된다.

6-4. 이해관계자별 커뮤니케이션 전략과 시스템 구축

팀 빌딩에서 중요한 요소 중 하나는 이해관계자별 커뮤니케이션 전략의 수립과 이를 운영하기 위한 시스템의 구축이다. 이는 프로젝트 참여자들에게 효율적인 팀을 만들려는 동기를 제공하고, 적극적인 프로젝트 참여를 이끌어낸다는 점에서 중요하다. 대형 프로젝트에서, 발주자는 내부적으로 경영진, 책임자, 실무진 사이에서 각기 다른 목소리를 내는 경우가 왕왕 있으므로 계층 간의 소통이 필요하고, 외부적으로 건설 참여 주체들인 PM/CM, 설계자, 시공자, 전문 건설 기업과의 적극적 소통도 필요하다. 또한 프로젝트와 연관된 국민, 주민, 언론, 유관 기관과의 소통이 매우 중요한 경우도 있다.

시스템

CSF 7. **프로세스:**

건설 생애 주기 간의 상호 연계성 확보

프로젝트 추진은 실행 계획에 따른 연속 프로세스를 따라 진행되며, 프로젝트 단계별 리스크를 규명하여 사전에 대응하고, 단계별로 체계적인 프로세스에 기반하여 업무를 수행함으로써, 사전에 계획된 일정에 맞게 프로젝트가 원활히 진행될 수 있다.

7-1. 프로젝트 단계별 리스크 사전 대처

프로젝트에 잠재해 있는 불확실성을 제거하고 손실을 최소화하여 안정적인 프로젝트 수행을 실현하는 중심축으로는, 무엇보다도 프로젝트 단계별 리스크에 사전 대처하는 리스크 관리가 필수적이다. 또한 기존의 비용/공정/품질/안전/자금 흐름cash flow 등 내부적인 개별 리스크뿐만 아니라, 경제 및 산업 변동 등 외부 환경에 기인한 예측하기 어려운 다양한 거시적 리스크에 대해서도 고려해야 한다. 또한 민원, 언론 및 유관 기관의 리스크도 중요한 관리 포인트이다.

7-2. 프로젝트 단계별 관리 포인트 설정과 관리 프로세스 확립

프로젝트는 기획 단계, 설계 단계, 시공 단계, 유지 관리 단계 등 일련의 단계로 구성되어 있고, 단계마다 중점 관리 요소들이 각기 다르다. 특히 설계와 시공 단계는 실질적인 프로젝트 결과물을 생산하는 단계로서, 프로젝트의 성공은 이 두 단계에서 대부분 결정되기 때문에 설계와 시공 단계의 체계적인 관리 프로세스 구축은 프로젝트의 성공에 지대한 영향을 미친다. 미국 CM협회CMAA에서 제시하고 있는 단계별 활동 항목에 따른 관리 포인트 및 프로세스를 잘 구축해야 한다.

7-3. 디자인 매니지먼트 체계 구축

디자인 매니지먼트는 설계를 통해 건설 프로젝트를 관리하는 행위다. 설계 검토와 함께 비용 관리, 일정 관리, 품질 관리, 안전 관리, 시공성 검토, VE, 프로젝트 관리, 시공 관리 등의 업무가 포함된다. 달리 말해서 프로젝트 목표와 발주자의 요구 사항을 달성하기 위하여, 비용, 일정 등 프로젝트의 모든 관리 요소를 디자인이 진행됨에 따라 지속적으로 검토하여 설계에 반영되게 하는 업무를 말한다. 그러므로 디자인 매니지먼트 업무는 프리콘의 핵심이며, 프로젝트 성공에 큰 역할을 한다.

7-4. 분쟁 해결 절차 수립(계약/분쟁/클레임 관리)

건설 프로젝트 추진 과정에서 분쟁과 클레임은 불확실한 요소로 항상 내재되어 있을 수밖에 없다. 따라서 체계적인 분쟁 해결 절차를 수립하여 불확실한 요소에 미리 대비함으로써, 분쟁으로 인한 피해를 줄이거나 방지하려는 노력이 필요하다. 특히 분쟁 가능성이 높은 설계 변경 사항에 대해서는 철저히 기록을 관리하고, 실제로 분쟁이 발생할 경우 빠른 조정과 중재로 프로젝트에 미치는 영향을 최소화해야 한다.

CSF 8. 도구 및 기술:
원활한 사업 수행을 위한 향상된 도구 및 기법

건설 프로젝트 관리의 최종 목표는 정해진 시간, 미리 책정된 예산 범위 내에서 적정 품질 요건에 부합되도록 프로젝트를 기획, 조정하고 통제, 관리하여 성공으로 이끄는 것이다. 이를 위해서는 각 프로젝트 단계별로 다양한 요소들에 대한 체계적인 관리가 중요하며, 이 중 디자인 매니지먼트, 원가 관리, 클레임 관리, 시공 관리 및 변화 관리는 프로젝트를 성공적으로 수행하기 위해 특히 중요한 요소들이다.

8-1. 단계별 체계적 원가 관리 및 일정 관리 도구Tool 도입

주어진 예산과 일정을 토대로 프로젝트가 원만히 진행되고 품질, 원가, 공기 등의 목표를 성공적으로 달성할 수 있도록 모든 자원을 효율적으로 관리하고 통제하기 위해서는, 프로젝트 단계별로 체계적인 원가 관리와 일정 관리가 매우 중요하다. 이를 위해서는 원가 계획 수립, 모니터링, 분석 및 예측의 체계적인 원가 관리 절차와 일정 관리를 위한 적합한 도구 도입이 필요하다. 적합한 도구는 원가 관리나 일정 관리를 하는 소프트웨어 시스템이나 패키지를 말한다.

8-2. 프로젝트 관리 정보 시스템PMIS과 3차원 도면·정보 모델BIM 도구 도입

시공 단계는 설계도서에 있는 개념적인 내용들이 실제로 형상화되는 시기로, 한 번 시공되고 난 후에 다시 되돌리려면 원가나 공기 측면에서 막대한 지장을 초래하기 때문에 체계적인 관리 시스템이 필수이다. PMIS는 프로젝트 정보 관리를 할 수 있는 대표적인 시스템이고 BIM으로 3차원 도면 제작이 도입되면서 그 활용도는 더욱 높아졌다. 건설 참여 주체 간 협력 방안을 높이고 의사 소통을 원활하게 하기 위한 PMIS와 BIM 도구 도입은 프로젝트 성공에 중요한 역할을 한다. 이를 프로젝트 초기부터 적용하는 발주자의 리더십이 필요하다.

CSF 9. 측정과 평가:
성과 측정 및 평가를 통한 지속적인 피드백

프로젝트가 계획대로 원활히 진행되고 있는지 판단하기 위해서는 단계별로 다양한 관리 요소에 대한 모니터링이 필요하다. 지속적으로 성과를 측정하고 평가하여 초기 단계에 수립한 성과 목표가 달성 가능한 범위 안에 있는지를 단계마다 분석 판단하고, 분석한 결과를 지속적으로

피드백해야 하며, 문제 발생시 적절한 대책을 강구해야 한다.

9-1. 프로젝트 단계별 관리 요소의 주기적 모니터링

프로젝트 성공은 공기, 원가, 품질, 안전 측면의 정량적인 성과로 판단되며, 이러한 요소들은 프로젝트 전 과정에 걸쳐 지속적으로 관리되어야 한다. 이러한 중점 관리 요소들에 대한 단계별 모니터링이 요구되며, 수행 평가서를 활용하여 체계적인 관리에 힘써야 한다. 프로젝트 수행이란 처음부터 끝까지 이러한 관리 요소와의 싸움이라 할 수 있다. 프로젝트 단계별 관리 요소에 대한 모니터링 여부는 프로젝트 단계별 모니터링 절차 적용, 관리 항목에 따른 수행 평가서 도구 활용으로 판단한다.

9-2. 프리콘 단계별 검토 시스템 구축

프리콘 단계에서의 검토 시스템은 시공 단계에서 발생할 수 있는 문제점들을 사전에 검토하고 미리 대책을 마련하여, 설계의 오류를 줄이고 시공성을 향상시키는 역할을 수행한다. 프리콘 단계의 체계적인 관리를 통해서 보다 완성도가 높은 도면을 확보할 수 있고 이를 통한 프로젝트의 효율적인 관리가 가능하다. 따라서 프리콘 각 단계별 업무 내용(본문 6장 표 5 "프리콘 단계별 수행 업무 리스트" 참조)이 잘 관리되고 검토되는 시스템을 구축해야 한다.

9-3. 프로젝트 성과 관리 시스템 도입과 지속적인 성과 측정 및 평가

프로젝트 성과를 평가하기 위해서는 프로젝트 모니터링 결과를 바탕으로 성과를 측정하고 예측할 수 있는 도구가 필요하며, 가능하면 성과는 정량적으로 평가하여 프로젝트의 현재 상황을 객관적으로 판단하는 기준으로 삼아야 한다. 또한 성과가 발생하면 참여자들에 대해 적절한 보상을 제공함으로써 참여자들에게 동기를 부여할 수 있다. 지속적으로 프로젝트 성과를 측정하고 평가하는지 여부는 실적 기반의 성과 측정 도구를 활용하는지, 정량적인 성과 평가를 적용하는지, 성과에 대해 적절히 보상하는지를 기준으로 판단한다.

1장

1 송주현, 『건설사업관리 이야기』, 더로드, 2019.

2 대한건설협회, 『주요 건설 통계』, 2019.9.

3 Roser, S. Ulrich, "Through a Window May Influence Recovery from Surgery", Science 27 Apr 1984: Vol. 224, Issue 4647.

4 CABE(Commission for Architecture & the Built Environment), 「The Value of Good Design-How buildings and spaces create economic and social value」, 2002.

5 위의 자료. (주4)

6 PMI(Project Management Institute), 『A Guide to the Project Management Body of Knowledge』(5th Edition), 2013.

7 이토 켄타로, 『프로젝트는 왜 실패하는가?』, 이소연 옮김, 성안당, 2004.

8 PMI, 앞의 자료. (주6)

9 Davis Langdon & Seah Singapore Pte Ltd, 2002.

10 Bernice, L. Rocque, 「Enabling effective project sponsorship: A coaching framework for starting projects well」. 41st Annual ISPI International Performance Improvement Conference and Exposition. 4/13/2003, Boston, MA, USA.

2장

11 2003년 10월 6일 당시 박용성 대한상공회의소 회장이 고건 국무총리 주재로 열린 경제단체장 간담회에서 "규제의 깃털만 건드리고 몸통은 안 건드렸다. 골프장 하나 만드는 데 도장이 780개나 필요하다"고 말했다. ("규제 풀려면 공무원수 줄여야", 〈파이낸셜 뉴스〉 사설, 2003.10.7.)

12 CMAA, 『Fifth Annual Survey of Owner』, Darrington, 2005.

13 이상호, 『4차 산업혁명 건설산업의 새로운 미래- 빅데이터·인공지능·기술혁신이 가

겨울 건설산업의 기회와 위험』, RHK, 2018.

14 위의 책. (주13)

15 http://www.kimjonghoon.com/act/msg_view.asp?pageSeq=5&seq=85&id=104

16 http://www.better.go.kr

17 이상호, 앞의 책. (주13)

18 위의 책. (주13)

19 전영준(2018), 건설하도급 규제개선 방안, 「건설 생산체계 혁신」, 한국건설산업연구원 세미나자료모음집.

20 이상호, 앞의 책. (주13)

21 http://www.kimjonghoon.com/act/msg_view.asp?pageSeq=1&seq=108&id=104

22 http://www.kimjonghoon.com/act/msg_view.asp?pageSeq=1&seq=122&id=104

3장

23 https://www.construction-institute.org/resources/knowledgebase/best-practices/benchmarking-metrics

24 피터 드러커, 『비영리단체의 경영』, 현영하 옮김, 한국경제신문, 1995.

25 이나모리 가즈오, 『일심일언』, 양준호 옮김, 한국경제신문, 2013.

26 김한수, 한미글로벌, 『발주자가 변하지 않고는 건설산업의 미래는 없다』, 2006.

4장

27 Oliver, R.L., "A Cognitive Model of the Antecedents and Consequences of Satisfaction Decisions", Journal of Marketing Research, 1980./ Oliver, R. L. and DeSarbo W. S., "Response Determinants in Satisfaction Judgments", Journal of Consumer Research, 1988.

28 Kärnä S., Junnonen, J., and Kankainen J., "Customer Satisfaction in Construction", Conference on Lean Construction, 2004.

29 Baccarini, D. "The Logical Framework Method for Defining Project Success" Project Management Journal 30(4), 1999.

30 Jong Hoon Kim, "Effects of Preconstruction Activities on Net Promoter Score", Graduate School, Seoul National University: Dept. of Architecture & Architectural Engineering, 2017.

31 Jeong, M., "A Study on Customer Satisfaction and Loyalty in Construction Management", Graduate School, Yonsei University: Dept. of Architecture Engineering, 2011.

32 "Customer Guru NPS Benchmarks-Engineering, Construction NPS 2020 Benchmarks", https://customer.guru/net-promoter-score/industry/engineering-construction;

"Customer Guru NPS Benchamrks for TOP Brands",

https://customer.guru/net-promoter-score/top-brands

33 Reichheld F.F., and W Sasser Jr. W.E., "Zero Defections: Quality Comes to Services", Harvard Business Review, 1990/ Reichheld F.F., "Learning from Customer Satisfaction", Harvard Business Review, 1996.

34 Torbica Z. M. and Stroh R.C., "Customer Satisfaction in Home Building", Journal of Construction engineering and Management, 2001/ Maloney W.F., "Construction Product/Service and Customer Satisfaction", Journal of Construction Engineering and Management, 2002/ Jeong M., 앞의 논문. (주31)

35 Reichheld, F.F., "Loyalty-Based Managment", Harvard Business Review, 1993.

36 Guenzi P. and Pelloni O., "The Impact of Interpersonal Relationships on Customer Satisfaction and Loyalty to the Service Provider", International Journal of Service Industry Management 15(4), 2004.

37 Robert E. Heightchew, Jr., "Client Loyalty: Winning More Work from Existing Clients", Journal of Management in Engineering 15(6), 1999.

38 Reichheld, F.F., "The One Number You need to Grow", Harvard Business Review, 2003.

5장

39 홍사중, 『리더와 보스-당신은 리더입니까, 보스입니까?』. 사계절, 2015.

40 한국건설산업연구원, "공공 발주자의 불공정 계약과 우월적 지위 남용 실태 조사 및 시사점", 『건설이슈포커스』, 2014.

41 감사보고서, 「공공발주 건설공사 불공정관행 점검」, 감사원, 2018.

42 Washington State Office of Financial Management, 「A Strategy for Risk Management in Capital Construction」, 1998.

43 김한수, 한미글로벌, 앞의 책. (주26)

44 장철기, 김우영, "공공발주자 기능과 역할의 현안 진단 및 개선 방향", 한국건설산업 연구원, 2008.

45 Levene P., "Construction Procurement by Government: an Efficiency Unity Scrutiny", HMSO, 1995.

46 Infrastructure and Projects Authority(IPA), 「Government Construction Strategy 2016-2020」, March 2016.

47 이상호, 앞의 책. (주13)

6장

48 Chuck Thomsen, 『건설 프로그램 관리』, 한국건설관리학회 옮김, 스페이스타임, 2011.

49 CMAA, 「Construction Management Standards of Practice」, 2015.를 기초로 하여 재 편집함.

50 한미글로벌, 「세계 건설시장의 IPD 현황과 한국시장에 시사점」, 2018.

51 McKinsey Global Institute, 「Reinventing Construction: A Route to Higher Productivity」, Feb. 2017.

52 https://www.mckinsey.com/industries/capital-projects-and-infrastructure/how-we-help-clients/global-infrastructure-initiative

53 Jeanna Schierholz, "Evaluating the Preconstruction Phase in a Construction Manager/General Contractor Project", Iowa State University, 2012.

7장

54 CII(Construction Industry Institute), 「Evaluation of Design Effectiveness」, 2009.5.1.

55 국토교통부 보도자료, "공공건축 디자인이 주민 친화적으로 개선됩니다-국토교통부, 공공부문 건축디자인 업무기준 개선·시행", 2019년 7월 4일.

56 건축도시공간연구소, 「영국의 공공건축 디자인 관리 정책」, AURI BRIEF, No.8, 2009. 7. 20.

57 http://www.dqi.org.uk

58 https://www.betterpublicbuilding.org.uk/about.html

59 콜린 엘러드 저, 문희경 역, 정재승 감수, 『공간이 사람을 움직인다』, 더 퀘스트, 2016. 재인용.

60 한미글로벌, 『Construction Management Best Practice』, 2006.

9장

61 이상현, 『대한민국에 건축은 없다』, 효형출판, 2013.

62 김종훈, "국내 CM의 발전 방안과 월드컵주경기장 CM사례", 한일건설기술 세미나논문집, 1999.

63 이완태, 「건설사업관리(CM) 활성화 및 정착을 위한 방안」, 서울산업대학교 산업대학원, 1999.

64 황병호, 「CM의 합리적 정책방안에 관한 연구」, 연세대학교 산업대학원, 1997.

65 이복남, 정영수, 「건설사업관리의 업무 기능과 역할 분담」, 한국건설산업연구원, 1999.8.

66 김종훈, 「CM(Construction Management) 制度(제도) 國內(국내) 定着戰略(정착전략)」, 서강대학교 경영대학원 석사학위 논문, 2001, 일부 수정 인용

67 김한수, 한미글로벌, 앞의 책. (주26)

10장

68 Brian C. Lines, "Planning in Construction: Longitudinal Study of Pre-Contract Planning Model Demonstrates Reduction in Project Cost and Schedule Growth",

International Journal of Construction Education and Research, 2014.

69 Jong Hoon Kim, 앞의 논문, 2017. (주30)

70 위의 논문. (주30)

71 위의 논문. (주30)

72 김민기, 「공공건설사업 시공 전 단계 사업비관리 개선에 관한 연구」, 서울시립대학교 석사학위논문, 2002.

73 Jong Hoon Kim, 앞의 논문, 2017. (주30)

74 The Construction Users Roundtable, 『Collaboration, Integrated Information and the Project Lifecycle in Building Design, Construction and Operation』, 2004.

75 김한수, 한미글로벌, 앞의 책. (주26)

76 https://www.youtube.com/watch?v=wCzS2FZoB-I, "3D-Printed Home Can Be Constructed For Under $4,000"

77 Sydney Opera House, 「Annual Report, Financial Year 2018-19」, https://www. sydneyoperahouse.com/content/dam/pdfs/annual-reports/2018-19_Sydney%20 Opera%20House%20Annual%20Report_LR%20Spreads.pdf

11장

78 Tauranac, J., 『The Empire State Building: The Making of a Landmark』, Scribner, New-York. 1995./ Willis, C., and Friedman, D., 『Building the Empire State Building』, W. W. Norton & Company, Inc., NY, London. 1998.

79 Jong Hoon Kim, 앞의 논문, 2017. (주30)

80 Carol Willis and Donald Friedman, 『Building the Empire State』, W.W.Norton & Company, 1998.

81 Tauranac, J., 앞의 책, 1995. (주78)

12장

82 보스턴컨설팅그룹, 「6 Ways the Construction Industry Can Build for the Future」, 2018. (https://www.weforum.org/agenda/2018/03/how-construction-industry-can-

build-its-future/)

83 이강, 『43가지 질문으로 읽는 BIM』, 픽셀하우스, 2011.

84 https://mx3d.com/projects/bridge-project/

85 Daria Zimina, 「Target Value Design: Using Collaboration and a Lean Approach to Reduce Construction Cost」, Construction Management and Economics, May 2012.

86 「2018 Revision of World Urbanization Prospects」, United Nations, 2018. https://www.un.org/development/desa/publications/2018-revision-of-world-urbanization-prospects.html

87 『Global Trend 2030: Alternative Worlds』, National Intelligence Council, USA, 2012.

88 「World Green Building Trends 2018-SmartMarket Report」, Dodge Data & Analytics, 2018.

부록A

89 한미글로벌, 『Construction Management Best Practice 1』, 보문당, 2006.

90 "상암 월드컵경기장 성공으로 'CM' 관심 고조", 〈연합뉴스〉, 2002.7.10. https://news.naver.com/main/read.nhn?mode=LSD&mid=sec&sid1=101&oid=001&aid=0000204110

0~9

3D프린팅 242, 256, 263, 294, 295, 296

4차 산업혁명 62, 291, 292, 294

7D BIM 293

A

AIA 181

B

BCA 137

BIM 147, 155, 184, 224, 232, 253, 258, 293, 301

BSB 242, 256

C

CH2M 103, 302

CII(미국 건설산업연구원) 73

CM-at-Risk(시공 책임형 CM) 150, 160, 196, 298

CM/GC 150, 161, 298

CMAA 50, 151, 153, 155, 184, 223

D

design build(설계 시공 일괄 입찰) 60, 153, 221

DQI(설계 품질 지수) 173, 175, 176

DWS 256

E

ENR 222, 299

E · C 54

G

GMP(최대 공사비 보증 가격) 161, 299

GSA(미국 연방조달청) 219

I

ICBM 294

IPD(협력적 프로젝트 수행 계약) 52, 150, 153, 160, 186, 229, 231, 251, 257, 298, 300

K

KLCC(페트로나스 타워) 46, 131, 171, 185, 186

M

MX3D 296

N

NCG(국가 건설 산업 목표) 266, 299

NPS(순 추천고객 지수) 102, 200

O

OSC(공장 생산형 건설 방식) 137, 302

P

PBS 219

PCS 160

PMBOK 32, 152

PMI(프로젝트 매니지먼트 협회) 30, 153

PMIS(프로젝트 정보 관리 시스템) 232, 253

ProCure21 133, 138, 230

S

SLI 303

T

T-UP 249

TVD(목표 가치 설계) 152, 232, 301

V

VE(가치공학) 149, 150, 152, 185, 187, 253, 285

VFM(최고 가치 방식) 57

ㄱ

가상현실 294, 295

가치 공학(VE) 149, 150, 152, 185, 187, 253, 285

가치 지향 건설 100

개념 설계 160, 182

건설 재인식 79, 259

건축심리학 28

게임의 법칙 120, 121, 122

계약 관리 83, 227, 228

계획 단계 151, 153, 176, 178, 220, 224

계획 설계 49, 160, 182, 222, 284

고유성 30

공간 계획 146

공업화 공법 249, 256

공업화 시공 280

공장 생산형 건설 방식(OSC) 137, 302

공정성 이론 97

과정 만족 99, 200

관리적인 성공 77, 78, 98

교세라 81

구엔지와 펠로니 106

국가 건설 산업 목표(NCG) 266, 299

굿 디자인 운동 175, 178

그린 스마트 빌딩 308

기가 블록 공법 257

기대 불일치 패러다임 97

기본 설계 182, 183

기회 곡선 36

김대성 144

김한수 121

ㄴ

넷 제로 빌딩 307

노출 콘크리트 192, 261

뉴욕 구겐하임 미술관 69

ㄷ

다보스포럼 291

단계별 시공 219

단위화 공법 250

대물량 시공 281

돌관 작업 52

드론 294

디자인 매니지먼트 87, 152, 180, 184

ㄹ

라이켈트 103, 105, 106

랜드마크 27

랜드마크 타워 244

레빈 보고서 136

레이섬 보고서 266

룰 메이커 118

르 코르뷔지에 61, 191

리프트 슬래브 공법 250

린 건설 281

린 기법 152, 187, 253

린 방식 232

린 생산 281, 293

ㅁ

마리나 베이 샌즈 165, 247

마스터 빌더 144, 212

마스터 스케줄 225, 241

마스터 플랜 147

마이크로 그리드 307

마일스톤 스케줄 225, 241

맥킨지 158, 297

맨해튼 은행 빌딩 277, 285

메가 블록 공법 256

메가시티 304

모니터링 및 통제 단계 153

모듈러 256, 303

목표 가치 설계(TVD) 152, 232, 301

목표 공사비 설계 186, 150, 253, 263

미국 건설산업연구원(CII) 73

미국 연방조달청(GSA) 219

미켈란젤로 144

ㅂ

바우하우스 170

바카리니 98

발주자 지급자재 방식 153

발터 그로피우스 170

변경 관리 225, 229

보스코 베르티칼레 308

불국사 24

브로드 그룹 242

브리지 프로젝트 296

비교 기준 이론 97

비용 손실 121, 145

비용 영향 곡선 35

비트루비우스 212

빅룸 미팅 301

빌 스타렛 277

빌바오 구겐하임 미술관 27, 141, 172

빌프레도 파레토 105

빛의 교회 261

ㅅ

사그라다 파밀리아 23

사업적인 성공 77, 78, 98

사전 심사 제도 198

사전 조립 302

생애 주기 34, 79, 121, 147, 151, 180,
　　222, 293, 305, 307

생애 주기 비용 176, 180

설계 검증 175

설계 검토 176, 184

설계 시공 일괄 입찰(design build) 60,
　　153, 221

설계 시공 분리 (방식) 148, 152, 155,

162, 205, 213, 215, 228
설계 요구 사항 146, 160
설계 요구사항 도구 176
설계 전 단계 153, 155, 223
설계 품질 지수(DQI) 173, 175, 176
성공 방정식 81
성과 만족 100, 104, 200
순 추천고객 지수(NPS) 102, 200
쉬에르홀츠 162
스마트시티 178, 297
스타렛 브러더스&에켄 275, 277, 285
스테파노 보에리 308
스티브 잡스 170
시간 비용 246
시공 책임형 CM(CM-at-Risk) 150,
    160, 196, 298
시공성 결여 214
시드니 오페라하우스 77, 99, 270
시방서 51, 150, 171, 292
실비 정산 방식 153, 196
실시 설계 182
실행 단계 153

ㅇ
안도 다다오 110, 261
안토니 가우디 24
알랭 드 보통 178
알바르 알토 24, 61
엠파이어스테이트 빌딩 77, 99, 242,
    251, 273
영국 건축 공간 환경 위원회 29
오더메이드 33
오픈북 196, 299

울리히 28
원가 관리 85, 96, 150, 155, 179, 266,
    276
원가 관리자 266
월터 크라이슬러 274
원선 242, 256, 296
윈스턴 처칠 27
윌리스와 프리드먼 283
유지 관리 34, 44, 76, 130, 173, 220,
    266, 293, 301
의식화 75
이나모리 가즈오 81
이동형 건축물 303
이상호 62
인공지능 293, 295, 297
입주자 공사 244
입지 146
입찰 참가 자격 사전 심사 173

ㅈ
자격 조건 기준 선정 절차 174
적시 생산 방식 293
적층 공법 250, 256
제로 에너지 빌딩 306
조너선 아이브 170
존 래스콥 274, 277
종합 건설 회사 61
증강현실 294, 296
지속 가능성 147, 200, 304, 306
지속 가능한 개발 목표 305
지정하도급 방식 153
짐 콜린스 82

ㅊ

척 톰센 145
최고 가치 방식(VFM) 57
최대 공사비 보증 가격(GMP) 161, 299
최저가 낙찰 121
최저가 방식 57
친환경 147, 184, 224, 293, 308

ㅋ

카테라 303
캐르내 98
켄타로 이토 31
크라이슬러 빌딩 274

ㅌ

타당성 조사 78,146
택 타임 282
통제 도표 관리 244
통합 조직 131
투자 가치 100, 136, 176
투자 의사 결정자 118
트레이드오프 255, 258
팀 디자인 방식 276, 284

ㅍ

파레토법칙 105
파트너링 52, 229, 251, 257, 287,
    298
패스트트랙 51, 183, 250, 257, 278, 279
페트로나스 타워(KLCC) 46, 131, 171,
    185, 186
평가 도구 176
포인트 클라우드 295

품질 관리 219
프랭크 게리 141, 172
프랭클린 루스벨트 27
프로 정신 50, 173
프로그램 관리 220
프로젝트 관리 계획 146
프로젝트 관리(매니지먼트) 13, 29, 33,
    48, 131, 157, 214, 220
프로젝트 매니지먼트 협회(PMI) 30, 153
프로젝트 생애 주기 34, 151, 222, 223
프로젝트 생애 주기 비용 34, 147
프로젝트 스폰서 118
프로젝트 오너 118
프로젝트 정보 관리 시스템(PMIS) 232,
    253
프로젝트 헌장 146, 152
프리마베라 250
프리캐스트 콘크리트 256
프리패브 132, 256, 302
피어 리뷰 52
피터 드러커 33, 79

ㅎ

핵심 성과 지표 79, 132
협력적 프로젝트 수행 계약(IPD) 52,
    150, 153, 160, 186, 229, 231, 251,
    257, 298, 300
홍사중 120
훈데르트바서 29, 312

프리콘
시작부터 완벽에 다가서는 일

초판 1쇄 인쇄 2020년 5월 19일
초판 8쇄 발행 2024년 6월 12일

지은이 김종훈

펴낸곳 (주)엠아이디미디어
펴낸이 최종현

기획   황부현
책임편집   이승연
편집지원   이휘주, 최종현
마케팅   황부현
마케팅지원   김한나
표지디자인   정인호
내지디자인   이창욱

주소 서울특별시 마포구 신촌로 162, 1202호
전화 (02) 704-3448 팩스 (02) 6351-3448
이메일 mid@bookmid.com 홈페이지 www.bookmid.com
등록 제2011 - 000250호

ISBN 979-11-90116-24-4 93540